신소재 공학

서영섭 · 백승호 · 이철영

공저

머리말

금속재료에 대한 연구는 금속재료의 성능향상을 목적으로, 양적, 질적인 면에서 재료에 대한 요구가 엄격해지고 있다. 금속재료에 대한 엄격한 요구에 부응하기 위해 (1) 재료의 성능향상과 신재료의 개발, (2) 재료의 제조·가공기술의 개발, (3) 재료의 신뢰성 확립 등의 면에서 노력을 계속하여 금속재료에 관한 기초적 과학기술의 수준향상에 큰 공헌을 하였다. 예를 들어, 현재의 스테인레스강은 30년 전의 스테인레스강과는 아주 다르다.

일반적인 시판품에서도 불순물의 농도가 10여 ppm까지 낮아졌다. 또한 새로운 제강법에 의하여 탄소함유량을 충분히 저감시키는 것이 가능하게 되었다. 이들의 유해불순물의 제거, 성분의 미세조정기술의 향상에 의하여 강도와 내식성이 점차 향상되었다. 이와 같은 예는 스테인레스강 이외에도 고장력강(교량, 선박, 해양구조물, 석유굴삭 등), 표면처리강판(자동차, 가전제품, 용기 등), 전자강판(트랜스, 모터 등) 등에서 볼 수 있다. 이와 같은 재료의 성능향상과 생산기술의 발전에 의하여 생활환경과 풍부한 에너지, 쾌적한 주거환경, 쾌적한 교통기관 등을 갖는 것이 가능하게 되었다.

한편, 최근의 신기술, 즉 전자, 정보, 우주공학 등의 분야에서 신재료의 개발이 그 분야의 기술개발의 급선무이며, 또한 그 기술분야의 발전의 밑거름이 되는 것을 종종 보게 된다. 이와 같이, 최근에 금속재료에 대하여 기존의 기능향상 이상으로 새로운 기능개발이 강하게 요구되고 있다. 이들은 비정질합금, 형상기억합금, 방진합금, 초미립자 등이다.

스테인레스강과 같이 내식성이라는 기능에서는 새롭지 않지만, 그 성능이 점차로 향상된 신소재 및 초전도재료와 같이 새로운 기능을 가진 신소재에 대하여 꾸준하게 연구가 진행되고 있다.

또한 소재가 재료로써 사용되기 위해서는 제조·가공기술의 개발, 재료신뢰성의 확립도 아주 큰 과제이며, 이들은 기능개발과 함께 신소재 개발의 세 가지 핵심사항이다. 그러나 이 책은 기능성을 중심으로 편집하였으며, 금속계 신소재에 관한 기본이론을 쉽게 기술하려고 노력하였다. 이 책으로부터 금속계 신소재의 연구개발의 현황과 앞으로의 전망을 인식하고 흥미를 가질 수 있기를 바란다.

끝으로, 이 책이 출간될 수 있도록 여러 가지 자료를 제공해준 분들과 출판을 담당하고 협력해 주신 기전연구사 관계자 여러분들께 심심한 감사를 드립니다.

저 자

차 례

CHAPTER 01 금속재료

1.1 금속재료의 발전 ·· 13
1.2 철강재료기술의 발전 ·· 14
    1.2.1 생산성과 경제성 향상 ··· 14
    1.2.2 고품위 ··· 15
1.3 철강재료의 발전 ·· 17
    1.3.1 고장력강 ··· 17
    1.3.2 스테인리스강 ··· 20
    1.3.3 표면처리강판 ··· 20
    1.3.4 전자강판 ··· 22
1.4 신뢰성 향상 ·· 24
1.5 앞으로의 전망 ·· 26

CHAPTER 02 기능성 재료

2.1 희토류금속 및 그 화합물 ·· 31
    2.1.1 희토류금속 ··· 31
    2.1.2 금속간화합물 ··· 34
    2.1.3 첨단재료분야와 희토류금속 및 그 화합물 ··· 34
2.2 단결정재료 ·· 42
    2.2.1 단결정 제조방법 ··· 42
    2.2.2 고융점금속 단결정재료의 제조 ··· 44

2.2.3 금속단결정재료의 응용과 전망 … 47

2.3 비정질합금 … 48
2.3.1 비정질의 형성과 안정성 … 49
2.3.2 비정질의 제조법 … 52
2.3.3 기계적 성질 … 55
2.3.4 자성 … 55
2.3.5 내식성 … 57
2.3.6 초전도 … 58

2.4 적층박막 … 60
2.4.1 인공물질의 적층박막 … 60
2.4.2 적층박막의 원자구조 … 61
2.4.3 적층박막-그 물리와 물성 … 63
2.4.4 적층박막제조기술 … 67

2.5 초미립자 … 70
2.5.1 초미립자의 성질 … 70
2.5.2 반응성 플라즈마 가스에 의한 초미립자의 제조 … 72
2.5.3 초미립자의 기능과 응용 … 78

2.6 전자금속재료 … 80
2.6.1 집적회로용 금속재료 … 81
2.6.2 리드프레임-집적회로 … 84
2.6.3 땜납재료 … 87
2.6.4 접촉재료 … 89
2.6.5 도전도료 … 92

2.7 자성재료 … 94
2.7.1 희토류금속의 자성 … 94
2.7.2 희토류·철족금속간 화합물 … 98
2.7.3 희토류 코발트 자석의 자화기구 … 101

2.8 자기냉동재료 … 105
2.8.1 자기냉동 … 105
2.8.2 극저온 자기냉동작업 물질 … 107
2.8.3 저온 자기냉동작업물질 … 109
2.8.4 앞으로의 전망 … 112

2.9 자성유체 ·· 112
- 2.9.1 자성유체 ··· 112
- 2.9.2 산화물과 금속의 자성유체 ··· 114
- 2.9.3 자성유체의 합성법 ··· 115
- 2.9.4 자성유체의 응용 ··· 117
- 2.9.5 하이브리드(hybrid state) ··· 119

2.10 발광소자용 재료 ·· 119
- 2.10.1 주입발광 ··· 120
- 2.10.2 가시광발광 다이오드 ··· 122
- 2.10.3 반도체 레이저 다이오드 ··· 123

2.11 형상기억합금 ·· 129
- 2.11.1 형상기억효과의 기구 ··· 130
- 2.11.2 형상기억합금의 미시적 특성 ··· 134
- 2.11.3 형상기억효과 ··· 140

2.12 방진합금 ·· 144
- 2.12.1 재료에 의한 방진 ··· 144
- 2.12.2 감쇠능의 표현방법과 측정방법 ··· 146
- 2.12.3 감쇠기구 ··· 150
- 2.12.4 방진합금의 응용 ··· 158

2.13 극고진공용기용 재료 ·· 159
- 2.13.1 초고진공 ··· 159
- 2.13.2 극고진공 ··· 161
- 2.13.3 극고진공용기용 재료 ··· 162

CHAPTER 03 고강도 재료

3.1 고비강도 재료 ·· 169
- 3.1.1 고비강도 재료 ··· 169
- 3.1.2 초강력강 ··· 173
- 3.1.3 티탄합금 ··· 175

3.1.4 알루미늄합금 … 178

3.2 구조재료용 금속간 화합물 … 180
3.2.1 탄성계수 … 181
3.2.2 강도와 연성 … 182
3.2.3 가공과 연성개선 … 184
3.2.4 구조재료의 금속간 화합물 … 185

3.3 섬유강화 복합재료 … 186
3.3.1 FRM … 187
3.3.2 FRM 제조법 … 189
3.3.3 FRM의 특성 … 190

3.4 초내열합금 … 194
3.4.1 초내열합금 … 194
3.4.2 초내열합금에 필요한 성질 … 195
3.4.3 Ni기 초내열합금 … 196
3.4.4 보통주조합금 … 199
3.4.5 일방향응고합금 … 201
3.4.6 단결정합금 … 202
3.4.7 입자분산강화합금 … 203

3.5 입자분산복합재료 … 204
3.5.1 입자분산복합재료의 제조법 … 205
3.5.2 입자분산복합재료의 성질 … 208

3.6 세라믹 피복재료 … 212
3.6.1 세라믹의 기상증착 … 213
3.6.2 기상증착법의 종류 … 216
3.6.3 플라즈마 용사 … 218
3.6.4 세라믹 피복재료의 문제점과 대책 … 219

3.7 극저온용 구조재료 … 221
3.7.1 극저온기술과 새로운 구조재료의 필요성 … 221
3.7.2 극저온에서의 재료특성 … 222
3.7.3 고강도, 고인성재료 … 224
3.7.4 신재료의 적용 … 228

CHAPTER 04 신에너지 재료

4.1 초전도 재료 ·· 231
    4.1.1 초전도 … 231
    4.1.2 초전도 재료의 종류와 특성 … 233
    4.1.3 실용 초전도 선재 … 234
    4.1.4 개발중인 초전도 재료 … 238
    4.1.5 초전도의 응용 … 240

4.2 수소저장합금 ··· 245
    4.2.1 실용적인 수소저장합금 … 245
    4.2.2 수소저장 특성 … 247
    4.2.3 수소저장합금의 응용 … 249

4.3 에너지-변환소자 ·· 252
    4.3.1 직접발전의 종류와 원리 … 252
    4.3.2 태양전지 … 255
    4.3.3 열전재료 … 257

4.4 핵융합로 로심 구조재료 ·· 261
    4.4.1 재료에 미치는 중성자 조사효과 … 261
    4.4.2 앞으로의 재료개발 방향 … 263

4.5 전극재료 ·· 268
    4.5.1 전기화학반응과 전극재료 … 268
    4.5.2 전극의 종류와 기능 … 269
    4.5.3 금속전극 … 271
    4.5.4 산화물 전극 … 273

CHAPTER 05 합금설계와 신가공기술

5.1 재료 설계 ·· 277
    5.1.1 재료설계의 일반론 … 277

5.1.2 합금설계의 실례 ··· 279
5.1.3 앞으로의 재료설계 ··· 283

5.2 극한환경 이용 ·· 284
5.2.1 극한환경 ··· 284
5.2.2 극한환경의 이용 ··· 288

5.3 재료의 초고순도화 ··· 293
5.3.1 기능재료 ··· 294
5.3.2 구조재료 ··· 300

5.4 재료의 복합화 ·· 301
5.4.1 재료복합화의 목적 ··· 301
5.4.2 복합재료 ··· 303
5.4.3 물질의 하이브라이드화 ··· 304
5.4.4 표면복합화 재료 ··· 308
5.4.5 금속산업과 마이크로화 ··· 309
5.4.6 기초연구의 필요성 ··· 309

5.5 신가공 프로세스 ·· 310
5.5.1 응고기술-재료조직의 제어 ··· 310
5.5.2 결정제어 신가공법 ··· 312
5.5.3 표면개질과 신재료의 제조 ··· 315

찾아보기 ··· 320

제1장

금속재료

1.1 금속재료의 발전
1.2 철강재료기술의 발전
1.3 철강재료의 발전
1.4 신뢰성 향상
1.5 앞으로의 전망

CHAPTER 01 금속재료

1.1 금속재료의 발전

금속재료는 모든 공업에 있어서 가장 기본적인 구성재료로써 과학기술의 고도화에는 금속재료의 향상이 전제조건이다.

철강재료는 과거 고도성장기에는 거대한 유조선, 긴 다리, 고층 빌딩, 대규모 발전플랜트 등으로 대표되어진 기기, 구조물의 대형화에 부응하기 위해 고강도, 고인성의 구조용강이 놀라운 발전을 이룩하였다. 또한 노동력이 부족하기 때문에 에너지 절약이 가능한 자동용접이나 대입력용접이 가능한 강재, 메인터넌스·프리 등의 내식재료가 개발되었다. 더욱이 공해, 안전대책이 중요한 과제로 되어 자동차배기가스 대책용의 내열·내식재료나 청정에너지인 LNG를 위한 저온용강 등의 개발이 향상되었다.

에너지원의 개발, 생산에 사용되는 재료에 대해서는 이전보다도 더욱 가혹한 사용환경에 견디는 것이 비용 절감과 함께 더 한층 요구되었다. 예를 들면 다음과 같은 재료로써 심해, 극한지에서의 유전이나 고부식성 가스유전개발에 필요한 고강도내식성의 유정관재·저온취성, 황화수소 부식에 강한 고강도 두께의 대직경 라인 파이프재, 부식이나 고온환경에 강하고 조사환경에 견디는 각종 원자로재료, 열기관의 고효율화에 필요한 초내열재료 등이다.

한편, 에너지를 소비하는 분야에서 사용되는 재료에 대해서는 자원절약, 에너지절감의 관점으로부터 성능향상이 강하게 요구되었다. 자동차의 경량화를 위한 고장력강 박판이나 스프링강, 방청에 의해 내구성의 향상이 기대되는 표면처리강판, 발전, 송전시의 전력손실을 감소시키는 초저철손형 전자강판 등의 재료이다.

그 결과, 제조 프로세스의 공정절감, 에너지절감에 의한 비용절감에 성공하면서, 품질의 고급화에 성공한 것이 고장력강이나 표면처리강판 등의 고급강 생산고가 현저하게 증가된 것으로부터도 뒷받침되고 있다. 이와 같이 철강재료, 보다 일반적으로 말하면 금속재료가 사회·경제의 기대에 어긋나지 않고 양적, 질적으로 현저한 발전을 이룩한 것은 재료의 제조, 가공, 재질에 관계되는 기초이론, 제조기술, 재료설계방법, 해석·분석방법, 재료의 평가, 이용기술 등이 혁신적이고도 종합적으로 발전을 이룩하여 왔기 때문이다.

1.2 철강재료기술의 발전

1.2.1 생산성과 경제성 향상

고로에 접속하는 제강로에서 강욕 상부로부터 산소를 강욕면에 세차게 불어서 급속한 정련반응을 일으키는 순산소상취전로법이 있다. 고도의 생산성과 경제성, 수요의 확대에 잘 보답함과 동시에 제품의 품질 면에서의 개선도 급속히 진행되어 현재에는 용선예비처리법 등의 발달에 힘입어 전기로법에 대항할 수 있게 되었다. 생산성과 비용면에서 유리하기 때문에 전로법에 의한 특수강, 고급강의 생산량이 증가하고 있다. 덧붙여서 전기로법도 전력비의 상승에 의한 불리를 합리화에 의해 극복해서 원료인 철 스크랩의 공급이 원활하게 되어 경제성 때문에 보통강의 분야에서 생산량이 증가하고 있다.

역사적으로 말하면 토마스 저취전로법의 결점을 개선한 순산소상취전로법이 최근까지 전성을 누렸지만 최근, 저탄소영역에서 강욕의 교반력이 강하고 취련 전반에 걸쳐서 산소효율이 양호한 저취전로법이 다시 주목되어 도입되었다. 그래서 이것에 자극되어 상취전로의 로저로부터 소량의 가스 등을 불어넣는 것에 의해 욕의 교반을 돕고 로내반응 효율을 높이고 저취전로에 필적할 조업성과 야금특성을 얻을 수 있는 것을 복합취련로라고 한다.

　전로제강법에 연속제조기술의 향상은 연속주조법의 발전이다. 제강 및 조괴기술의 발달에 의해 공업화가 가능하게 된 이 기술은 종래의 조괴, 분괴라고 하는 공정에 비해서 용강에서 직접 빌렛이나 슬래브를 연속적으로 주조해서 분괴공정을 생략한 이 방법은 설비비가 저렴하고 원료에 대한 제품의 비율이 높고, 표면흠, 개재물, 편석 등의 결함이 적어 품질이 우수한 장점이 있다. 따라서 그 후의 발전은 순산소상취전로의 경우뿐만 아니라 급속하게 특히 원료에 대한 제품의 비율 향상의 장점이 높은 스테인리스강으로 보급되었다. 최근에는 품질향상의 기술이 고도화되고 또한 림드강에 대해서도 림드 대체강이 출현하는 등 거의 모든 강종이 제조가능하게 되었다. 강편 내부의 균질성이나 표면성상 등은 우수하다. 이 때문에 에너지 절감의 관점에서 급속하게 채용하는 것이 많게 되어 1983년에는 연주비가 86%에 달하였다.

　이렇게 고로, 제강로, 연주, 넓은 범위의 HOT STRIP MILL 등의 강력한 압연설비의 공정이 정비되어 철강재료의 생산성 향상, 원가절감의 요구에 대처하게 되었다.

1.2.2 고품위

1) 고청정강의 정련기술

　강중의 불순물, 예를 들어 H, O, N, P, S 등은 강의 모든 성질에 현저하게 유해하다. 끊임없는 고품질화의 요구에 대해서 강의 청정화를 목적으로 다각적으로 노력을 하였다(표 1.1 참조). 제강로의 정련 프로세스의 개선만으로는 대응이 곤란하다. 순산소상취전로는 이론적으로는 탈황 능력에 한계가 있다. 대책으로써 고로에서 용선을 전로에 장입하기 이전에 탈황제 첨가나 용선교반에 의해 탈황을 행하는 용선예비처리기술이 개발되었다.

　한편 백점이나 수소취성 등의 수소에 의한 결함에 애로가 있는 특수강을 대상으로 출강 후 진공용기 내에서 탈가스를 행하여 탈수소와 탈산을 행하는 진공탈가스법이 성공을 거두었다.

표 1.1 강의 청정화의 동기

동 기	사 항	감소 불순물
1. 요구특성치의 가혹화	고장력 라인 파이프용강 내라멜라 티어강 Cr-Mo 강, 저온용강	C, S, N S P, S
2. 철강재조공정, 기술의 변혁과 발전	연속소둔공정 가공열처리기술	C, N C, S
3. 제조성의 개선	연속주조에서의 표면흠의 억제 에너지 절약 공정의 주편의 무가공화 UTS 결함이 전혀 없음	S, N, O S, N, O H, S, O

　최근 품질고급화의 요구는 상당히 강하고 고도의 기능을 갖는 로외정련법이 급속히 개발되었다. 즉, 용선예비처리에는 탈황뿐만 아니라 탈인도 분담하도록 되었다. 제련로의 후공정에서 단순히 진공 탈가스뿐만 아니라 CaO 등의 분체나 가스를 용강에 취입하는 이젝션 야금, 진공 탈가스로부터 출발해서 양산용 강으로 발전하고 있는 RH 또는 DH법, 아크가열이 부여되어 고급강에 적용되고 있는 ASEA-SKF법, VAD(Vacuum Arc Degassing)법 등이 개발되었다. 즉 제강로와 연주의 중간에서 탈산, 탈질소, 탈수소 등의 탈가스, 슬래그 정련(탈황, 탈인), 탈탄을 위한 산소가스 취련, 교반 등의 기능을 갖는 취과(取鍋)정련기술의 발전이다. 이것에는 품질의 고도화에 대처하는 외에 공정의 합리화로서의 의무도 있다.

　스테인리스강의 정련에서는 Cr을 함유한 강욕의 탈탄, 탈질소를 위해 진공탈탄법으로 VOD(Vacuum Oxygen Decarburization)법과 RH-OB법, Ar 가스로 희석한 산소가스를 날개입구로부터 취입하는 AOD(Argon Oxygen Decarburization)법이 개발되었다.

　이것들의 로외정련법의 개발에 의해 C : ≦50ppm, S : ≦10ppm, O : ≦10ppm으로 달성되고 있다. 이 값은 종전의 불순물량에 비교하여 소량이며 양산형의 기술로써는 진공유도용해법, 진공아크용해법, 일렉트로 슬래그용해법, 플라즈마 아크용해법, 전자빔용해법 등의 특수용해법에 의한 고청정강의 수준에 이르는 값이다.

2) 제어압연·냉각기술의 발전

이 기술은 종래 간단한 성형의 수단에 불과했던 열간압연공정에 재질의 형성이라는 새로운 역할을 갖고 있다. 유럽에서 인장강도 40 kgf/mm² 이상의 조선용 후판강의 인성향상의 수단으로써 시작했던 초기의 이 기술은 압연공정의 중도에서 일단 압연을 중단하고 강편의 온도가 소정의 온도까지 저하한 후 재개해서 저온에서 압연을 종료시킨다.

이 기술은 미량 Nb를 함유한 라인 파이프재를 대상으로 활발한 개발연구가 전개되었다. 그래서 금속학적 검토에 의한 미량원소의 역할을 포함해서 제어압연 중의 강재의 변화가 상세하게 해석되어 압연한 그대로 (비조질)고장력강인 고강도·고인성 라인 파이프재의 제조기술로써 확립되었다.

현재는 Nb 등의 유무에 관계없이 강편의 가열조건의 제어, 고온의 재결정 오스테나이트(γ)구역, 또는 그것보다 저온의 미재결정 γ와 페라이트(α)의 2상 혼합구역에서 압연, 직접 담금질을 포함하여 압연 후의 가속냉각까지의 전공정을 총합적으로 제어한 기술로써 다채로운 발전을 이룩하였다. 에너지, 공정, 원가절감을 달성하면서 과거 비조질강의 영역이었던 분야를 포함하여 고품위의 고장력강을 얻는 것이 가능하게 되었다. 제어압연·냉각에 의해서 조직이 미세화되고 강도와 인성이 함께 향상되는 것이다. 표 1.2는 주요한 제어압연·냉각기술의 개념을 나타내었다.

1.3 철강재료의 발전

1.3.1 고장력강

제2차 세계대전을 계기로 용접기술이 크게 향상되어 종래의 리벳 구조 등이 바뀌어 용접접합이 널리 사용되었다. 그래서 강도, 저온인성, 용접성이 우수한 재료, 즉 용접구조용 고장력강이 개발되어 보다 고강도화를 만족시킬 수가 있었다.

표 1.2 주요 제어압연·냉각기술의 개요

종류	가열	압연	냉각	특성	비고
보통압연	보통 온도가열	보통온도의 오스테나이트(γ) 재결정구역에서 압연(조립의 오스테나이트로 된다.)	공냉 [조대립 페라이트(α)+ 퍼얼라이트(P)]	고강도 저인성	강도, 인성을 높이기 위해 불림 또는 담금질, 뜨임을 행하는 것이 많음
제어압연	저온가열	저온의 γ재결정구역에서 압연 (세립 γ와 + 압연으로 된다.) 보다 저온의 미재결정 영역에서 압연(변형대를 포함하여 전신된 γ로 된다.)	공냉 (미세립 α+P)	고강도 고인성	
제어압연 (2상구역 압연)	상동	상동+상동+보다 저온의 $\gamma+\alpha$ 2상구역에서 압연(전신된 $\gamma+\alpha$)	(미세립 전신된 α+P)	고강도 취성파괴의 전파 정지특성 양호, 이방성 있음	
제어압연 (재변태 가열압연)	보통 온도가열	보통온도에서의 압연(조립 γ)+ 일단변태영역직하의 α구역까지 냉각 후 불림온도 정도의 γ미재결정 영역으로 가열압연 (미립 γ→일부 전신 γ)	(미세립 α+P)	고강도 취성파괴의 전파 정지 특성 양호	
제어압연 + 제어냉각	저온가열	저온의 γ재결정구역(세립 γ)+ 보다 저온의 γ 미재결정구역에서의 압연(변형대를 포함하여 전신된 γ)	가속냉각제어 미세립 α+P+ 베이나이트(B)	고강도 고인성 고용접성	직접 담금질 뜨임의 경우가 있음

1) 제어압연은 저온에서 큰 압하를 가함으로 압연하중이 크게 되어, 강력한 압연기가 필요하다.
2) 합금첨가에 의하지 않고 강도와 인성을 향상시키므로 용접성의 평가 파라미터인 탄소당량이 낮고 용접성 양호.
3) 이상공존구역에서 압연의 경우는 일종의 냉간가공적 효과에 의해 강도의 상승을 얻을 수 있다.
4) 제어압연재는 열처리재에 비해 취성파괴의 전파정지특성이 우수하다. separation(파면에 나타나는 압연면에 평행한 미소균열)에 의한 판두께 분할효과에 의함.
5) 재결정되지 않은 압연방향으로 늘어난 γ립으로부터 변태에 의해 얻어진 α립은 재결정된 γ로부터 얻은 α보다는 훨씬 미세하게 된다.
6) 제어압연에서 중요점은 강판의 평탄도, 재질의 균질성, 조업의 안정성

50kg급 고장력강(비조질)이 선박이나 교량에 사용되기 시작한 것은 약 30여년 전이었다. 그러나 그 이전에 미국에서 담금질 뜨임을 한 비조질 80kg 고장력강 USS T-1 강이 개발되었다. 용접시공 때 가열되어 부분적으로 용융시킬 뿐만 아니라 고장력강으로 조질재를 사용한다는 것은 의외의 발상이었다.

 그러나 용접열영향에 의해서 연화부가 좁아지는 한 용접이음매의 강도는 저하되지 않는다. C를 극히 적게 Ni, Cr, Mo, B 등을 소량씩 첨가하여 소입성을 필요 최소한의 합금첨가에 의해서 얻고 조질에 의해서 강도를 높이기 때문에 용접성이나 인성이 대단히 우수하게 된다.

 이 강에 자극받아 50kg급 고장력강을 열간압연 후 직접 담금질, 뜨임을 실시해서 조질형 60kg급 고장력강을 개발하였다. 전체면에서 동일강도 수준의 비조질강보다 우수하여 널리 사용되고 있다.

 그런데 고장력강의 개발에 즈음하여 미량의 Nb 또는 V을 첨가하고, 그 탄질화물에 의한 결정립 미세화효과 또는 석출경화를 이용하는 연구가 이루어졌다. 이 흐름은 제어압연기술 및 고청정강 제조기술과 일체로 되어 micro alloying이라고 하는 하나의 기술분야가 생겨났다. 극히 적은 미량원소를 첨가하는 것에 의해서 강도, 인성, 소입성, 가공성 등의 향상, 집합조직의 제어, 재결정억제 등을 도모하는 것이다. 고순도의 강이 제조 가능하게 되어 미량의 각 원소의 효과가 현저하게 나타나고 또한 미량원소의 분석, 상태분석의 발전도 되었고, 각 원소의 역할을 분명하게 할 수 있게 된 것도 발전에 기여하였다.

 보통 금속재료는 다결정체로써 많은 결정입계가 존재한다. 미량의 원소가 존재하면 결정입계에서 농도가 높은 것이 보통이다. 또한 합금원소로써 잘 첨가되는 Nb, V, Ti 등은 강중에서 탄화물, 질화물을 만들어 미세하게 석출한다. 이 두 가지의 현상이 결정입계의 이동을 방해해서 미세화나 열간압연 후의 재결정온도를 상승시킨다.

 1.2.2항의 2)에서 설명한 Nb를 함유한 라인파이프강의 제어압연에서 Nb의 효과는 열간압연 중에 γ 상중에 미세하게 석출하는 Nb의 탄질화물이 γ의 재결정온도를 약 100℃ 높이는 것으로 γ 미재결정구역압연을 용이하게 하는 것과 냉각에 의해서 γ에서 α로 변태 후에 미세하게 Nb 탄질화물을 석출하는 것에 의해 강도와 인성을 높이는 것이다. micro alloying 기술의 한 예이다.

1.3.2 스테인리스강

스테인리스강의 역사는 약 70년 전부터 시작되었다. 제조기술의 발달 즉, VOD, AOD 등의 로외정련법의 확립, 연주의 보급, 광폭 센지미어 압연기의 도입 등에 의해 고품위의 스테인리스강을 싼 값으로 대량 생산할 수가 있었다. 이 때문에 각양각색의 수요가 일어나고 또한 여러 갈래에 걸쳐서 새로운 성능을 요구하여 신강종이 탄생하였다. AOD나 VOD법의 발전에 의해 함유탄소량을 경제적으로 용이하게 낮추는 것이 가능하게 되었고, 또한 S, N 등의 불순물의 절감, 또는 N의 첨가가 용이하게 되었기 때문에 고품질화가 진전되는 이외에 신강종도 많이 개발되었다.

고순도 고Cr 페라이트 스테인리스강도 그 일종으로써 정련기술의 발달에 의해서 인성, 내입계부식성이 개선되어 개발된 강종이다. 고Ni 오스테나이트 스테인리스강, Ni 합금, Ti에 필적하는 고내식성을 갖는 고Cr 페라이트 스테인리스강은 Cr 25% 이상으로 Mo을 함유하고 극저탄소(<10ppm), 극저질소(<100ppm)가 필요하다. 오스테나이트 스테인리스강과 달라서 응력부식균열에 강하고 공식이나 입계부식에도 강하다.

최근의 스테인리스강의 개발은 자원절감을 지향하는 것과 고성능을 지향하는 것이 많고 고성능을 지향하는 것은 우수한 내식성, 내열성을 갖는 원자로재료로써 중요시되고 있다.

경수로의 배관재료에는 용접이음매부에서 입계응력부식균열의 대책으로써 C를 낮추고 N을 증가하고 동시에 세립화된 원자로용 304, 316 스테인리스강이 개발되었다. 또한 고속증식로와 핵융합로 등의 재료연구도 진행되고 있다.

1.3.3 표면처리강판

철강재료는 다른 금속재료와 비교하여 수환경조건하에서 부식을 쉽게 일으키는 결점이 있다. 그 대책은 고Cr 합금강 즉 스테인리스강을 이용하든가 또는 표면처리를 실시해서 방청을 꾀하는 것이 일반적이다. 자동차의 내구성 향상의 요청이 높아짐에 따라서 최근 표면처리 박판강의 사용량이 현저하게 증가하고 있다. 더구나 다양한 필요에 대한 세심한 대책으로부터 다양한 강종이 개발되고 있다. 용도에 의해 간단한 내식성뿐만 아니라 강도, 가공성, 용접성 등에 대해서도 고도의 성능이 요구되고 있다. 다음은 여러 종류의 표면처리강판의 향상 중에서 3가지의 예를 들었다.

1) 전기도금강판

전기아연도금은 용융도금에 비해 도금 양이 작으므로 표면이 아름답고 가공성이 양호하기 때문에 옥내용 등 외관을 중요시하는 경우에 자주 사용되고 있다. 최근 자동차 등에 사용되어 살이 두꺼운 것이 발달하였지만 역시 가공성, 용접성, 도료밀착성을 고려하면 얇은 살의 상태에서 내식성, 도장밀착성을 개선하는 것이 바람직하다. 이 때문에 전기합금도금의 연구가 활발해져서 Zn-Co, Zn-Ni, Zn-Co-Ni계와 같이 염수분무시험에서 Zn의 경우보다 4~8배 성능이 향상된 강판 또는 Zn-Fe계와 같이 도장밀착성이 좋아서 도장 후 내식성이 우수한 제품이 개발되었다. 보다 더 내식성과 도장 밀착성과 같은 두 가지를 할 수 없는 복수의 기능을 도금층에 부여하기 위해 도금층을 복층화하는 방법이 개발되었다. 최근에는 박판의 도금은 그 위에 도장을 실시하는 것이 보통이다.

2) 용융도금강판

이제까지 내식성 개선을 위하여 용융아연도금층을 합금화한 제품은 없었다. 최근에는 환경의 산성화가 진행되어 그 대책으로서 Zn보다는 산성구역에서 사용 가능한 Al을 합금시킨 도금이 개발되었다. 각각 특징이 있는 55%Al-Zn과 5%Al-Zn계가 실용화되어 내식성이 현저하게 향상되었다. Al이 많은 상과 Zn이 풍부한 상의 혼합조직으로 되어 있다.

부식되기 쉬운 강의 표면에 Al을 피복하는 것은 방청뿐만 아니라 내고온산화의 점에서도 매력이 있다.

전기도금이나 도복장치에서 처리할 때 열처리를 행하지 않기 때문에 하지강판의 기계적 성질(수축성이나 강도 등)은 그대로 유지된다. 연속용융아연도금 라인에서는 사이클의 조건으로부터 경화성, Deep Drawing성, 시효성을 해결하는데 많은 문제가 있다. 공정상의 여러 가지 개선이나 침입형 고용원소를 고정하는 원소를 함유한 강의 채용 등의 노력이 행하여져서 Deep Drawing용 연강판과 똑같은 특성을 얻게 되었다.

표 1.3 Pre-Coat 강판의 분류와 사용원판

대분류	소분류	비고	사용원판
도장 강판	착색아연철판	KSD 3520	아연철판
	기타 도장강판	상기 이외의 옥상용, 옥내용, 고가공용	냉연강판 전기아연도금강판 복합전기아연도금강판
	의장강판	프린트 모양	
라미네이트 강판	염처리도장강판	JIS K 6744	아연강판 용융아연도금강판 합금화아연도금강판 스테인리스
	기타 라미네이트강판		
	〃	아크릴, 폴리에스텔, 불소 등	
특수 Pre-Coat 강판	용접 가능 도장강판	자동차용, 기타	냉연강판, 전기아연도금강판

3) 도복장강판

건재용 도복장강판으로써 착색아연강판 등의 다채로운 제품이 대량으로 사용되고 있다는 것은 모두 알고 있는 사실이다. 가전용에도 과거 재료 사용자인 가전메이커가 Post Coat 대신에 Pre Coat 강판을 사용할 수 있게 되었다. 공해방지나 공정절약의 장점 때문에 사용이 점차 늘고 있다. 표 1.3에 Pre-Coat 강판의 예를 나타내었다.

1.3.4 전자강판

전자강판은 강판의 압연방향에 우수한 전기특성을 갖고 있기 때문에 결정의 자화용이축(그림 1-1 참조)을 압연방향으로 일치시킨 방향성 전자강판과 결정축의 방위가 무질서해서 강판의 어느 방향도 자기특성이 양호한 무방향성 전자강판으로 분류된다. 전자는 철심이 정치되어 자력선의 방향을 우수한 특성의 방향으로 모을 수 있는 변압기 등에, 후자는 자력선의 방향이 항상 변화하는 회전기계에 사용된다. 여기서는 방향성 전자강판의 향상에 대하여 설명한다.

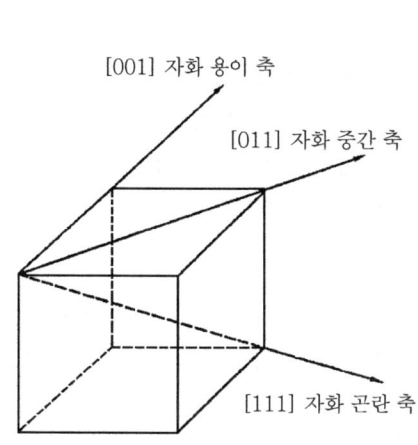
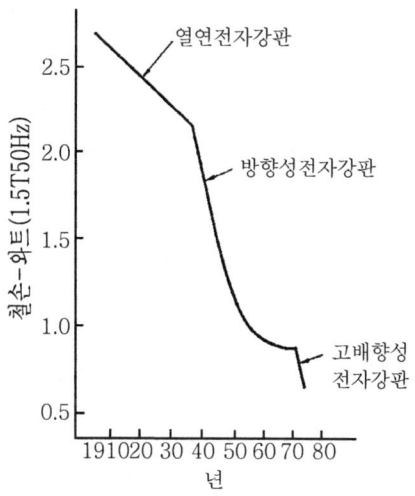

그림 1-1 방향성 전자강판의 자화용이축   그림 1-2 전자강판의 철손의 추이

1934년 Goss에 의해 발명되어 ARMCO사에 의해 확립된 방향성 전자강판의 제조법은 프로세스 중에서 결정립성장 억제제(인히비터)로써 MnS를 사용해서 열간압연-풀림-1차 냉간압연-중간풀림-2차냉간압연-탈탄풀림-마무리풀림 공정이다.

이 방법이 오랜 기간 세계적으로 주류를 이루어왔다. 또한 조건이 다른 고자속밀도방향성(고배향성) 전자강판의 제조법, 즉 AlN과 MnS를 인히비터로 하는 일단강냉연법, MnSe와 Sb를 인히비터로 하는 2단냉연저온 2차 재결정법이 함께 개발되었다. 이들 강판의 각 결정성의 자화용이축방향과 압연방향과의 기울기는 평균 3°로써 종래의 방법에 의한 경우의 평균 7°보다 크게 개선되었다. 자화는 보다 쉽게 되어 자속밀도는 향상되고 히스테리시스손이 감소해서 철손치가 크게 개선되었다. 그림 1-2는 과거로부터 철손치의 저하 상황을 나타내었다.

에너지 절감이 절실히 요구되는 송전 변압기에서 철손으로 소실되는 에너지가 크기 때문에 철손의 감소를 위한 많은 연구가 행해지고 있다. 그 내용과 결과를 표 1.4에 나타내었다. 자구폭이 세분된 박판(0.23mm)의 고자속밀도 방향성 전자강판이 양산화되고 있다.

표 1.4 저철손화에 관한 연구개발의 성과

철손		개선의 요인	대책
	히스테리시스손	재료의 방향성 순도 내부변형 등	고자속밀도 방향성전자강판의 개발
	과전류손	Si 함유량의 증가 판 두께의 감소 자구 폭의 세분화	보통 2.9~3.2%에서 3.2~3.5% 함유 규소강의 개발, 비저항의 증가에 관련한다. 현재 0.27~0.30mm에서 0.20~0.23mm 박판의 개발 레이저조사에 의해 표층부의 미소구역에 변형이 생기고, 자구 폭이 세분화된다.

주 : 전철손=히스테리시스손+와전류손

$$\text{와전류 손} \propto \frac{(\text{판두께})^2 \times \text{자구폭}}{\text{비저항(Si 함유량)}}$$

이와 같이 고성능전자강판의 향상에 대해서 비약적인 저철손재료를 얻을 수 있는 연구개발이 진행되고 있다. 한 가지는 고규소급냉응고박강대이고, 다른 한 가지는 아모르퍼스합금이다. 전자는 용강으로부터 직접 응고시키는 것에 의하며, 6.5% 정도의 Si를 함유한 박판제조가 가능하다. 한편 Fe-B계 아모르퍼스 합금에 대해서 철손을 조사한 결과에 의하면 고성능의 전자강판에 비해서 1/4 정도였다.

앞으로도 각각의 재료에 대하여 경제성과 성능개선의 노력이 세차게 계속될 것이다.

1.4 신뢰성 향상

재료를 개발하거나 사용하는 경우에 자칫하면 초기의 성능만 중요시하는 경향이 많다. 그러나 초기성능이 전사용기간에 걸쳐서 떨어지지 않고, 부식이나 균열 등의 손상이 진행되어 고장 또는 파괴사고를 일으키지 않는 것도 중요하다. 최근과 같이 과학기술이 고도화되고 기계·구조물 또는 시스템이 거대화하면서 만의 하나 사고가 일어났을 경우에 인적, 물적으로 커다란 재해를 입을 가능성이 있기 때문에 이것들을 구성하는 재료의 신뢰성, 안전성의 향상은 극히 중요하다. 더구나 앞으로도 더욱 더 가혹한 환경, 부하조건하에서도 사용되는 경향이 있다.

기기, 구조물을 사용하기 시작하고부터 그 재료에 손상이 발생, 진행되어 사용불능 또는 파괴되기 쉬운 사고로 이어질 가능성이 있는 현상에는 다음과 같은 것이 있다.

저온취성파괴, 부식, 피로, 부식피로, 응력부식균열, 수소취화균열, 액체금속취화, 크리이프, 마모, 조사취화 등.

이것들의 여러 가지 현상은 (1) 내부응력, 부하응력 등의 역학적 인자, (2) 분위기나 온도 등의 환경인자, (3) 성분, 조직 등의 재료인자가 복잡하게 얽혀 진행된다. 그 복잡한 기구를 기초적으로 해명하고 각 인자의 영향을 정량적으로 밝힘으로써 재료의 개선, 수명의 예측, 설계응력의 결정 등을 묶어 신뢰성 향상을 도모할 필요가 있다.

그 때문에 물리학, 화학, 재료과학과 공학, 부식공학, 파괴역학 등의 실제적 연구를 필요로 한다. 그런데 올바른 재료특성의 평가를 하는 것은 어떠한 목적의 경우에도 중요하다. 최근 부재의 사용 전부터 존재하는 균열, 또는 위에서 설명한 손상에 의해 발생된 균열을 갖고 있는 기기, 구조물의 파괴방지의 기준을 찾는 것을 목적으로 한 파괴역학이 급속하게 발전해서 재료의 형상, 치수에 한하지 않고 파괴인성, 균열성장개시의 임계조건, 균열성장속도 등의 파괴특성을 정량적으로 평가하는 것이 가능하게 되었다. 재료과학이 주로 마이크로적 입장에서의 연구인데 대해서 이 재료의 매크로적 입장에서의 연구도 중요하며, 재료의 경제적인 면과 동시에 안전한 사용을 위하여 많은 기여를 하였다.

기기, 구조물의 수명을 생각하는 경우 항상 불균일산포가 문제로 된다. 이 불균일산포는 구성재료에 대하여 부하하중이나 환경 등의 변동과 재료자신의 강도 내지는 수명성질의 변동이 주요 요인으로 발생한다. 앞에 설명한 재료에 손상을 주는 현상은 거의 본질적으로 확률적 성질을 갖고 있다. 따라서 확률론적 평가법이 필요하다. 현재 피로균열전파수명, 응력부식균열수명의 확률론의 적용 또는 극치통계해석에 의한 국부부식의 취급 등 신뢰성 공학적 평가가 활발히 진행되고 있다.

최근 기기, 구조물의 설계관념이 종래의 Safe Life 설계로부터 Fail Safe 설계로 바뀌었다. 전자는 말하자면 무한수명설계인데 반해서 후자는 구조물 등이 사용 중에 일부의 부재에 손상이 발생하여도 다음의 검사까지는 그 구조물은 안전하다는 것을 입증하는 설계이다.

따라서 과거에도 많은 재료의 파괴특성의 평가, 재료결함의 정확하고 정밀한 비파괴시험기술, 또한 재료특성에 관한 Fact-Data-Base의 정비 등의 중요성이 부각되고 있다.

1.5 앞으로의 전망

금속재료와 그 관련기술은 현시점에서 연속주조-압연완전연속 프로세스가 실현되어 급냉응고현상의 응용이 널리 시도되고 있는 등 고도의 재료 및 기술개발이 계속 진행되고 있다.

에너지 문제의 해결은 인류사상 가장 중요한 테마의 하나이다. 고속증식로, 핵융합로 등의 개발이 바로 그것이다. 예를 들어 이 같은 중요한 기기, 구조물에 금속재료는 아주 커다란 비중을 갖고 사용되고 있다.

앞으로 아주 가혹한 조건에서 사용될 것이라 예상되고 있는 종류의 재료가 요구되는 성능에 도달하기 위해서는 많은 연구, 개발의 투자가 필요하지만 그 높은 신뢰성의 이유를 갖고 가장 중요한 부분에 대하여 금속재료는 앞으로도 끊임없이 발전하면서 이용될 것이다.

일반 금속재료에도 약점이 없다는 것은 아니다. 또한 여러 가지 우수한 비금속 재료도 출현하고 있다. 따라서 서로의 장점을 살려서 금속표면에 세라믹 피복을 실시하기도 하여 부분적으로 다른 재료를 사용하는 등 역할분담이 행하여져서 넓은 의미에서 복합재료화되는 영역도 있을 것이다.

더욱더 금속재료는 너무나도 역학적 기능이 우수하기 때문에 그 기능만은 관심이 없게 될 아쉬움이 있다. 따라서 전자기적, 광학적 등의 기능을 중요시하는 소위 기능재료로써의 연구개발이 늦어지고 미지의 영역이 많이 남아 있게 되었다.

특히 고기능·고성능재료의 개발이 기대되어 미개척영역이 많은 금속간 화합물, 유용한 물성의 발견과 그 응용에 보다 더 신기능성이 기대되는 희토류금속, 원자레벨까지의 구조제어에 의한 특이한 기능의 발휘가 기대되는 인공·특수구조물질 등에 대해서는 이후 기초적으로 계통적인 조사를 통해 더욱 더 연구를 도모할 필요가 있다.

이 장에서 기술한 철강재료가 고도의 기술발전을 이룩한 것은, 한 가지의 재료기술이 이론을 발전시켜 그 이론이 새로운 재료, 기술의 싹을 키울 수 있었으며, 기초적, 기반적 연구를 충실히 할 필요가 있다.

제2장

기능성 재료

2.1 희토류금속 및 그 화합물
2.2 단결정재료
2.3 비정질합금
2.4 적층박막
2.5 초미립자
2.6 전자금속재료
2.7 자성재료
2.8 자기냉동재료
2.9 자성유체
2.10 발광소자용 재료
2.11 형상기억합금
2.12 방진합금
2.13 극고진공용기용 재료

CHAPTER 02 기능성 재료

2.1 희토류금속 및 그 화합물

최근의 놀라운 기술혁신은 신소재 개발에 힘입은 바가 크다. 다음 세대를 짊어질 재료개발은 새로운 시점부터 독창적 연구에 의한다면 그 전개가 바람직하지 않다. 이와 같은 관점에서 종자발굴의 신개척으로써 희토류금속 및 그 금속간화합물을 기원으로 하는 화합물계의 중요성이 부각되고 있다.

본 장에서는 오랜 금속의 역사 중에서 큰 매력을 숨긴 채 미개척의 분야를 소개함과 동시에 첨단기능재료의 개발을 가시적으로 전망하고 희토류금속과 그 금속간화합물 등 화합물계의 관계를 설명한다.

2.1.1 희토류금속

희토류금속은 일반적으로, (1) 지구상에서 존재량이 적은 것, (2) 그 원소가 농축되어 경제성이 높은 광석이 적은 것, (3) 정련이 대단히 곤란한 것, (4) 특성이 분명하지 않고 용도가 미개발의 것 등을 가리키며, 표 2.1의 주기율표 중에 사선으로써 표시한 50여종의 원소가 대상이 된다.

표 2.1 주기율표와 희토류금속

족\주기	IA	IIA	IIIA	IVA	VA	VIA	VIIA				IB	IIB	IIIB	IVB	VB	VIB	VIIB	0
1	1 H																	2 He
2	3 Li	4 Be											5 B	6 C	7 N	8 O	9 F	10 Ne
3	11 Na	12 Mg											13 Al	14 Si	15 P	16 S	17 Cl	18 Ar
4	19 K	20 Ca	21 Sc	22 Ti	23 V	24 Cr	25 Mn	26 Fe	27 Co	28 Ni	29 Cu	30 Zn	31 Ga	32 Ge	33 As	34 Se	35 Br	36 Kr
5	37 Rb	38 Sr	39 Y	40 Zr	41 Nb	42 Mo	43 Te	44 Ru	45 Rh	46 Pd	47 Ag	48 Cd	49 In	50 Sn	51 Sb	52 Te	53 I	54 Xe
6	55 Cs	56 Ba	57-71 La	72 Hf	73 Ta	74 W	75 Re	76 Os	77 Ir	78 Pt	79 Au	80 Hg	81 Tl	82 Pb	83 Bi	84 Po	85 At	86 Rn
7	87 Fr	88 Ra	89 Ac															

(주) IUPAC에 의함(1970년)

란탄계 원소	57 La	58 Ce	59 Pr	60 Nd	61 Pm	62 Sm	63 Eu	64 Gd	65 Tb	66 Dy	67 Ho	68 Er	69 Tm	70 YB	71 Lu
Acr 계열 원소	89 Ac	90 Th	91 Pa	92 U	93 Np	94 Pu	95 Am	96 Cm	97 Bk	98 Cf	99 Es	100 Fm	101 Md	102 No	103 Lr

주 : 음영은 "Rare Metals Handbook"에 의한 회소금속

 종래의 재료개발, 특히 구조재료의 분야에서 많은 희토류금속들이 첨가원소로써 역할을 하였으며 단독으로 이용된 것은 많지 않다.
 따라서 희토류금속원소의 고유물성에 관해서는 아직 미지의 부분이 많고 장래의 재료개발에서 다종다양한 기능발현의 핵으로써 기대가 큰 원소군들이다. 사실 많은 희토류금속들은 천이금속원소, 희토류원소, 반도체적 성질을 갖고 있는 원소 및 준금속원소 등 전자상태 또는 결정구조의 에너지준위의 특징을 갖는 원소이며 초전도, 광전자, 자성재료 등 차세대기능재료의 개발에는 없어서는 안될 재료이다. 표 2.2에 첨단기술분야의 필요와 기대되는 기능재료 및 주목되고 있는 전체의 희토류금속에 관해서 나타내었다.

표 2.2 첨단산업에 필요한 기능재료

분야	구체적 필요	주목되는 전체의 희토류 금속 화합물	기능재료로써의 가능성
초도전 재료	송전 케이블	MoN, NbC, Nb$_3$Si, TiB$_{1.6}$	고T$_c$(>30K) 초전도재
	핵융합·MHD 발전	PbRE$_{0.2}$, Mo$_6$S$_8$*, Nb$_3$Sn, V$_3$Ge, V$_2$(Zr, Hf)	고자계용선재
	고속 스위치소자	NbN, Nb$_3$Ge, BaPb$_{1-x}$Bi$_x$O$_3$	고온작동 조셉슨소자, 고감도 자기센서
자성 재료	고성능자석	RECo$_5$, RE$_2$Co$_{17}$*, Fe-Nd-B	부품의 소형화·고성능화
	자기냉동물질	RE$_3$Ga$_5$O$_{12}$*, Gd$_2$(SO$_4$)$_3$·8H$_2$O	자기냉동
	열자기기록	(HF·Ta)Fe$_2$, RECO$_5$*	열자기기록재 센서
	대용량 화상메모리	TeO$_x$, GeO$_x$, MnGeGa, REFeCo, RE$_3$Fe$_5$O$_{12}$*, PtCo	아날로그 메모리용 고성능 광자기 기록매체
	고밀도수직기록재	CoCr, CoV, CoRu, RECo*, Ba페라이트	박막마그네트, 광자기기록매체
반도체 재료	고체 파일메모리	RE$_3$Ga$_5$O$_{12}$*, GdCo	자기버블 메모리
	고온 디바이스	SiC, BP	고온다이오드, 열전소자, 중성자검출기
	초고속컴퓨터용반도체 차세대광통신용반도체 광전변환소자	GaN, GaP, GaAs, InGaAs, GaAsP InAsP, InP	초격자 디바이스, 상온연속발진 단파장레이저 1.4~2.5μm용 광소자
	우주용 리모트센서 가시역발광소자	ZnSe, Hg$_{1-x}$Cd$_x$Te	고휘도발광소자, IRCCD
뉴세라믹 재료	엔진부재	ZrO$_2$-(CaO, MgO, Y$_2$O$_3$)	고인성세라믹
	내열성단열재료	A(A'Ti)$_8$O$_{16}$(A=Ba, Li ; A'=Mg, Al, Fe, Cr, Ga, RE*)	이온교환체, 센서, 촉매유전체, 고이온도전재료
	고체전해질 연료전지 전극제	A(A'Ti)$_8$O$_{16}$, B$_{12}$O$_3$, (RE$_2$*O$_3$, BaO, SrO)	유전체, 반도체
	광회절소자재료	LiNbO$_3$, NaNbO$_3$, Gd$_2$(MoO$_4$)$_3$, Ba$_2$NaNb$_5$O$_{15}$SrTiO$_3$, LiTaO$_3$	광스위치, 광안정소자, 비선형광학 효과
	광파이버재료	BaF$_2$-GdF$_3$-ZrF$_4$ Ge-P-S, TiX$_3$(X=할로겐)	레이저가공파이버

* RE : 희토류금속

2.1.2 금속간화합물

표 2.2에 나타낸 각 재료분야(초전도, 자성, 반도체재료)에서 주로 사용되는 재료는 희토류금속을 포함한 금속간화합물이다. 금속간화합물에 대한 개요를 여기에서 설명하겠다.

이종 이상의 금속원소 및 준금속 혹은 반도체원소 등은 서로 용해한 합금 중에서 특히 성분원소의 어느 쪽과도 다른 결정구조를 갖는 상을 금속간화합물이라 한다. 금속간화합물은 구성원소의 비율이 간단한 정수비를 갖지만 일반의 화합물과 달라서 그 비율이 일반의 원자가수에 따르지 않는다. 금속간화합물 XY는 X와 Y의 일정비율의 조성에만 존재하는 경우가 있다.

그 화합물의 특성은 조성에 폭이 있는 경우에는 조성이 벗어남에 따라 현저하게 변화하고 조성에 폭을 갖지 않는 것에서는 조성이 벗어남에 따라 다른 상이 동시에 형성되기 때문에 조성의 엄밀한 제어가 요구된다.

금속간화합물의 특성을 결정하고 있는 하나는 결정구조이다. 결정구조의 종류는 상당히 많고 대칭성이 좋으며 원자구조가 적층구조를 나타내는 등 수많은 구조가 확인되고 있다 (3.2 구조용 금속간화합물의 그림 3.1 참조).

특성을 좌우하는 또 하나는 구성원자상호간의 결합양식이다. 금속의 응고체와 달리 금속결합성이 강한 것에서 공유결합성, 이온결합성이 강한 것까지 여러 가지이며 똑같은 결정구조를 갖는 금속간화합물이 여러 가지 특성을 갖는 것은 이것에 기인하고 있다. 결합양식이나 결정구조를 정하는 것은 구성원자의 원자치수비, 전기화학적 특성의 차, 1원자당 가전자수 등이 있으며, 구성원자수의 비가 똑같아도 여러 가지 결정구조를 나타내며 이것에 대응해서 특성 역시 변화한다.

2.1.3 첨단재료분야와 희토류금속 및 그 화합물

첨단재료의 개발동향에 관해서는 현재 추진되고 있는 개발연구 중에서 관계를 갖는 희토류금속 · 금속간화합물 · 금속화합물에 대해서 설명하고 이것들이 갖고 있는 미개척 물성과 앞으로의 재료개발에 대하여 소개하겠다.

1) 초전도분야

초전도재료에서 고 T_C, 고 H_{c2}, 고 J_C를 갖고 있는 재료가 실용재료로써 바람직하다. T_C에 관해서 구성원소자체가 고 T_C를 갖는 합금계의 재료 즉 Nb-Ti 합금 등이 개발되었지만 보다 더 T_C화를 도모하기 위해 현재는 화합물계로 눈을 돌리고 있다. 즉 실용재료로써 A15형 금속간화합물인 Nb_3Sn(T_C 18K)가 개발되어 선재화는 곤란하므로 실용화는 되지 못했지만 똑같은 A15형의 Nb_3Ge로써 현재 보고되고 있는 최고의 T_C 23K가 얻어졌다.

냉각제로써 사용되는 액체 Be는 장래에 자원적으로 불안이 예상되므로 부득이 액체수소(비점 20.3K) 온도에서 T_C를 갖고 있는 실용재료의 개발이 시급하다. 또한 최근에는 기존 재료의 T_C와 1원자당 가전자수, 격자상수, 결정구조 등의 관계로부터 고 T_C를 나타내는 물질을 예측하는 노력이 진행되고 있으며, A15형 Nb_3Si, V_3Al 및 B1형 MoN, $NbN_x C_{x-1}$ 등의 금속간화합물이 기대되고 있다.

고 H_C, 고 J_C 재료로써 Nb-Ti계 합금의 H_{c2}=12T(4.2K)에 대해서 앞에서 나타낸 Nb_3Sn 및 동일한 A15형의 V_3Ga는 20T(4.2K)를 넘는 H_{c2}를 갖고 이것으로부터 완성된 초전도자석으로써 17.2T가 달성되었다. 또 희토류 금속을 갖는 chevrel형 금속간화합물에서는 61T의 H_{c2}가 보고되고 있고, 이후의 과제로서는 H_{c2}가 20T 이상의 실용재료와 중성자조사에 강한 선재가 개발될 것이다.

조셉슨 소자재료에 관해서는 우수한 전기특성과 내열 사이클 및 가공성을 지닌 박막재료의 개발이 과제이며, B1형 NbN이나 Ba, Bi 등을 함유한 페로브스카이트형 복합산화물 등이 연구의 대상으로 되고 있다.

지금까지의 초전도현상은 포논을 소개하는 기구(BCS이론)에 의해 초전도가 발생한다고 설명되고 있으며, T_C의 상한은 35~40K로 예상된다. 다른 방법, 다른 매체(애키시톤, 또는 페시즈몬)가 관여하면 액체질소온도(77K) 또는 상온에서 초전도가 발현할 가능성이 있다. 실제로는 T_C는 낮지만 세렌을 함유한 π 전자계유기화합물 및 검은 인(P)이 새로운 기구로써 초전도성을 나타내게 되어 앞으로의 연구에 기대가 된다.

2) 자성재료분야

십 수년 전에 $CaCu_5$형 금속간화합물인 $SmCo_5$가 출현한 이래 Sm-Co를 중심으로 하는 희토류합금계의 영구자석은 각종 기기에 널리 이용된 바와 같이 전자분야에서는 중요한 위치를 차지하고 있다. 이 계열의 자석의 특징은 최대 크기 에너지-적($\sim 200 KJ/m^2$)으로 우수한 온도특성을 갖지만 최근의 개발경향은 Sm_2Co_{17}계로 이행되어 가고 있고 $240 KJ/m^2$에 달하는 것도 개발되고 있다. 한편 최근 비정질합금의 Fe-Nd-B 고성능자석이 개발되었지만, 이것은 온도특성에서 Sm-Co계와 비교하여 떨어지는 $360 KJ/m^2$이라는 최대 에너지-적을 갖고 있어 값싼 철과 희토류금속 중에서는 비교적 풍부한 네오듐을 주체로 한 장래성이 있는 자석이다.

장래의 고도 정보화사회에서는 취급정보량도 급격히 늘어나게 되고 종래의 자기디지털 메모리 대신에 고밀도·대용량·고속액세스의 기록매체로써 고쳐 쓰는 것이 가능한 광자기 디스크 메모리의 실용화가 기대되고 있다. 이 메모리는 자기카효과를 이용해서 기록재생을 행하는 것으로 결정입계에서 빛산란에 의한 노이즈가 문제로 되고 있다. 현재는 Tb-Fe-Co의 3원합금이나 TbFe와 GdFeCo의 다층구조를 갖는 중 희토류금속과 천이금속(Fe, Co)과의 아모르퍼스합금의 사용에 의해 매년 CN비(Carrier to Noise Ratio)의 향상을 도모하고 있다. CN비 향상의 포인트는 역($\mathcal{H}$)회전각 θ_k의 향상에 있지만 현재의 아모르퍼스계 재료에서는 한계가 있어서 USe, U_3As_4와 희토류금속을 함유한 가아넷계 재료가 큰 θ_k를 갖는 재료로써 주목되고 있다. 또한 자성박막면에 대해서 수직으로 자화방향을 갖는 수직자기기록재료의 개발은 CoCr, CoV, CoRu, CoNiP 등의 Co계 합금재료에 첨가해서 Ba의 페라이트가 최근 주목되고 있다. 그 외에 스핀 재배열을 나타내는 $NdCo_5$와 큰 자기모멘트를 갖는 $Gd_2(SO_4)_3 \cdot 8H_2O$가 각각 자기 센서나 자기냉동소자에 응용되는 등 자성재료에 있어서 희토류금속과 그들 화합물계에 희망을 거는 기대가 크다.

3) 반도체분야

자성재료와 함께 전자의 중추를 이루는 반도체재료는 과거 Si나 Ge의 단원소 반도체이며 이것이 현재 여전히 주류를 이루고 있다. B3형 금속간화합물인 GaAs가 "꿈의 재료"로 불려진 지 20여 년이 경과했지만 오늘날에 이르러서는 지극히 일부에서만 실용화되고 있는데 지나지 않는다.

실용화하는데 최대의 장애는 GaAs가 화합물반도체로써 물성이 해명되지 않은 부분이 많고 가공이 곤란한 것이었다. 그렇지만 화합물반도체에는 발광특성, 광범위한 밴드 폭, 고이동도, 내열성 등의 점에서 Si 반도체의 한계를 초월하는 성능이 많이 존재하여 첨단기술을 유지하는 신소재로써 매력이 넘치고 있다.

Ⅳ족끼리의 화합물인 고융점의 SiC 반도체는 500℃ 이상에서도 작동하는 청색발광소자, 다이오드, 내열FET(전계효과 트랜지스터)재료로써 개발이 진행되고 있다.

고융점이기 때문에 주위로부터 불순물의 혼입이 문제이지만 러시아에서 개발된 진공·저온에서 승화시켜 결정성장을 억제하는 방법으로 그 돌파구로써 기대가 되고 있다.

Ⅲ-Ⅴ족 화합물반도체는 GaAs로 대표되어진 바와 같이 전자이동도가 높은 것과 고효율 발광특성이 특징이다. 이 반도체는 P-N 접합의 순서방향으로 전류를 통하면 발광하므로 발광 다이오드(LED)로써 이용되고 있다. B3형의 GaP나 GaAsP를 이용한 LED가 이미 적색 및 녹발색에 실용화되었고 개발 중의 B4형 금속간화합물인 GaN, Ⅱ-Ⅵ족 화합물 및 앞에 설명한 SiC가 실용화된다면 적·녹·청 3색이 갖추어지므로 LED 평면 디스플레이가 실현된다. 다시 LED의 발광기구에 빛의 유전복사현상을 조합하면 가간섭성광이 얻어져 반도체 레이저(LD)로 된다. 에피택시(epitaxy) 기술의 발달에 의해 초격자의 제조가 가능하게 되어 앞에 기술한 특징을 극한까지 인출한 디바이스가 가능하게 되었다. 초격자라는 것은 수종류 물질의 극박막을 인공적으로 겹쳐 쌓은 것으로 격자상수가 가까운 GaAs와 AlGaAs는 물론 격자상수가 다른 B_3형 금속간화합물 InP와 InAs에서도 수원자층이라면 변형을 갖고 있다 할지라도 초격자를 얻을 수 있다. Si를 도프(dope)시킨 AlGaAs와 GaAs와의 초격자에서는 AlGaAs층의 전자는 포텐셜의 관계에서 GaAs층의 층으로 이동하고 층에 평행하게 전압을 걸면 전자는 GaAs층중을 고속으로 이동할 수 있다(그림 2-1). 이 효과는 고전자이동도 트랜지스터(HEMT)에 응용되어 조셉슨소자에 필적하는 스위칭 속도를 얻을 수 있다. 고속연산을 요구하는 차세대 컴퓨터에 이용이 기대되고 있다.

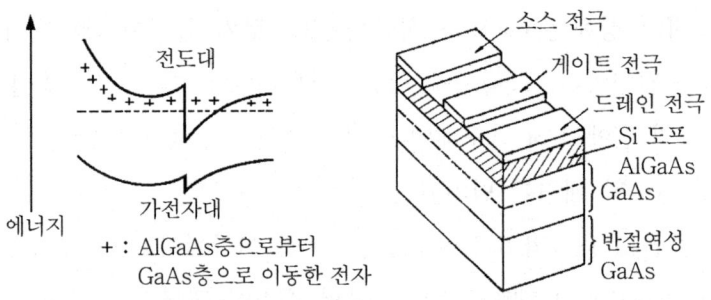

그림 2-1 HEMT의 구조와 원리

또한 전자의 물질파의 파장정도(<30nm)까지 층의 두께를 얇게 하면 전도대와 가전자대 양쪽에 우물자형(井戶型)의 포텐셜이 형성되어 이산적인 에너지준위를 띄게 된다. 전자천이는 이 양자의 준위간에서 행하여지므로 그것에 대응하는 광흡수·발광(그림 2-2)이 관측된다. 이 구조를 LD에 응용하면 발진의 결산값이 내려가서 저전류에서 사용할 수 있는 LD가 가능하게 된다. 차세대의 고속데이터전송시스템의 미디어로써 광통신이 유력시 되고 있지만 시스템의 고신뢰화, 소형경량화, 저 코스트화의 요청으로부터 광전자집적회로(OE, IC)의 개발이 진행되어 위에 기술한 LD나 HEMT 등의 초격자소자가 그 주역이 된다.

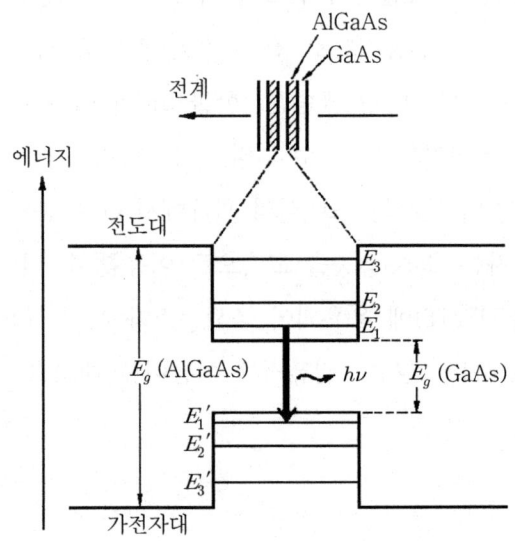

그림 2-2 초격자구조를 이용한 반도체 레이저와 우물자형 포텐셜

Ⅱ-Ⅵ족 화합물반도체는 항상 직접천이형이며 B_3형 금속간화합물의 ZnS 및 ZnSe가 청색발광소자로써 연구가 진행되고 있다. 또한 밴드 폭과 적외로부터 투적외까지 가변할 수 있는 $Cd_xHg_{1-x}Te$이 물체표면의 온도분포를 적외선방사분포로부터 검지하는 적외촬영용 전하 디바이스(IRCCD)용 재료로써 선택되어 우주용 리모트센서에 응용되고 있다.

또 Ⅱa족과 Ⅵb족의 화합물인 Mg_3Bi_2의 합금은 용융상태에서 반도체의 성질을 나타내는 기묘한 특성을 갖고 있어(그림 2-3), 철의 규화물을 중심으로 한 천이금속 규화물은 내열성, 내산화성이 우수한 반도체이며, 큰 열전능을 갖고 있으므로 고온에서 이용되는 열발전소자로써 이용되는 등 화합물반도체는 흥미롭지 못한 재료이다.

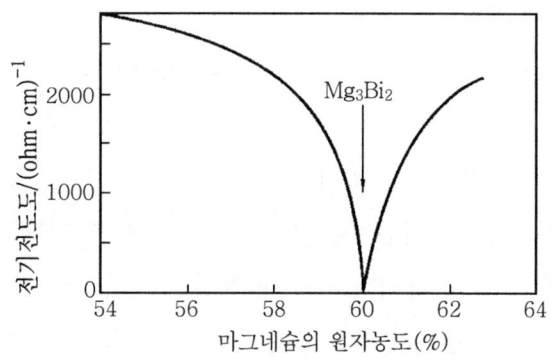

그림 2-3 금속간화합물 조성 부근에서의 용융 Bi-Mg합금의 전기전도도

4) 파인 세라믹 분야

금속보다 내열성이 우수한 세라믹을 엔진부재로 이용하면 금속재료보다도 고온에서 사용할 수 있으므로 열효율이 향상되고 에너지절약(30~40%)을 꾀할 수 있다.

가스터빈이나 제트 엔진 등의 부재로써 이용하는데는 내열성이외에도 고강도, 고인성 및 낮은 열팽창성이 요구되어 현재 SiC, Si_3N_4, 사이알론(Si-Al-O-N) 및 CaO, MgO, Y_2O_3로 안정화된 ZrO_2(PSZ)에 대하여 연구가 되고 있고 PSZ는 일부 실용화되고 있다. 또한 Si_3N_4는 원자료재료로써도 중요시되고 있다.

구조재료뿐만 아니라 세라믹은 기능재료로써 발전도 놀라우며, 내열성 단열재료로써 주목되고 있는 옥토티탄염산[일반식 $A(A', Ti)_8O_{16}$; A'=Mg, Al, Fe, Cr, Ga, 희토류금속]은 1차원 고이온 전도체로써 주목되고 있다. 옥토 티탄염산은 TiO_6 나 $A'O_6$ 팔면체의 연쇄로 되는 3차원적 터널구조로써 특징을 갖고 있고 이 터널구조가 이온전도에 참여하고 있다.

똑같은 구조를 갖고 있는 것에는 제오라이트, 인산지르코늄, 고이온전도체의 나시콘 및 실리콘이 알려져 있지만 항상 이온교환재로써 이용되고 있는 것 외에도 조성의 일부를 다른 천이금속이나 희토류금속으로 치환하는 것에 의하여 촉매작용을 발현시키는 등 다양한 기능을 나타내는 재료로써 주목되고 있다.

리듐, 티탄, 니오브, 탄탈 등을 함유하는 복합탄화물은 광학소자 및 전자재료로써 수요가 많고, $BaTiO_3$, $SrTiO_3$, PZT($PbTiO_3$와 $PbZrO_3$와의 고용체) 등 페로브스가이드형 구조를 갖는 일련의 물질은 유전성 또는 압전성 등이 우수해서 이미 각종의 전자부품이나 광(光), 압력 등의 센서에 이용되고 있다.

또한 최근 $BaTiO_3$의 반도체적인 성질이 주목되어 개발연구가 붐을 이루고 있다. PZT 또는 그 납의 일부를 란탄으로 치환한 PLZT는 광학적 특성에 특징이 있고, 광제어소자로의 응용이 시도되고 있다. 또한 $LiNbO_3$ 또는 $LiTaO_3$ 등도 광학적 특성이 주목되어 광변조소자, 광편향소자로의 이용이 진행되고 있다.

특히 $LiNbO_3$ 결정표면에 Ti^{2+}를 확산시킨 것은 고굴절률을 나타내고 광로제어소자재료로써 기대된다. 빛에 의해서 빛을 제어하는 광 IC에서는 광흡수 또는 굴절률이 광강도에 의존하는 비선형광학효과가 큰 재료가 필요하며 $LiNbO_3$는 그 최우선적으로 기대가 되고 있다.

5) 기 타

이외에 희토류금속을 이용한 화합물계 기능재료는 많은 연구가 진행되고 있지만 최근 화제로 되고 있는 것 몇 가지를 소개하겠다.

영구변형을 가한 후에도 온도를 변화시키는 것에 의해 변형 전의 형상으로 되돌아간다고 하는 특이한 성질을 갖고 있는 형상기억합금은, 니켈과 티탄 1 : 1의 화합물을 시작으로 한 금속간화합물이 많고 마르텐사이트 변태에 따라서 이러한 성질이 나타나 기계적 기능재료로써 각종의 이용을 생각할 수 있다.

철·티탄계를 주원소로 하는 금속간화합물에는 수소가스를 수소화합물로 해서 고용상태에서 효율적으로 저장할 수 있으므로 수소저장합금으로써 이용되며 수소는 필요에 따라 가스로써 꺼낼 수가 있다. 또한 수소화합물의 생성·해리에서 반응열을 이용한 히트·펌

프로 적용이 시도되고 있다.

이상에서 설명한 특성 이외에도 고휘도 열전자선원으로써 란탄의 보론화합물, 실리콘 트랜지스터나 IC의 전극재료로써 몰리브덴의 규소화합물, 고온발열체로써 탄화수소, 몰리브덴의 규소화합물 등 구성원소단체로는 얻을 수 없는 특성을 갖는 재료로써 금속간화합물 등 화합물이 주목되고 있다.

이상 희토류금속을 기조로 한 화합물이 관계되는 신재료의 현상과 그 가능성에 대해서 몇 가지의 사례를 열거하여 설명하였다. 최근에는 유기화합물 등의 분자소자나 고분자기능재료도 개발되었지만 금속재료가 주역을 담당했다는 것은 부정할 수 없다. 따라서 미개척의 물성은 아주 숨겨져서 보이지 않는 희토류금속 및 이들의 화합물계는 보다 고도(高度)와 동시에 다양한 기능성 발현으로의 기대가 더욱 더 크다고 생각할 수 있다.

희토류금속 및 화합물의 물성에 관한 연구는 막 시작했다고 말할 수 있다. 차세대의 첨단기술을 유지하는 기능재료의 창출은 종래의 기술의 연장 또는 필요 직결형의 연구로부터는 실현 불가능한 것이 충분히 예상되어 이후는 기초연구를 충실하게 하고 계통적이고 동시에 총합적인 Background 위에 종자 연구를 추진하는 것이 중요하다. 즉, 디바이스를 주체로 한 필요본위의 현재적 물성의 이용연구만이 아니라, 희토류금속에 관해서는 불순물, 격자결함 등의 영향을 받지 않는 순물질의 잠재적 물성의 발굴노력이 필요하고 또한 금속간화합물을 주체로 하는 화합물계에서는 3원계 이상의 화합물은 처음보다 많은 결정구조를 갖는 화합물 중에서 새로운 가능성을 갖는 화합물의 계통적 연구가 필요하다.

또한 앞으로의 장기적 재료전략을 향해서 희토류금속 자원확보의 문제는 병행해서 노력을 경주해야만 한다.

희토류금속 자원의 대다수는 고갈되어 있지만 극단으로 편재되어 있는 상황이며, 무자원국인 우리나라에서는 재료전략의 일단으로써 자원문제는 중요한 과제로써 몰두할 필요가 있고 이것에 관한 연구개발도 적극적으로 추진해야 할 것이다.

2.2 단결정재료

금속재료의 대다수는 반도체공학, 레이저 공학의 분야를 제외하고 다결정재료에 따라서 충분히 재료로써의 사명을 다하고 있다. 그러나 최근 대다수의 금속재료에서 고성능기능 재료 및 고성능구조재료로의 극한적인 용도개발이 진행 중이며, 다결정재료에서 단결정재료의 필요성이 높아지고 있다. 그 결과 단결정제조기술 및 그것에 관련되는 결정성장의 문제는 오늘에 이르기까지 과학 및 공업에서 중요한 문제로 되고 있다.

금속단결정의 제작에 관해서 두 가지의 중요한 의미가 있다. 하나는 과학적 시료제작이라고 하는 의미이다. 평소 사용되는 금속재료의 대다수는 단결정립의 집합체인 다결정이며 그 물리적, 화학적 및 기계적 성질을 기초적인 입장으로부터 이해하기 위해서는 단결정의 거동을 해명해야 하기 때문이다.

또 하나는 다결정 상태에서 얻을 수 없는 특성을 단결정 상태에서 실현한다고 하는 공학적 의미이다. 특히 전자에서의 과학적 연구시료로써의 금속단결정 제조에서는 오늘날까지 기술적인 제조조건이 명확한 것과 함께 기초적인 결정성장의 기구가 해명되고 있는 중이다. 그러나 단결정의 제작은 아직도 이전 것으로 개개의 금속에서(특히 합금 및 화합물 단결정에 관해서는) 경험과 요령에 의해서 행해지는 부분이 많고, 그 때문에 현재도 수많은 노력을 기울이고 있다. 한편 후자에서의 공업적 재료로써 단결정의 제작은 규모, 경제성, 기술적 난이도의 관점에서 현재 일이 진척되고 있을 뿐이다.

본 절에서 종래 행하여져 왔던 과학적 연구시료로써 단결정제조방법의 개략에 대해서 간단히 언급하고, 그보다는 공업적 금속재료로 사용 중인 고융점금속 단결정의 제조의 의미, 제조법의 개설을 중심으로 단결정재료의 전망을 살펴보고자 한다.

2.2.1 단결정 제조방법

과거로부터 행해지고 있는 단결정 제조방법을 물질의 상변태에서 개념적으로 구분하면, ① 기체로부터 출발하는 방법[승화법, 반응법(열분해법, 수소환원법, 화합법)], ② 고체로부터 출발하는 방법[괴로부터 출발하는 방법(재결정법, 동소변태법), 분말로부터 출발하는 방법(Pintch)], ③ 액체로부터 출발하는 방법[용액으로부터 출발하는 방법(용액석출법, 환원법, 전해법), 융액으로부터 출발하는 방법(전해법, 융액석출법, 응고법)]으로 분류할 수 있다. 각각의 방법 중에서도 개개의 제작방법은 여러 갈래로 나누어진다. 예를 들면 ①의 기체로부터 출발하는 제작방법은 승화법과 반응법으로 크게 나누어진다. 또 반응법은 열분해법, 수소환원법 및 화합법의 3종으로 구분된다.

앞에서 설명한 방법에 의해서 얻은 단결정은 승화법에 의해 Hg, Zn, Cd, Mg, Ag, Se, P, ZnO, BaO, ZnS, CdS, PbS 등이 얻어지고, 또 반응법에 의해서 Ti, Hf, Zr, Th, W, Mo, Ta, V, Fe, Zr 등이 얻어진다. 그러나 기체로부터 출발하는 제조법은 일반적으로 동시에 단결정을 정제하는 이점을 갖지만 큰 단결정을 얻는 것은 곤란한 결점이 있다. 따라서 과학적 연구 시료의 제작이라는 단계로 그치고 있다.

또한 단결정의 제작법으로써 가장 기술적 제작조건이 명확한 것으로 앞서의 분류 중 ②, ③을 들 수가 있다. 즉, 고체로부터 출발하는 방법 중에는 재결정법(변형풀림법, 2차 재결정법, 고온가열법)이 있다. 또한 액체로부터 출발하는 방법 중에 "응고(Tamman-Bridegeman의 방법, Kapitza의 방법, 흡상법, 단순인상법, 회전인상법, Verouil법, 부유대용융법)이 있다. 이것들의 제조법은 오늘날까지 예전부터 반도체금속(Si, Ge 등), 반도체(Sb, Bi 등), 금속단결정 및 그들의 합금, 화합물단결정의 제조에서 중심적인 역할을 다하고 있다.

또한 그것들의 제작방법은 연구시료용 단결정만이 아니라 공업적 단결정재료의 제조에 부족하지 않은 기술로 되어 있다. 그 중에서도 최근 공업적인 단결정재료로써 중요한 존재로 되어 있는 실리콘(Si) 단결정을 주체로 하는 화합물 반도체 단결정은 응고법 중의 융액을 도가니로부터 꺼내어 응고시킨 방법-인상법에 의해서 제조되고 있다. 이들 수많은 공업용 단결정재료의 제조법은 ③으로 분류한 "액체로부터 출발하는 방법"으로 되어 있다. 그러나 이 방법은 물질이 액상상태로부터 고상상태로 상변화시킨 과정을 포함하기 때문에 임의 형상의 단결정재료를 얻는 것은 여러 가지로 곤란하다. 또한 고상상태에서 격자변태(예를 들면 면심입방격자로부터 체심입방격자로의 변태)를 갖는 금속의 단결정화는 기술적으로 용이하지 않다.

여기서 공업적 금속단결정을 제조하는데 상기의 곤란을 극복하기 위해 ②의 "고체로부터 출발하는 방법"이 주목받고 있다. 이것은 임의형상을 갖는 거대한 단결정제조가 가능하기 때문이다. 최근 금속단결정제조법으로써 이른바 재결정법 중 "이차재결정법"을 이용하는 것에 의해 복잡형상을 갖는 고융점 금속단결정을 쉽게 제조하는 것이 성공하고 있다. 또한 본 재결정법은 종래로부터 철 및 철합금을 주체로 하는 체심입방금속 및 면심입방금속의 단결정제조에는 적용되고 있지만 고융점금속에 응용되기는 처음이다.

2.2.2 고융점금속 단결정재료의 제조

1) 제조의 의의

앞에서 설명한 바와 같이 금속재료의 대다수는 다결정상태에서도 충분히 재료로써 역할을 다하고 있다. 그 때문에 공업재료로써의 금속단결정의 제조에 관해서는 다음의 조건을 만족시키는 것이 기본적으로 중요한 요소로 된다.

첫째, 제조되는 단결정이 다결정에서는 얻을 수 없는 금속학적 특성을 가질 것. 둘째, 경제적, 기술적인 관점에서 개발 가능한 제조법일 것. 앞의 2조건을 전제로 해서 생각했을 때 다음에 나타낸 금속 및 제조방법을 전형적인 일례로써 열거할 수가 있을 것이다.

금속재료 중에서 주기율표 VIa 족에 위치하는 Cr, Mo, W 및 고융점합금은 고온에서 비강도가 우수하고 열팽창계수가 작고 열전도도가 크기 때문에 초고온내열재료 및 고온에서 고성능기능재료로써 유망시되고 있다. 그런데도 불구하고 유효한 용도개발 및 실용화가 충분하지 못하다. 그 원인은 상기 다결정금속이 갖고 있는 결정입계의 본질적인 "취약"에 있고 이들 금속의 치명적인 결함으로 되고 있다. 위에 설명한 전체 금속이 입계취성은 결정입계에 존재하지 않고 실용적 규모의 단결정재에 의해서 개선된다. 또한 단결정제조방법으로는 위에 설명한 전체금속이 2,100K 이상의 고융점이므로 "고체로부터 출발하는 방법"이 적절하다고 생각할 수 있다. 이미 과거에 "액체로부터 출발하는 방법" 중에서 부유대용융법이 제조법으로써 시도되었지만 얻어지는 단결정의 규모 및 형상의 점에서 그 사용이 제한되었다.

상기의 관점에서 공업용재료로써의 고융점금속결정의 제조는 전술한 기본적 조건을 만족하고 제조의 의의가 이해될 것이다. 다음에 고융점금속 중 Mo의 경우에 단결정제조의 원리와 조건에 관하여 간단히 설명하겠다.

2) Mo 금속단결정의 제조

(1) 원리

단결정제조법에서는 고체로부터 출발하는 방법 중에서 "2차 재결정법"을 적용하고 있다. 그 원리는 다음과 같다. 다결정재료를 소성적으로 강한 가공을 하고 이것을 상온에서 점차 온도를 올려 풀림처리를 하면 1차 재결정에 2차 재결정이 생기는 현상이다. 1차 재결정은 강한 가공에 의해서 재료내부에 축적된 변형에너지가 풀림에 의해서 해방되어 새로운 세립의 결정립조직으로 되는 다결정상태를 나타낸다. 더욱더 고온풀림을 계속하면 1차 재결정단계에서 형성된 다결정 중의 특정한 결정립이 1개가 아니고 여러 개가 갑자기 성장을 시작해서 주변의 대다수가 결정립을 잠식하여 성장한다. 이 현상을 2차 재결정이라 한다. 이 같은 결정립의 이상성장현상을 이용하는 것에 따라서 다결정상태로부터 금속을 단결정화하는 것을 "2차 재결정법"이라고 한다.

이 2차 재결정의 양상으로는 성장하는 커다란 1차 재결정립의 수가 많아서 전체로서는 결정립이 조립화하는 과정이 완만하게 생기는 정상결정립 성장이 있다. 그 외에 성장하는 커다란 1차 재결정립의 수가 극히 작아서 그 특정의 소수 결정립이 다른 대부분의 1차 재결정립을 잠식해서 폭발적으로 성장하는 이상결정립성장을 일으키는 경우가 있다. 후자의 경우는 필히 풀림 전의 소재에 특정의 미량 불순물을 포함하는 것을 전제로 한다.

(2) 제조조건과 특징

일례로서 Ca, Mg을 총량으로 0.02% 도프(첨가)한 소결 Mo 열연판(가공율 70%) 소재를 이용하여 고온풀림을 하는 것에 의해 얻어진 단결정 제조법에 관하여 설명하겠다. 우선 소재를 초고온진공풀림로에 넣어서 1,973~2,573K의 온도로 일정시간 유지한다. 비교를 위해 도프가 없는 Mo(순Mo)과 도프한 Mo에 대해서 풀림온도와 평균결정입계의 관계를 그림 2-4에 나타내었다. 도프 없는 Mo(판두께 2mm)은 그림에 나타낸 풀림온도범위에서 결정립 지름이 풀림온도의 상승과 함께 서서히 증가해서 최종적으로는 거의 판 두께에 대응한 입경에 도달하여 이른바 정상결정립성장을 나타낸다.

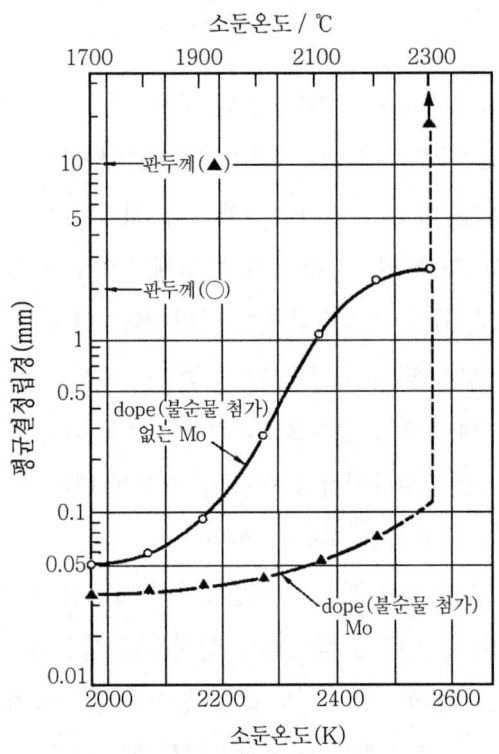

그림 2-4 몰리브덴 열연판에 대한 풀림온도[유지시간 ks(1시간)과 평균결정립경의 관계]

 이것에 대해서 도프 Mo(판 두께 10mm)에서는 2,500K 부근까지 결정립성장은 상당히 제어되지만, 그 이상의 온도로 되면 급격한 입성장을 나타낸다. 즉 이상결정립성장을 일으킨다. 그 결과 그림 2-5에 나타낸 바와 같이 Mo 단결정재료를 쉽게 얻을 수 있다.

 또한 그림 2-6에 2,573K, 3.6ks(1h)~10.8ks(3h)시간 풀림 후의 각종 판재, 파이프재, 봉재 단결정을 나타내었다. 제조법의 특징은 열간가공 후의 각종 형상 소재뿐만 아니라 가공소재에 천공, 타발, 굽힘성형가공을 한 임의형상소재를 풀림처리에 의해서 단결정화가 가능하다. 또다시 제조법에 의해서 Mo과 유사한 금속학적 특성을 가진 W 재료 등의 단결정화에도 성공을 거두고 있다. 또한 단결정의 크기에 대한 한계는 단결정용 소재의 제조공정상의 설비능력 및 고온풀림시의 풀림방식과 용량에 의해 제한될 뿐이다.

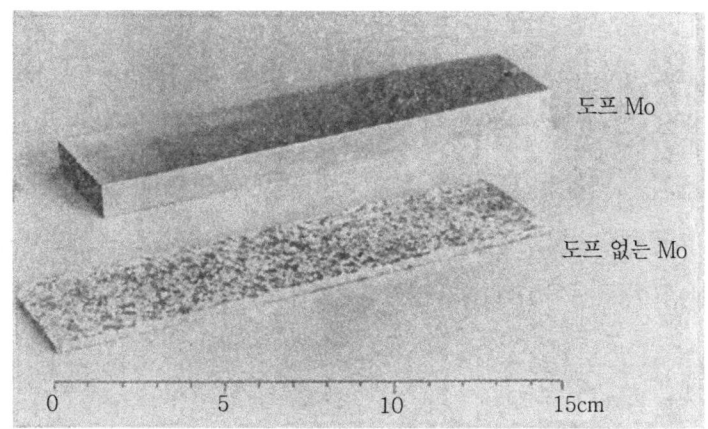

그림 2-5 2,573k, 3.6~10.8ks에서 시간 풀림 후 도프 없는 Mo(다결정) 및 도프 Mo(단결정)의 전형적인 매크로조직

그림 2-6 판재·파이프·봉재의 단결정(2,573K, 3.6~10.8ks 시간 풀림)

2.2.3 금속단결정재료의 응용과 전망

본 항에서 소개한 금속단결정의 제조방법은 다른 금속, 합금 및 화합물에 대해서도 이상 결정립성장이 자주 보고되고 있으며 폭넓게 응용될 가능성이 있다. 또한 제조된 단결정은 공업재료로써 현재 사용되고 있는 다결정재료의 위치를 바꾸는 것이 가능하지만, 앞서의 고성능고기능재료 및 고성능구조재료로의 응용이 가능하게 되었다. 예를 들어 고출력용 레이저 미러, 불활성분위기 중에서 터빈 블레이드, 고출력형 X선 타깃, 세라믹 소성용 및

우란 환원용 보트재, 핵융합용 블랭킷 판 등을 생각할 수 있다. 이것들 몇 가지에 관해서는 이미 용도개발을 위한 연구나 실용화가 진행되고 있다. 공업용 단결정재료라고 해서 꼭 대규모 재료로 할 필요는 없다. 그것은 단결정재료의 용접 후도 접합부가 단결정화하므로 소규모 단결정재료에서도 충분히 활용의 길이 열려 있다. 앞으로 보다 더 단결정을 갖는 금속학적 특성을 발휘하기 위하여 새로운 제조법의 개발연구와 용도개발연구가 금속재료에 일반적으로 신장될 가능성이 크다.

2.3 비정질합금

비정질 혹은 아모르퍼스라는 것은 결정구조 즉 원자배열이 장주기의 규칙성을 갖지 않는 것도 있고, 무기유리뿐만 아니라 일반적으로 비금속에서는 보통으로 존재하는 물질이다. 순금속에서도 극저온의 기판상에 증착하는 것에 의해 비정질을 얻을 수 있지만 이것은 상온에서는 결정화되기 때문에 실용재료의 대상으로는 될 수가 없다. 이미 도금층에서 비정질과 진공증착에 의한 비정질막의 형성은 잘 알려져 왔다.

비정질은 최근 신소재로써 알려지기까지는 두 가지의 명분이 있다. 그 첫 번째는 P. Duwez 등이 융체를 급냉시키는 것에 의해 상온에서도 안정한 비정질합금의 제조에 성공한 것이다. 이것은 융체금속의 작은 양을 동판에 떨어뜨리는 것에 의해 박편을 얻는 것으로 그 결과 제조할 수 있는 합금조성범위가 비약적으로 확대된 것과 무엇보다도 손으로 다룰 수 있는 커다란 시험편을 얻을 수 있다는 것에 큰 의의가 있다. 그래서 Pd-Si 및 Fe-P-C로 되어 있는 비정질강자성체가 잇달아 그 방법으로 만들어져서 비정질금속에 대한 흥미는 급격히 높아지고 있다.

두 번째의 시도는 용탕을 연속적으로 냉각시키는 것에 의해 길다란 자모양의 리본상 시료를 얻을 수 있게 되었다. 그 결과 기계적 성질을 시초로 하여 지금까지 시료가 작기 때문에 비교할 수 없는 수많은 성질이 검토되어 실용적으로 의미가 있는 우수한 특성은 계속하여 눈에 띄게 되어 비정질로의 관심은 폭발적으로 높아졌다.

2.3.1 비정질의 형성과 안정성

용체금속을 냉각시키면 보통은 융점 이하의 온도에서 핵형성 및 결정성장이 일어나서 결정체로 되는 재료를 얻을 수 있다. 융체는 저온으로 되면 원자의 움직임은 활발하지 못하여 점성이 증가하고 결정성장의 속도는 저하한다. 따라서 비정질을 얻는 데는 결정핵형성을 일으키는 것보다 빠르고 또 핵이 생성된다 할지라도 그것이 성장할 시간을 주지 않고 융체를 냉각할 필요가 있다. 과냉된 융체의 점성이 10^{13} poise로 되는 온도를 유리 전이점(轉移点)이라고 부르지만 이 온도까지 충분히 급속히 융체를 냉각할 수 있다면 비정질을 얻을 수 있다.

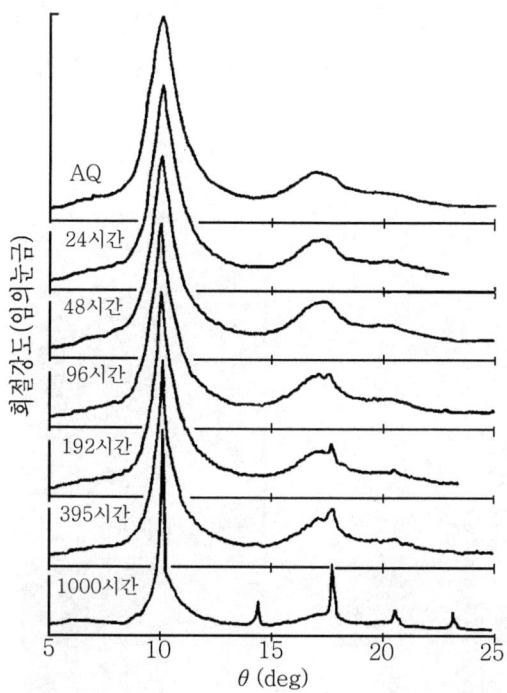

그림 2-7 $Fe_{78}Si_{10}B_{12}$ 시료를 350℃에서 시효시킬 때의 X선 회절패턴의 변화. 그림 중의 AQ는 제조한 그대로의 비정질재료, 또한 시간은 시효시간이다.

비정질을 얻는데 필요한 냉각속도는 합금계에 의해 당연히 다르지만, 현재 알려져 있는 가운데에서 가장 비정질화하기 쉬운 Pd-Ni-P 및 Pd-Cu-Si에서 10^3 K/s 정도이다. 용탕을 물에 급냉하는 것에 의해 직경 3mm 정도의 시료를 얻을 수 있지만, 이것은 예외로써 보통의 합금계에서는 $10^5 \sim 10^6$ K/s의 냉각속도가 필요하며 0.05mm 정도 두께의 박 밖에는 얻을 수 없다.

그림 2-7은 $Fe_{78}Si_{10}B_{12}$ 합금비정질과 이것을 350℃에 1,000시간을 유지하여 체심입방정이 석출한 시료와의 X선 회절도형이다. 비정질에서는 지극히 희미한 회절상으로 된다. 이 그림만으로 그 구조를 운운할 수는 없지만 엄밀히 해석하면 원자배열의 규칙성은 제 2근접원자까지라고 말할 수 있다. 보통 비정질화시킬 것인가 아닌가는 이와 같이 X선 혹은 전자선의 회절도형으로 판단할 수 있다.

비정질금속을 전자현미경에서 관찰하면 그림 2-8에 나타낸 바와 같이 아무것도 보이지 않는다. 그러나 간섭성의 산란전자선으로 상이 맺힌 어두운 시야상의 가운데는 빛나는 점을 다수 볼 수 있다.

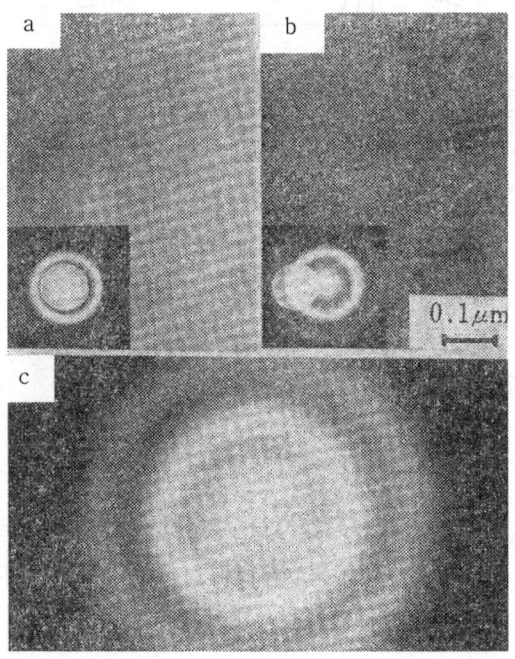

그림 2-8 $Pd_{60}Ni_{20}Si_{20}$ 비정질합금의 전자현미경관찰결과. a : 밝은 시야상, b : 어두운 시야상, c : 제한시야전자회절상

이 점의 직경은 1~2 nm 정도로 5~10 원자의 간격에 해당된다. 즉, 이 정도의 크기는 어떤 규칙성을 갖는 영역이 존재한다고 생각할 수 있다. 비정질합금의 상세한 구조 특히 원자의 3차원적인 배열에 대해서 지금 현재 직접 그것을 알 수 있는 방법은 없다. 컴퓨터 시뮬레이션에 의하면 정사면체 혹은 특수한 다면체구조를 기조로 하여 이것들을 왜곡된 형으로 쌓아올린 것 같은 구조를 생각할 수 있다. 그래서 이것들의 모델과 다른 물리적 성질과의 대응으로부터 그 정당성이 검토되고 있다. 비정질 내에서도 약간의 결정이 함유되어 있어도 X선회절도형은 그림 2-7에서 표시한 바와 같이 똑같은 무리도형으로 되므로 비정질의 판정에는 주의를 요한다.

이 비정질의 온도를 높여 가면 결정화가 일어난다. 보통 결정화는 어느 단계의 준안정상의 출현을 거쳐서 최종적인 안정상에 도달한다. 이 반응은 에너지를 방출해서 안정상태로 이행하기 위한 발열을 동반하므로 그림 2-9에 나타낸 것과 같은 열분석에 의해서 명료하게 검출할 수 있다. 그러나 결정화를 일으키기 이전에도 비정질금속은 시시각각으로 변화하고 있다.

단 보통 만들고 있는 비정질합금에서 상온에서의 변화는 극히 늦다. 그러나 결정화 온도보다도 100℃ 또는 그 이상보다도 낮은 온도에서 시효 열처리에 의해서 자기특성을 개선시키기도 하고 또 재료가 깨지기 쉬운 변화를 볼 수 있다. 그림 2-10은 응력완화의 속도가 예비시효에 의해서 어떻게 변화하는가를 측정한 결과이다.

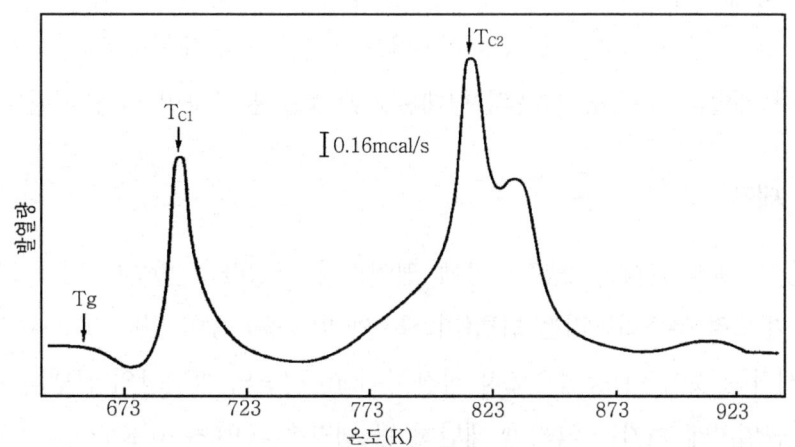

그림 2-9 $Ti_{50}Be_{40}Zr_{10}$ 비정질합금의 열분석곡선. Tg는 유리화온도, 또한 온도 T_{C1} 및 T_{C2}에 대한 피크는 2단계의 결정화에 의한 발열을 나타낸다.

응력완화속도는 재료 내의 원자가 움직이기 쉬운 하나의 목표이다. 이것들의 재료의 결정화온도는 항상 460~500℃ 정도이지만 시효나 응력완화시험과 함께 225℃에서 행하고 있다. 횡축은 시료의 시효시간, 종축은 열처리 등의 시료에 대한 완화속도의 비이다.

이 정도의 온도에서도 시효열처리에 의해서 내부구조가 점점 변화해가는 것을 알 수 있다.

2.3.2 비정질의 제조법

비정질 금속을 얻는 데에는 현재의 경우 ① 전기 또는 화학도금, ② 기상에서부터 급냉, ③ 액상으로부터 급냉 3종류의 방법이 있다. ①은 역사적으로 가장 오래된 것으로, 이 방법에 의해서 Ni-B, Ni-P, Co-P 등의 비정질을 얻을 수 있지만 조성의 제어가 곤란하고, 불순물이 혼입되기 쉬운, 합금계가 한정되어 있다는 것 등이 결점이며 현재는 그다지 행하여지고 있지 않다.

②의 방법은 진공증착, 스퍼터법 등이 대표적인 것이다. 전자는 조성의 제어 등에 어려움이 있다. 후자는 불활성가스 이온을 모합금의 타깃(target)에 충돌시켜 튕겨 나온 원자를 기판상에 석출시킨 것으로써 최근 고속화도 진행되어 두께 수 mm의 시료도 만들어지고 있다. 희토류 등을 함유한 비정질재료의 제조에 많이 응용되고 있다.

③의 용탕급냉에 의한 제조법의 발전이 비정질금속의 강성(降盛)을 이루는 원인이다. 현재는 장치도 여러 가지 연구되어 리본 이외에도 원형단면의 세선을 얻는 방법이나 분말을 얻는 방법이 개발되고 있다. 제품의 형태별로 이것을 분류하면 다음과 같다.

1) 박편의 제조

이것은 용융한 액적(液滴)을 냉각판상에 떨어뜨려 급냉하는 방법(건법, 토션캐터펄트법), 해머로써 두드려 부스러뜨리는 방법(피스톤 앰빌법 등) 등이 있다. Duwez 등의 그룹에서 최초로 시작한 것이 이 방법으로써 직경 수 mm 정도의 박편상의 급냉시료가 얻어지고 두께는 꼭 균일하게 되지는 않지만 대단히 큰 냉각속도($10^7 \sim 10^8$ K/s라고 한다)를 얻을 수 있으므로 실험적인 방법으로써는 현재에도 사용되고 있다.

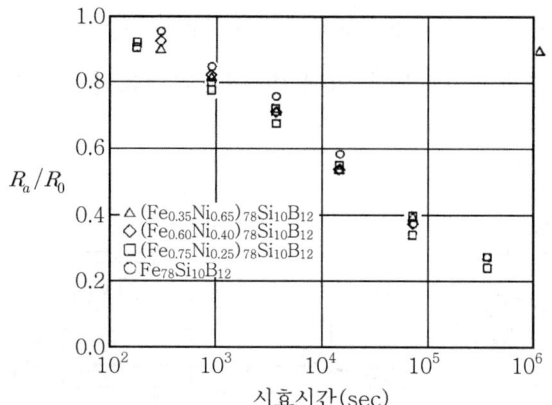

그림 2-10 225℃에서 시효시킨 각 시료를 동일한 225℃에서 4시간의 응력완화시험을 행할 때 완화량의 시효에 의한 변화, 종축은 AQ재의 225℃, 4시간에 대한 완화량으로 규격화하였다. R_0는 시효한 시료의 완화량, R_0는 AQ재의 완화량을 나타낸다.

2) 박대의 제조

1970년 전후에 계속해서 발표된 원심급냉법과 쌍롤법이 비정질박대제조의 주종을 이루었다. 원심급냉법은 회전하는 원통의 내면에 노즐을 하강시키면서 용탕에 공기를 불어 넣어서 연속 리본을 얻는 방법으로써 냉각속도는 크지만 기술적으로 약간 어려움이 있는 점과 원통으로 접촉면과 그 반대측과의 리본의 면상태가 다르다는 결점이 있다. 그러나 냉각속도가 크다. 또한 롤법은 용탕을 2개의 롤 사이에서 압연하는 형으로 급냉하는 것이므로 양면의 완성은 우수하지만 리본 중심부에 결함이 발생하기 쉬운 것과 응고한 리본이 말려 들어가 롤이 손상되기 쉬운 결점이 있다. 또한 롤과 시료와의 접촉시간은 짧기 때문에 냉각속도도 제한된다.

단롤법은 회전하는 롤의 외주면에 용탕을 연속적으로 세게 불어서 급냉하여, 박대를 제조하는 방법이다. 실험실 등에서도 간단한 장치로 놀랄 정도로 간단히 길다란 자 모양의 리본을 얻을 수가 있다. 원심급냉법과 똑같이 박대의 양면상태가 다른 것이 결점이지만 원리적으로는 리본의 폭이나 길이에 제한이 없고 기계의 보수도 용이해서 공업적으로도 이 방법이 주류를 이루고 있다. 그 공정의 일례를 그림 2-11에 나타냈다.

더욱 급냉효과를 얻는 데에서 하지(下地)의 냉각이 절대조건과 같이 생각하지만, 액체급냉에서는 하지와 용탕과의 흐름이 좋은 것이 큰 냉각속도를 얻기 위한 조건이고 하지를 오히려 가열해서 흐름을 좋게 하는 것에 의해 반대로 급냉효과를 높이는 예도 있다.

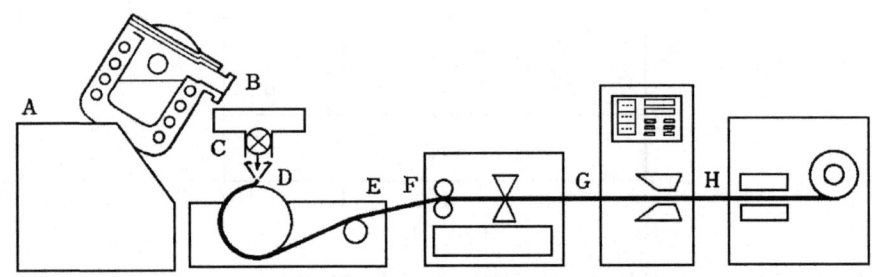

〈위의 그림과 같은 공정을 통하여 제조된다.〉

A : 원료를 배합해서 유도로에서 용융
B : 용융금속을 피더로 이행
C : 주조헤드를 제어
D : 주조헤드로부터 용융금속의 얇은 액류를 급냉용의 회전 휠에 분사
E : 분사류는 1초간에 100만 1℃에서 초급냉 시켜서 비정질 테이프를 형성
F : 테이프의 두께와 폭 등의 치수를 이라인으로 계측 피드 백 제어한다.
G : 권취를 위해 슬레이트 업 기내에 도입
H : 테이프 권취

그림 2-11 단롤법을 응용한 비정질 리본의 제조

3) 기타 형상의 비정질제조

박대의 제조와 동일하지만 원심급냉법의 드럼 내면에 물을 채우고 그 수중에 용탕을 불어넣는 것에 의해 원형단면의 세선을 만드는 회전액중방사법이라고 하는 방법이 고안되었다.

또한 용탕을 기계적으로 분쇄하기도 하고 가스 또는 물에 의해 애토마이즈법에 의해 비정질의 분말을 제조하는 연구도 행해지고 있다. 그 하나의 목표는 콘솔테이션에 의해 비정질의 커다란 블록을 만드는 것에 있으며, 여러 가지가 검토되고 있다.

2.3.3 기계적 성질

비정질합금의 리본이 만들어져서 우선 주목을 받는 것은 대단히 강하면서도 연성이 풍부하다고 하는 사실이다. 실제 Fe를 기초로 한 합금계에서는 실탕(室湯)에서의 강도는 3GPa 이상이지만 4GPa에 달하는 것도 있고 피아노선 등의 종래의 고장력재를 능가하고 있다. 더구나 소성변형이 가능하고 높은 인성을 갖고 있는 것이 비정질금속의 특징이다.

비정질리본을 인장시험하면 하중은 변위와 더불어 거의 직선적으로 증가하여 파단에 이른다. 그러나 이것은 비정질이 보통의 유리와 같이 깨지기 쉽고 소성변형이 없기 때문이 아니라, 결정질 금속의 경우와 같이 가공경화를 하지 않는 점과 리본이 너무 얇기 때문에 파손까지의 소성변위량이 극히 적기 때문이다. 실제 비정질리본을 구부리면 반대측에 밀착할 때까지의 180°의 굴곡이 가능하기도 하며, 변형부분을 현미경에서 관찰하면 많은 슬립대를 발견할 수 있다.

그러나 앞에 설명한 바와 같이 가공경화 없이 오히려 약간 가공연화를 나타내기 때문에 단순인장이나 압축에 의한 변형에서는 하나의 슬립대만이 활동하고 파단에 이른다.

비정질합금의 강도상의 하나의 문제점은 특히 강도가 높은 Fe계의 재료에서 결정화온도보다 낮은 온도에서도 시효에 의하여 취화하는 것이다. 이 취화의 메커니즘은 변형의 메커니즘과 똑같이 잘 알려져 있지 않지만 실용상 취화를 일으키기 어려운 합금의 개발이 필요하다.

다른 특징으로써는 영률이 결정질에 비해서 20~30% 낮은 것, 수소취화를 나타내는 것, 유리화온도 부근에서는 점성적인 변형을 나타내는 것 등이다.

이상과 같이 극히 높은 강도도 형상적인 제약 때문에 쉽게 실용화에는 도달하지 못하고 있다. 스틸레디얼용의 타이어 코드로써 사용하는 안이 이전부터 검토되고 있다.

2.3.4 자성

비정질합금의 물성으로써는 자성이 가장 초기부터 흥미를 끌었고 또한 현재도 실용상, 연자성재료로써의 응용이 가장 주목을 받고 있다. 그 때문에 아주 많은 실험연구가 행해지고 유망한 합금계가 개발되고 있다.

초기의 연구에서 Fe-P-C의 비정질에서 보자력이 대단히 작은 것(0.1~0.08Oe)이 주목되고 또한 잔류자화가 작고, 큰 Barkhausen 소음을 나타내는 등의 점도 열처리에 의해서 개선된다는 것을 알았다. 현재에는 고투자율의 특성을 살려서 자기헤드 등의 고성능부품을 제조하는 방향과 저철손의 성질을 살려서 변압기의 철심을 비정질재로 바꾸고자 하는 경향이 있다.

자기헤드재로써는 고투자율에 더하여 히스테리시스손실이 작고 또한 전기저항이 높고 와전류손실이 적어 고주파특성에 우수할 것, 강도가 높고 내마모성이 우수할 것 등 여러 가지 우수한 점이 있으며, VTR용 자기헤드 등의 제품이 개발되어 왔다.

트랜스용의 철심으로써는 포화자속밀도의 점에서 또는 규소강판에는 떨어지지만 손실이 적기 때문에, 현재의 전력용 트랜스를 비정질제의 것으로 바꾸면 트랜스에서의 손실은 1/3로 감소된다.

시판되고 있는 자성재용 비정질합금의 특성을 표 2.3에 나타내었다.

표 2.3 시판되고 있는 자성재의 특성

특성 종류	조 성	자기적 특성(풀림처리 제품)							물리적·기계적 특성			
		포화자속밀도 Bs (KG)	보자력 Hc (Oe)	잔류자속밀도 Br (KG)	초투자율 μi B=0.002T	최대 투자율 μmax	자왜 $\lambda s \times 10^{-6}$	큐리 온도 Tc (℃)	결정화 온도 Tx (℃)	밀도 g/cm³	항장력 Kg/mm²	경도 Hv	전기 저항률 $\mu\Omega \cdot cm$
METGLAS 2605S-2	Fe-B-Si계	15.6	0.03	13.0	5,000	500,000	27	415	550	7.18	150 이상	900	130
METGLAS 2605SC	Fe-B-Si-C계	16.1	0.04	14.2	2,500	300,000	30	370	480	7.32	70 이상	1050	125
METGLAS 2605S-3A	Fe-B-Si-Cr계	14.1	0.06	2.8	15,000	30,000	20	358	535	7.29	150 이상	950	130
METGLAS 2605SM	Fe-Ni-Mo-B-Si계	12.8	0.05	4.0	-	350,000	18.5	310	520	7.5	-	900	128
METGLAS 2605CO	Fe-Co-B-Si계	18.0	0.05	16.0	2,000	250,000	35	415	430	7.56	150 이상	1020	130

특성\종류	조성	자기적 특성(풀림처리 제품)							물리적·기계적 특성			
		포화자속밀도 Bs (KG)	보자력 Hc (Oe)	잔류자속밀도 Br (KG)	초투자율 μi B=0.002T	최대 투자율 μmax	자왜 λs× 10^{-6}	큐리온도 Tc (℃)	결정화온도 Tx (℃)	밀도 g/cm³	항장력 Kg/mm²	경도 Hv	전기저항률 μΩ·cm
METGLAS 2826MB	Fe-Ni-Mo-B계	8.8	0.015	7.0	3,000	600,000	12	353	410	8.02	140 이상	1070	160
METGLAS 2705M	Co-Fe-Ni-Mo-B-Si계	7.8	0.005	3.0	1,500,000	-	<1	365	536	7.9	-	900	130
METGLAS 2714A	Co-Fe-Ni-B-Si계	5.5	0.003	4.5	-	1,000,000	<1	205	550	7.6	-	900	130

주) METGLAS 2605SC-2, 2605SC의 표준적인 두께는 0.028mm, 폭은 25mm, 50mm, 100mm의 3종류.
그밖의 제품은 0.02mm~0.05mm, 폭은 25mm, 50mm

2.3.5 내식성

비정질은 내식성이 좋다고 하는 말을 자주 듣지만 일반적으로 이것은 올바른 것은 아니다. 특히 철만을 기초로 한 비정질(Fe-P-C, Fe-B 등)은 화학적으로는 상당히 불안정하므로 장마철 등에는 전 날 제조한 리본이 다음날 아침에 붉게 녹슬기도 한다. 그러나 Fe-P-C 합금에 Cr을 첨가한 비정질합금은 고온의 농염산 등과 같은 극심한 부식환경하에서도 거의 측정 가능한 부식이 일어나지 않는다고 하는 놀라운 고내식성을 갖고 있는 것이 발견되었다.

이것은 하지금속에 조성의 불균일성이 없기 때문에 부동태막의 화학적 균일성이 대단히 높다는 것과 피막이 파괴된 경우에도 표면에서 신속한 Cr 이온의 농축이 일어나서 부동태 피막이 재형성되고 있는 것에 의한다.

이 내식성과 우수한 자기적 특성을 조합시켜서 오수 중에서 자성입자를 제거하기 위한 필터로써의 응용을 연구 중에 있다. 그러나 일반의 구조재료에 이 내식성을 활용하는 데는 표면의 비정질을 꾀하는 이외의 방법은 없다. 그 때문에 레이저 조사에 의한 표면개질, 스퍼터법에 의한 표면피막형성, 이온주입에 의한 표면층의 형성 등이 검토되고 있지만, 나중의 2가지에는 처리속도의 문제가 있고, 또한 레이저 조사는 빔으로 표면을 주사하는 방법을 쓰기 때문에 어떻게 표면전체를 균질한 비정질로 하느냐는 기술적인 개발이 필요하다.

표면에 관련해서는 비정질합금을 촉매로 이용할 수 있느냐의 시도도 행해지고 탄화수소의 합성이나 일산화탄소, 일산화질소의 해리반응 등의 응용이 검토되고 있다.

2.3.6 초전도

비정질초전도체에 관해서는 아직은 학문적인 검토의 단계에 있고 실용성을 운운할 수 있는 재료는 아직 발견하지 못했다.

초전도 천이온도 T_c에 관해서 비정질화의 효과를 보면 비천이금속과 천이금속간에는 서로 다른 거동을 나타낸다. 비천이금속에서는 전자-포논 상호작용이 강화되어 T_c는 상승하는 경향이 있다. 한편 천이금속에서는 결정체의 경우 가전자수에 대해서 T_c는 현저한 변화를 나타내지만(Matthias측), 비정질재료에서는 변화가 완만하게 되어 그 질은 결정질의 경우 산과 계곡의 중간정도로 된다. 또한 결정상태에서 높은 T_c를 나타내는 Nb_3Ge, Nb_3Sn, V_3Si 등에서는 비정질화에 의해 T_c는 극단적으로 저하된다. 이와 같은 현상에는 실용가치가 높은 재료는 발견할 수 없지만, 비정질합금은 기계적 강도가 높고 가소성이 우수하며, 또한 길다란 자 모양의 리본을 쉽게 얻을 수 있는 등 선재로써의 응용에는 가장 적당하고, 초전도 특성이 우수한 재료의 발견을 기대하고 있다.

한편, 초전도 재료제조의 출발점으로써는 비정질을 이용하는 것이지만 보다 현실성이 높은 것으로써 검토되고 있다. 이것의 하나인 A15, 혹은 Laves형이라고 하는 화합물은 대단히 단단하기 때문에 가소성이 우수한 비정질 리본을 성형한 후에 결정화시켜서 원하는 재료를 얻을 수 있도록 한 것으로, 극히 미세한 결정조직을 얻을 수 있는 것과 함께 우수한 초전도재의 제조법으로써 주목받고 있다.

이외에 가소성이 우수한 것을 이용해서 밀착성이 우수한 재료가 이미 시판되고 있다. 또한 수소흡장재로써 응용, 내방사선조사에 강한 성질을 활용한 응용 등도 검토되고 있다.

비정질금속이 각광을 받은 지 15년이 경과하였다. 이 재료를 사용한 상품도 소형전기제품을 중심으로 사용되고 있다.

비정질금속에 대해서 일반적으로
① 구조적으로 장주기의 규칙성은 갖지 않을 것.
② 균질한 재료로써 결정이방성이 없을 것.
③ 상당한 광범위의 조성에 걸쳐서 단상, 균질한 재료가 얻어져 전자기적, 기계적, 열적 기타의 특성이 조성변화와 함께 연속적으로 변화된다.
④ 강도는 높고 연성도 크고 가공경화는 없을 것.
⑤ 전기저항은 크고 그 온도존성은 작을 것.
⑥ 열에는 약하고 고온에서는 결정화해서 전혀 다른 재료로 될 것.
⑦ 현재의 제조기술에서는 얇은 재료밖에는 할 수 없다.

등이다. 그 밖의 특성에 대해서는 물론 비정질 이외의 것에서는 있지만 합금계나 조성에 의해서 다르다. 따라서 응용에 맞춰서 각각의 특성과 상기의 일반적 성질을 조합하고 음미하여 채택의 여부를 결정할 것이다. 그 경우 ③의 특징을 이용하여 상당히 엄밀한 합금설계가 가능하다.

현재의 응용 예를 보면 비정질 이외의 것은 없고 기존재료 대신에 성능향상을 꾀하는 것이 대부분이다. 그 경우 문제가 되는 것은 비용과 신뢰성이다. 액체급냉의 경우 용탕으로부터 즉시 박대가 만들어지기 때문에 제조비용을 결국 낮출 수 있다고 초기에는 말할 수 있지만, 현 상태에서는 복잡한 공정을 거친 규소강판에 비해서 아직은 값이 비싸다. 그러나 현재의 기술로써 대형변압기에 사용할 수 있는 광폭재를 제조할 수 있게 되어, 앞으로 기술개량과 수요의 신장과 더불어 응용의 범위가 점점 확대되어 가고 있다.

신뢰성에 대해서 최대의 문제점은 역시 열적 안전성이다. 이것은 본질적으로 피할 수 없는 문제이며, 설계시에 사용환경을 충분히 안식하여 대응하는 방법을 강구해야 한다.

2.4 적층박막

2.4.1 인공물질의 적층박막

재료기술의 궁극적인 모습의 하나로 핀셋으로 흡사 원자를 잡도록 하여 자신의 생각대로 원자를 배열하고, 천연에는 존재하지 않는 신물질을 합성하는 것이다. 많든 적든 간에 이와 같은 의도로 제작된 물질이 인공물질이다. 인공물질은 일반적으로 비평형상태나 그것에 가까운 준평형상태에 있다. 따라서 현재 우리들 손으로 가능한 기술은 위에서 논한 핀셋 대용을 할 만큼 강력한 것은 아니다. 현재 우리들이 손으로 하고 있는 기술은 원자면(원자는 아니다)을 다소라도 의도대로 쌓는 기술이다. 이와 같이 하여 제작된 박막을 적층박막이라 한다(그림 2-12 참조).

적층박막의 연구분야는 기초에서 응용까지 넓은 범위를 갖고 있다. 그것에는 다음과 같은 기대가 포함되어 있기 때문일 것이다. 이를테면, 적층된 원소의 종류와 각층의 두께(그림 2-12의 λ_A, λ_B)를 적당히 선택하는 것에 의해 원자의 운동상태를 제어할 수 없는가 또는 설계한 그대로 물성을 나타내는 물질을 합성할 수는 없을까? 또는 새로운 현상, 새로운 원리의 발견이 있는 것은 아닐까라는 기대이다.

이상적인 적층막 A/B를 제작하려고 할 경우 각층 A, B의 구성물질사이에 유사성이 많도록 한 것은 아니다. 결정구조, 격자상수, 화학결합성의 유사성은 착안점이 된다. 그 경우 층간의 계면도 이상에 가깝게 된다(그림 2-12의 E형). 대표 예로써 $GaAs/Al_xGa_{1-x}S(\chi=0.3)$, Ta/Nb를 들 수 있다.

그러나 적층막연구의 재미있는 부분 중 또 하나의 측면은 유사성이 완전히 부족한 그 물질을 교대로 적층하는 것이다. 예를 들면, 금속 A와 절연체 B를 교대로 적층시켜 보자. 지금 그 구성원자층 A, B의 두께 λ_A, λ_B를 원자크기까지 감소시켜 보자. 이 인공물질이 나타낸 전기전도도는 금속적일까? 절연체적일까? 혹은 양자 어느 쪽도 아닌 완전히 새로운 성질을 나타낸 것일까? 이것은 생각해 보는 것만으로도 흥미 깊은 화제라 말할 수 있다.

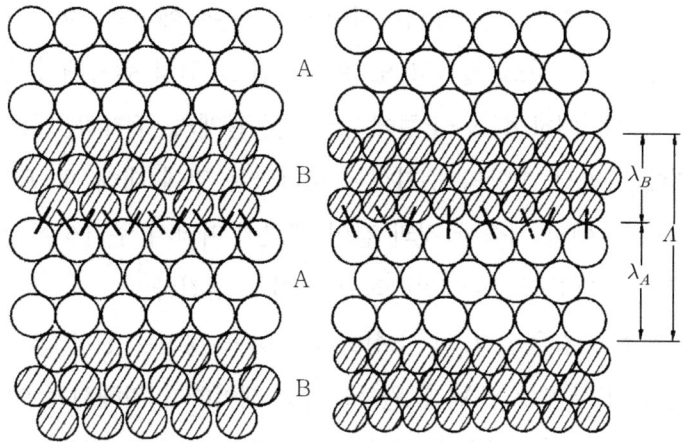

그림 2-12 계면에서 볼 수 있는 원자배열의 2가지의 형[에피택시(epitaxy) E형과 논 에피택시(epitaxy) N.E형]. λ_A, λ_B는 원자층 A, B의 두께. Λ는 적층주기, 파선으로 표시한 본드는 실선에 비해서 불안정

λ_A, λ_B가 큰 것은 금속 A와 절연체 B의 성질에서 적층막 A/B의 성질을 어느 정도 예상할 수 있다. λ_A, λ_B가 작게 되면 터널효과에 의해 금속층에서 금속층으로 전자가 절연체 층을 벗어나기 시작하고, 벌크에서는 예상하지 못한 성질을 적층막은 나타내게 된다. 이 터널효과가 현저하게 되기 시작하는 척도를 ξ으로 하자. 적층막은 $\Lambda \sim \xi$ (Λ는 적층주기)을 경계로 하여 A, B가 박막으로써의 성질(2차원)을 나타내는 상태에서 A, B의 성질이 혼연한 상태(3차원)로 이동한다. 이러한 현상은 널리 관찰되고 있어, 차원교차라 부르고 있다. 혼연한 상태는 물질 A와 B가 혼혈한 상태로 볼 수 있고, $\Lambda \leq \xi$으로 특징지을 수 있는 이 물질은 하이브리드라 부른다. 차원교차 하이브리드라는 개념은 적층박막의 새로운 물성을 찾는 경우 아주 유용하다.

2.4.2 적층박막의 원자구조

본 항에서는 적층막의 계면에 볼 수 있는 원자배열의 에피택시, 논 에피택시에 대하여 고찰하고, 이어 계면의 평활성, 농도구배의 급준성, 적층간격의 일양성에 대하여 논한다.

지금 원자 A, B를 교대로 쌓아보자. 이 경우 원자층 A, B의 계면에는 그림 2-12에 나타낸 것과 같이 2가지의 형, 이를테면 에피택시형(E형)과 논 에피택시형(N·E형)이 관찰된다. 즉, E형에서는 계면에서 서로 접하고 있는 원자면 A, B의 원자배열에 주기적인 대응관계가 존재한다. 이것에 대하여 N·E형에서는 대응관계의 주기성은 관찰되지 않는다. 즉, E형에서는 계면에 따라서 결합의 주기성이 나타나는 것에 대해 N·E형에서는 결합의 배열은 랜덤하다. 다음 항에서 기술한 것과 같이 계면에 따라서 주기성이 존재하는가 하지 않는가는 계면의 물리를 고찰할 경우 원리적인 차이가 생긴다.

양질의 적층막을 제조할 경우 E형, N·E형을 불문하고 계면은 원자 크기로 보아 평탄한 것이 요구된다. 적층막의 두께 λ_A, λ_B를 원자크기로 제어하기 위해서는 이런 점이 전제조건이 되기 때문이다. 적층막제조기술은 원자크기로 평활한 막을 제조하는 기술이다.

계면을 특징지을 수 있는 양이 농도구배이다. 농도구배의 급준성이 클수록 계면은 가파르게 된다. 급준성이 큰 계면은 화학적 질서가 큰 계면이라 할 수 있다. 예를 들어 E형계면이라도 화학적 질서가 무너지면 계면에 따라 원자배열의 주기성은 화학적으로 무너지게 된다. 일례로써 Fe/V 적층막의 화학적 질서를 그림 2-13에 나타내었다. 화학적 질서가 무너지는 것은 계면원자층을 포함하여 3원자면층에 지나지 않는다. 이것은 주목할 가치가 있다.

최후로 주기 Λ를 일정하게 하여 적층한 인공초격자 A/B에 대하여 언급한다. 각 원자층의 두께 λ_A, λ_B가 어느 정도의 오차는 제조기술상 어쩔 수 없다. 이 오차가 적은 만큼 인공격자의 정합은 좋다. 정합이 좋은 인공초격자를 사용하여 X선의 브래그반사를 관찰하면 브래그반사피크는 그 만큼 예리하게 된다.

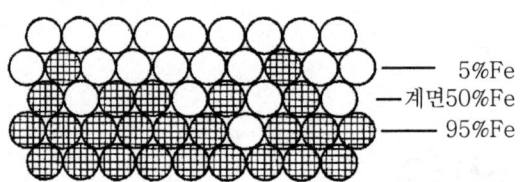

그림 2-13 분자선 에피택시법으로 제조한 Fe/V 적층막에서 볼 수 있는 화학적 질서(흰 원 : V, 검은 원 : Fe)

2.4.3 적층박막 – 그 물리와 물성

본 항에서는 인공초격자의 브래그반사, 전자, 포논 상태에 미치는 초격자의 영향, 이종 물질 A, B의 접점으로써의 계면, 계면에 있어서 원자배열의 불규칙성에 유래하는 앤더슨 (Anderson) 국재, 마지막으로 양자효과를 발현시키기 위해 필요한 결정성의 안전도에 대하여 언급한다. 이러한 물리를 기본으로 하여 금속계적층막으로 기대되는 물성에 대하여 고찰한다.

지금 초격자에서 브래그반사를 생각하자. Λ를 초격자의 주기로 하면 브래그반사의 조건은 다음과 같이 쓸 수 있다.

$$N\lambda = 2\Lambda\sin\theta \tag{1}$$

식 (1)은 $\lambda \leqq 2\Lambda$일 때 θ를 구할 수 있으나, 결정의 경우 Λ는 0.1nm 정도이며, 따라서 λ도 0.1nm 정도가 된다. 이에 반해 초격자의 경우 용이하게 $\Lambda = $ 수nm 이상의 것을 만들 수 있고, 연 X선의 회절격자로써 사용 가능함을 나타내고 있다. 응용 예로서 W/C, W−Re/c 등의 초격자가 알려져 있다.

여기서, 금속전자론에서 배운 것을 생각해 보자. 브리란 존(B.Z) 경계와 브래그반사와는 밀접하게 관계하고 있다. B.Z 경계에서는 전자의 에너지에 갭(gap)이 존재하고 있다. 초주기 Λ가 존재하면 B.Z 중에 작은 B.Z 경계가 생기고 작은 에너지 갭(gap)이 생긴다. 그 결과 전자의 운동상태는 갭(gap)의 영향을 받고, 페르미면도 변화한다. 이것은 초주기 도입에 의해 밴드구조를 제어할 수 있는 가능성을 나타내고 있다. 반도체 분야에서는 이 관점에서 디바이스 제조도 시도되고, "파동함수공학"이라 하는 새로운 분야가 성장하고 있다.

위에서 논한 고찰은 포논의 경우에도 평행으로 진행하는 것이 가능하나 여기에서는 언급하지 않는다. 계면에 따라서 운동하는 전자는 벌크와는 다른 계면 특유의 효과가 기대된다. 계면의 A원자, 다른 쪽 측면에서는 B원자가 존재하고 있기 때문에 계면에 따라서 운동하는 전자는 원자 A와 B로부터 다른 영향을 동시에 받게 된다. 그 대표 예로서 적층막 GaAs/Al$_x$Ga$_{1-x}$As(n형)을 들 수 있다. Al$_x$Ga$_{1-x}$As에 비하여 GaAs의 전기음성도는 크다. 따라서 Al$_x$Ga$_{1-x}$As의 도너(donor)에서 공급된 전자는 계면의 GaAs측에 2차원적으로 분포하게 된다. 이 2차원 전자가스는 고전자이동도 트랜지스터(HEMT)의 기초가 되어 있는 현상이다.

  계면효과의 또 하나의 예로서 계면초전도를 들 수 있다. 긴즈백의 유명한 계면 초전도에서는 1nm 정도 두께의 금속박막과 반도체와를 적층시켜, 금속 중의 어느 전자 e가 반도체 중에 여기된 여기자(exciton)를 끼워 금속 중의 다른 전자 e′와 강한 인력을 미치도록 하는 것이다(보통의 금속막에서는 e, e′ 사이는 쿨롱 상호작용 때문에 반발력이 나타난다).

  이 결과 높은 초전도 임계온도 Te(예를 들면 77K)를 가진 새로운 초전도재료가 발견될지 모른다는 기대가 모아지고 있다. 이 기구를 염두에 두고 Pb/PbTe계 등에서 실험이 행하여졌다.

  두께 2nm 정도의 크롬을 금으로 겹친 샌드위치 구조의 적층막은 초전도 특성을 나타낸다. 금도 크롬도 단체에서는 초전도 상태로는 되지 않으므로 이 발견은 큰 관심을 불러일으켰다. 크롬이 초전도 상태로 되는 것은 에피택시 성장 때문에 금의 영향을 받아 fcc 상으로 되기 때문이라 생각된다.

  다음에 앤더슨 국재와 계면의 불규칙성과의 관계를 생각해 보자. N·E형의 계면은 물론이고 E형이라도 화학적 질서가 무너지면 계면에 따라서 배열되어 있는 원자의 종류는 불규칙하게 된다(그림 2-13). 이 같은 불규칙계에서 전자의 운동상태는 계면에 따라서 전류를 운반할 수 없게 되어 전기저항의 증대를 가져온다. 이것은 원자의 배열(공간적, 화학적)이 불규칙하게 되면 전자에 있어서 유리한 원자배열의 영역이 계면에 따라서 국소적으로 분포하기 때문이다. 그와 같은 영역에 전자는 우선적으로 분포하기 때문에 국재화(局在化)가 일어난다.

  전자의 국재화(局在化)가 일어나면 전기전도도, 초전도특성 등 전자가 계면전체에 걸쳐 넓혀져 있는 것을 전제로 한 현상은 관찰되지 않게 된다. 이 현상은 저차원계(1차원, 2차원계)에서 특히 현저하게 되는 것은 자명하다.

  마지막으로, 파동함수공학을 담당할 재료로써 적층박막이 결정성에 관하여 만족해야 하는 조건에 대하여 기술한다. 전자가 계면의 존재를 느끼고 운동을 계속하기 위해서는 전자의 평균자유행정을 $\frac{I}{l}$로 하고

$$l > \Lambda \tag{2}$$

를 만족하지 않으면 안 된다. l을 크게 하기 위해서는 물론 적층박막의 결정성을 좋게 할 필요가 있다.

이상의 의론을 기초로 하여 초격자를 포함한 금속계 적층박막에 기대되는 물성은 다음 3가지로 분류할 수 있다.

① 초주기 Λ : 회절격자, 전자. 포논상태의 제어
② 차원교차(Λ대ξ) : $\Lambda \gg \xi$의 경우 분리효과(2차원성), $\Lambda \leq \xi$일 때 근접효과(3차원성)
③ 계면효과 : 이물질 접촉효과(예 : HEMT, MOS), 계면초전도체, 신물질의 형성(예 Au/ Cr/Au)

①, ②에 대해서는 구체적인 예를 포함하여 이미 언급하였으므로 이하 ③에 대하여 응용가능성이 큰 고주파용 고투자율 적층막과 고임계자장(H_{C2}) 초전도적층막에 대하여 기술한다.

고주파용 고투자율 적층막은 트랜스 등에 사용되고 있는 적층규소강판의 극소형의 판이라 할 수 있다.

트랜스 등에서는 과전류 손실을 억제하기 위해 규소강판을 박판으로 하여 절대층과 교대로 쌓는다. 그러나 이와 같은 매크로 구조에 멈춤 경우 교류의 주파수가 높게 되면 10~100kHz 근처에서 투자율 μ가 급격히 떨어진다. 그래서 비정질 강자성층과 절연체층 SiO_x와를 스퍼터법으로 교대로 적층시키면, μ의 주파수의존성을 단번에 1~10MHz까지 넓히는 것이 가능하다. 이 효과를 차원교차의 관점에서 전망해 보자. 절연체층을 전류가 리크하기 시작하는 두께를 ξ_c, 비정질 자성층사이의 자기적 상호작용이 미치는 범위를 ξ_m이라 하면, 고투자율 μ재의 적층주기 Λ는 다음 범위에 있는 것이 용이하게 관찰된다.

$$\xi_c < \Lambda < \xi_m \tag{3}$$

차원교차가 유효하게 움직이는 또 하나의 예는 초전도적층막이다.

스퍼터법으로 제작한 초격자 Nb/Ge의 경우, Ge층 두께 Λ가 0.7nm의 경우와 비교하여 5.0nm의 경우 박막에 평행하게 자장을 가한 경우의 초전도임계자장 $H_{C2//}$가 대단히 큰 값을 나타낸다.

이 $H_{C2//}$의 거동을 차원교차의 관점에서 살펴보자. 초전도 전류는 쿠퍼대라 하는 전자대

에 의해서 운반된다. 그 쿠퍼대 넓이의 크기를 추정할 수 있는 것이 긴즈버크·란다우 (GL) 코히런트 길이 ξ 이다. GL 이론에 의하면 적층주기 Λ 가 다음 식을 만족할 경우 높은 $H_{C211//}$ 가 관찰된다.

$$\xi = \Lambda / \sqrt{2} \tag{4}$$

Λ 가 $\sqrt{2}\xi$ 보다 작게 되면 쿠퍼대는 조셉슨 효과에 의해 Ge 층을 터널해 버린다. 그 때문에 적층효과는 없게 되고, 3차원적 거동을 나타내게 된다.

현재까지 행해진 연구를 분류하여 표 2.4에 나타내었다. 표 2.4를 보면 충분히 많은 조합에 대하여 이미 연구가 되고 있다. 그러나 금속원소만 약 68종류이며, 또 조합물질은 합금이나 금속간화합물이라도 좋고, 또 조합물질계로써 반도체, 세라믹, 유기화합물도 허용하면 조합수는 무한대라고 해도 좋을 것이다. 이 중에 어떤 물성을 나타내는 적층박막이 포함되어 있어도 결코 이상한 것은 아니다. 앞으로 적층박막에서 새로운 발견이 있을 가능성이 있는 분야 ① 계면초전도체, ② 새로운 원리에 기초를 둔 증폭작용, ③ 빛과의 상호작용, ②, ③에 대해서는 단편적인 보고가 되고 있다.

표 2.4 금속다층막의 연구 예

(1)	계면변형효과(고압상의 실현 등)	Au/Cr/Au, Ag/Pd/Ag, Au/V/Au, Ag/V/Ag, Au/Pd/Au, Au/Ni/Au
(2)	화합물상의 형성	$Nb_{0.8}Ge_{0.2}/Nb_{0.8}Si_{0.2}$, Al/Ti, Al/W, Cu/Al, Ti/Ni, Nb/Al
(3)	이온 빔혼합	Fe/Al, Fe/Ti, Ni/Al, Pd/Al, Pt/Al, Ag/Cu, Ti/Ni
(4)	아모르퍼스상의 형성	Au/La, Hf/Ni, Zr/Co, Cr/Ti
(5)	상호확산	Au/Ag, Cu/Au, Cu/Pd, Nb/Ta, Cu/Ni, Ag/Pd, Au/Ni
		Nb/Zr
(6)	회절격자(X선)	W/C, AuPd/C, ReW/C
	(중성자)	Fe/Ge, Fe/SiO, Ni/SiO, Mn/Ge
(7)	레이저·미러	W/Mo
(8)	구조	Nb/Ta, Nb/Cu, Cu/Ni, Ti/Ag, Nb/Al, Pb/Ag, Nb/Zr, Fe/V, Pd/Au
		Fe/Fe-O

(9)	수송적 성질	Nb/Cu, Cu/Ni, Mo/Ni, PbTe/Bi, Cr/SiO$_X$
(10)	초전도의 2차원초전도체	Nb/Cu, In/Ag, Sn/Ag, Al/Ge, Nb/Ge, V/Ag, Nb$_{0.53}$Ti$_{0.47}$/Ge
	기타	Nb/Al, Nb/Ti, Nb/Zr, Nb/Co, In/In$_2$O$_2$, Pb/Bi, Au/Ge
		Mo/Sb
(11)	자성의 2차원강자성체	Ni/Cu, Fe/SiO, Ni/SiO, Fe/Mg, Fe/Sb, Fe$_{0.8}$Co$_{0.2}$/Si
		Fe/V, Co/Sb, Sb/Fe/Sb
	기타	Fe/Gd, Ni/Mn, Co/Mn, Ni$_{0.79}$Fe$_{0.21}$/Ni
(12)	역학적 성질 탄성상수	Cu/Ni, Cu/NiFe, Au/Ni, Cu/Pd, Ag/Pd, Al/Cu, Cu/Au
	기타	TiC/Ni, TiC/TiB$_2$, Cr/Cu, Ti/Ni, Ag/Al, Ag/Au, Ag/Cu
		Au/Cu, Au/Fe
(13)	수소흡장	Nb/Ta, Nb/V
(14)	비열, 표면음파, 포논	Nb/Zr, Mo/Ni, Cu/Nb, SnTe/Sb

2.4.4 적층박막제조기술

적층박막제조법에서는 박막제조법이 모두 이용 가능하다. 증발원으로 적어도 2가지 필요한 점이 다를 뿐이다. 구체적인 MBE 기술, 스퍼터 기술에 대해서는 다른 곳에서 기술하기로 하고, 여기에서는 잔류가스의 흡착, 혼입에 대하여 언급한다. 적층박막의 경우 1원자층씩 성장시켜 감으로 잔류가스의 영향은 심각하다. 그래서 MBE의 경우에는 10^{-9}Pa에 도달한 초고진공을 사용하여 이 문제를 극복하는 것에 대해 스퍼터의 경우는 증착속도를 MBE의 경우에 비하여 1, 2단계 크게 하여 이 문제를 회피하고 있다.

GaAs 등의 Ⅲ-V 화합물, ZnTe 등의 Ⅱ-Ⅵ 화합물에서는 결정성이 좋은 단결정막이 MBE 혹은 ALE법(그림 2-14)으로 제조되고 있다.

이것에 대해 금속계에서는 Nb/Ta계에서 점차 단결정 적층막의 성장에 성공한 것에 지나지 않는다. 금속계에서는 반도체에 비하여 단결정 적층막의 제조는 곤란하다. 이 어려움은 식 (2)의 조건을 생각하면 앞으로 해결해야만 하는 문제이다. 반도체 경우의 대표 예로써 ZnTe 단결정막의 성장을 생각해보자(그림 2-14 참조). 지금 Te 원자로 똑같이 배열된 기판상 그림 (a)에 Zn 원자를 쌓아보자. Te와 Zn 원자사이에 격렬하고 강한 공유결합 때문에 Te층상에 도달한 Zn 원자는 순서대로 Te-Zn 공유결합을 채워간다.

일단 Zn원자에 의해 Te 층이 완전히 배열되어 버리면 그림 (b), 이제 이 이상 Zn 원자는 쌓이지 않는다. Zn-Zn 결합은 Zn-Te 결합에 비하여 약하고 여분의 Zn원자는 재증발해 버린다. 따라서 그림 (b)의 상태를 보면 즉시 셔터를 닫을 필요는 없다.

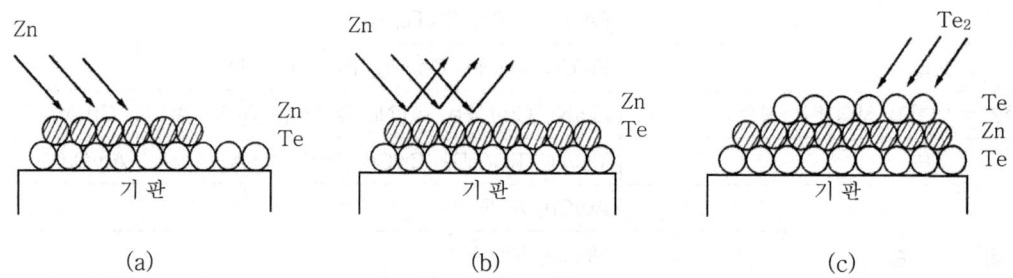

그림 2-14 원자층 에피택시(ALE)에 의한 ZnTe의 성장. 역시 MBE법에서는 Zn과 Te을 동시에 날려서 ZnTe를 만든다.

공유결합이라고 하는 보이지 않는 정밀 셔터가 자동적으로 움직이고 있는 것이다. Zn이 똑같이 쌓인 후에는 이 다음은 Te에 대하여 같은 고찰이 성립된다[그림 (c)]. 이와 같이 하여 엄밀하게 1원자층씩 Zn과 Te 원자층을 교대로 쌓아올리는 것이 가능하다(원자층 에피택시, ALE). 이것에 대해 금속계 적층박막의 경우에는 퇴적속도를 모니터하고, 시간 조절을 잘하여 셔터를 닫고 각층의 막두께를 인위적으로 제어할 필요가 있다. 그러나 이것으로도 불충분하다. 원자가 똑같이(원자크기) 쌓여 간다고 할 수 없다. 자주 섬모양의 핵생성, 성장(Volmer Weber형)이 금속의 경우 관찰되기 때문이다. 따라서 언더손 국재, 식 (2)의 조건을 생각하면 결정성이 좋고, 깨끗한 계면의 금속계 적층박막을 제조할 필요가 있다.

금속에는 많은 수의 금속간화합물이 존재하고 그 많은 것이 미연구 그대로 남아 있다. 그 금속간 화합물 중에는 ZnTe와 같이 층상의 원자배열을 한 것이 많이 존재한다. 마지막으로 평가기술에 대하여 언급하고자 한다.

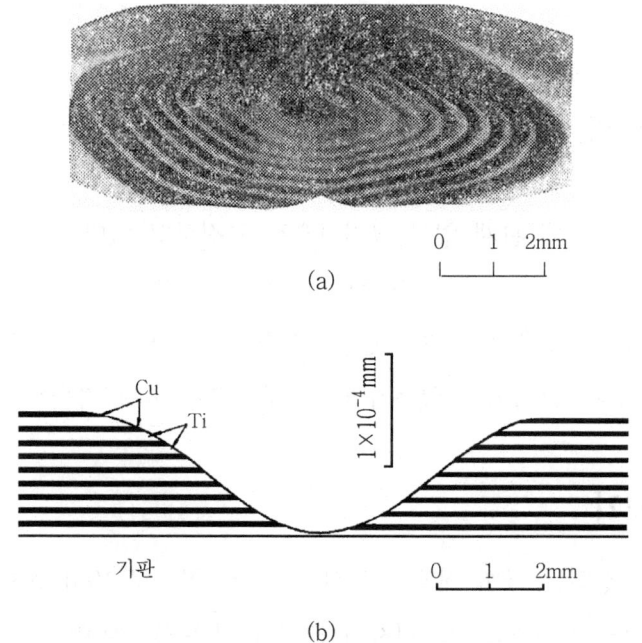

그림 2-15 CuTi 적층막의 흡수전류상 (a)와 그 단면도 (b)
(a)의 콘트라스트의 어두운 부분이 Cu층, 밝은 부분이 Ti층. (b)로부터 알 수 있듯이 크레이터의 경사면은 완만하다(구배 3.5×10^{-5}). 그 결과 $\Lambda = 6.6nm$의 적층막은 수만 배로 확대되어, (a)에서는 비단 모양으로 관찰된다. 이 종류의 크레이터를 파는 관건은 에칭용 Ar 이온빔의 라스트를 최대로 해서 $10 \times 10mm^2$ 정도의 면적을 파는 것이다.

적층박막의 구조는 원자크기로 제어된 경우에 특징이 있었다. 따라서 그 평가법도 어떤 의미에서 원자 크기의 세계를 평가하는 것이 된다. 평가법으로는 X선회절, 오제전자분광(AES), 고분해능 전자현미경 관찰(HREM), 반사형 고에너지 전자선 회절(RHEED), 핵자기공명 등이 널리 이용되고 있다. 그림 2-15에 흡수전류상에 의한 적층박막의 직접관찰 예를 나타낸다.

적층박막으로써 연구할 물질계는 막대한 것이다. 지금 풍부한 인공물질계에 접근할 준비는 되어 있다. 그 이유는 강력한 적층막 제조기술과 그 적층막을 지배하고 있는 물리법칙 등을 다룰 수 있기 때문이다.

2.5 초미립자

2.5.1 초미립자의 성질

초미립자는 물질의 종류에 관계 없이 크기만으로 규정하고 있다. 금속, 세라믹 등 모든 고체에 초미립자 상태를 만드는 것이 가능하다. 이것은 물질고유의 물성과 미립화 효과와의 조합으로 여러 가지 새로운 특성의 출현이 기대되고 있다. 초미립자란 무엇인가, 어떻게 제조되고 어떤 응용이 고려되고 있는가 하는 것을 추적하여 기술하고자 한다.

1) 초미립자의 크기

초미립자의 크기의 정의는 극히 애매하고 서브미크론 이하로 100nm 이하를 말한다. 이 크기는 대개 담배의 연기나 콜로이드 입자의 크기와 같은 정도이며, 가시광, 자외선, X선 파장 영역에 해당한다.

초미립자의 크기에 관한 모호함을 올바로 이해하기 위해서는 물성에 큰 변화가 생기는 크기로 정의하는 것이 알기 쉽다. 그러나 물질에 물성의 변화가 생긴다는 의미의 초미립자 크기를 규정할 만큼의 데이터는 없고, 반대로 많은 물질에서 그러한 규정이 가능하게 되어도 그러한 크기의 영역 분포는 피할 수 없다. 종전, 분체공학분야의 사람들이 미크론 이하의 분체를 보통 분체와 비교하여 취급하기 어려운 분체, 특수한 분체와를 의식하여 온 것에서 초미립자를 서브미크론 이하 혹은 100nm 이하 영역의 분체로 생각하여도 그 만큼의 오차는 없다. 따라서 초미립자 크기라는 것은 대략 1미크론 이하로 인식해 두면 좋다.

2) 미립화 효과

미립화 효과에는 체적이 작게 되는 것, 구성원자수가 적게 되는 것에 의한 효과와 표면에 관한 효과 및 입자간 상호작용에 관한 효과 등 3종류가 있다.

물질을 미세화하고 초미립자 영역에 도달하면 유색의 것은 흑색화하고 융점은 강하된다. 예를 들면 10nm의 금초미립자는 $6.6 \sim 10 \mu m$의 파장구역에서 광흡수의 현저한 증가, 즉 벌크재료의 $2 \sim 5\%$에서 95%로 변화한다. 또한 3nm의 금초미립자의 융점은 1,300K에서 900K로 저하된다. 더욱더 강자성체에서는 약 100nm 이하로 단자구화하고, 보자력의 현저한 증가를 나타내지만 더욱 작게 되며, 10~30nm 이하로 되면 보자력을 잃어 초상자성으로 바뀐다. 이러한 것은 모든 체적효과의 예이다.

한편, 미립화는 표면활성 성질도 증가시킨다. 금속의 초미립자를 생성시킨 그대로 대기에 노출시키면 더욱 격렬하게 연소한다. 또한, 촉매효과의 증가도 나타난다. 더욱더 분체로써 부드러운 감이 없게 되고, 부착성을 띠는 등 특성변화를 가져온다. 이러한 변화를 정리하여 표 2.5에 나타내었다.

표 2.5 미립화에 따라서 기대되는 효과

```
(1) 체적효과
    ① 다결정체의 단결정화(자구구조 포함)
    ② 결정의 결합양식의 변화
        새로운 상의 출현, 다면체입자의 출현, 융점 저하
    ③ 광, 음파, 전자파 등의 흡수, 산란변화, 흑색화, 적외흡수 등
    ④ 물질의 전자상태변화
(2) 표면효과
    촉매적 특성의 발현, 비표면적의 크기에 의한 효과(열전달, 흡수, 흡착 등)
(3) 입자간 상호작용
    전기 및 열의 전달, 유동성, 혼합성, 압축성, 고상반응성 등
```

이러한 효과가 개개 물질에 대하여 어떻게 나타나는가에 대해서는 충분히 검토되고 있다. 실제로 이제까지의 초미립자 연구개발이 주로 강자성 초미립자의 자기 테이프용 재료로써 유망성을 중심으로 어떻게 하더라도 입경이 가지런한 특성이 우수한 초미립자를 대량으로 값싸게 제조하는가라는 문제에 힘을 기울이기 때문이라 생각된다. 다음에 초미립자의 제조법에 대하여 기술한다.

3) 초미립자의 제조법

초미립자의 제조법에는 크게 나누면 기상법과 액상법이 있다.

현대의 분체 제조법의 주류를 이루고 있는 것은 액상법으로, 균일한 액체를 대량생산하

는 방법으로 우수하다. 침전법과 분무법으로 나누어지나 기상법에 비하여 응집경향이 강하고, 또한 한 개 한 개의 입자형상이 불규칙하다.

이것에 대해 기상법은 극히 청정한 초미립자를 얻을 수 있고 입경제어도 용이하기 때문에 최근 초미립자 연구의 중심을 이루어 왔다. 이 방법은 더욱이 화학적 방법과 물리적 방법으로 나뉜다. 화학적 방법으로 대표적인 방법이 CVD법(Chemical Vapor Deposition법)이다. 반응성 물질(휘발성 금속화합물)을 가열하여 증기화하고 분해 또는 반응시켜 목적화합물의 포화증기를 형성시킨 후 이것을 응축시키는 것에 의해 초미립자를 생성하는 것이다. 가열방법에는 전기로, 화학염, 플라즈마, 레이저 등이 이용되고 있다. 한편, 물리적 방법에는 가스증발법과 진공증착법이 있다. 이중 가스 중 증발법은 분위기가스압이나 증발원온도의 제어가 용이한 것 중에 고주파 용해로를 이용하는 것에 의해 대량용해, 대량증발을 가능하게 하여 어느 정도의 생산성 향상을 가져왔다. 그 결과 균일하고 청정한 초미립자의 공업적 제조법으로써 정착되고 자기테입용 소재의 제조법으로써 기대되고 있다.

진공증발법은 10nm 이하의 입경을 갖는 초미립자를 만드는 방법으로써 우수하다. 이 방법은 유동 oil 위에 진공 증착시키는 방법(VEROS법)이다. 이 증발법에는 그 후 회전드럼법이라고 하는 방법과 알코올 등의 유기용매와의 공증착법 등이 개발되고 있다.

증발법도 액상법과 같이 가열열원의 상위에 따라서 많은 방법이 개발, 연구되고 있으나 최근에는 레이저나 플라즈마의 이용이 늘어나고 있다. 그러나 생성효율이나 균일입경 초미립자의 생산이라는 점에서 이전 문제를 안고 있다.

이상과 같은 상황 중에서 그 생성효율의 높음과 간편성 그것에 화합물 초미립자의 생성에 유리한 플라즈마 gas-금속반응법이다.

2.5.2 반응성 플라즈마 가스에 의한 초미립자의 제조

수소, 질소 등 2원자 분자 가스를 초고온($5,000 \sim 20,000$ K)의 상태로 하면 원자 더욱더 이온에 해리된 상태(열플라즈마 상태)로 되며 각종 물질에 대하여 반응성은 극히 크게 된다. 이와 같은 열플라즈마 상태의 반응성을 이용하여 금속 및 세라믹의 괴를 초미립자화 할 수 있다.

이 열플라즈마의 발생장치에는 ① 아크방전형, ② 고주파유도 방전형 등 2종류가 있으나, 어느 장치에 의한 열플라즈마도 괴상물질에 대한 초미립자화 작용은 원리적으로 동일하다. 다음에 아크방전형에 의한 열플라즈마(수소)에 의한 초미립자화에 대하여 살펴보고자 한다.

1) 초미립자의 발생원리

금속을 아르곤(Ar)과 같은 불활성 gas 중에서 아크 용해하여도 금속의 증기는 거의 발생되지 않는다. 그러나 아르곤 중에 수소를 혼입시키면 수소농도의 증가와 더불어 금속 증기의 발생량은 증가한다. 일례로써 순철괴를 여러 가지 수소농도를 가진 분위기 중에서 직류 아크용해(전류 120~170A, 전압 30~40V)한 경우의 초미립자의 발생속도를 그림 2-16에 나타내었다. 같은 그림으로부터 철초미립자의 발생속도는 수소농도의 증가와 더불어 급격히 증가하고 있다. 이와 같은 현상은 무엇보다 철에 한정된 것만이 아니라 모든 재료에 공통된 것이다.

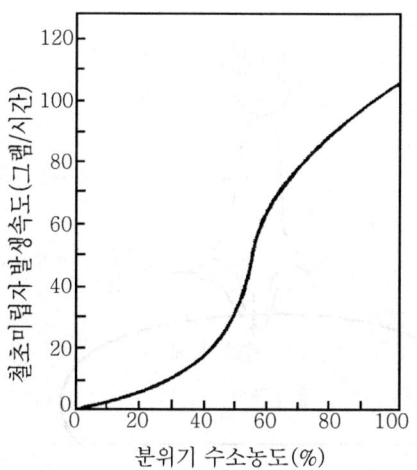

그림 2-16 철초미립자의 발생속도와 분위기 수소농도와의 관계

그것에는 수소가 왜 초미립자의 생성에 기여하는 것인가. 그 이유에 대하여 살펴보자. 수소, 질소 등 2원자 분자가스(H_2, N_2)를 아크와 같은 초고온 약 1만도로 올리면 분해하여 원자상 가스(H, N)로 되고, 여러 가지 물질에 대한 반응성이 극히 강한 상태로 된다(반응성 플라즈마 가스). 이 반응성이 높은 원자상 가스는 용해된 상태의 모든 재료에 대하여 극히 용이하게 녹아 들어가 방출되기도 한다.

이 가스 방출 중에 용융재료의 일부가 원자상 가스로 되어 동시에 방출되어 일종의 강제증발현상이 유기된다. 그리고 증발원자는 합체되고 수만 개의 원자로 구성되는 초미립자로 된다.

수소 플라즈마에 의한 금속 초미립자의 발생원리를 그림 2-17에 모식적으로 나타내었다. 아크 초고온 중에 해리된 원자상 수소(수소 플라즈마)가 화살표와 같이 아크 직하의 용융금속 중에 녹아 들어가지만, 아크에 닿지 않는 곳에서 원자상 수소 가스(H_2)가 되어 기상 중에 방출된다(화살표). 이때 금속원자를 동반한 강제 증발이 생기고, 금속 초미립자로 됨을 나타내고 있다. 이 수소 플라즈마에 의한 금속의 강제증발 모양을 그림 2-18에 나타내었다.

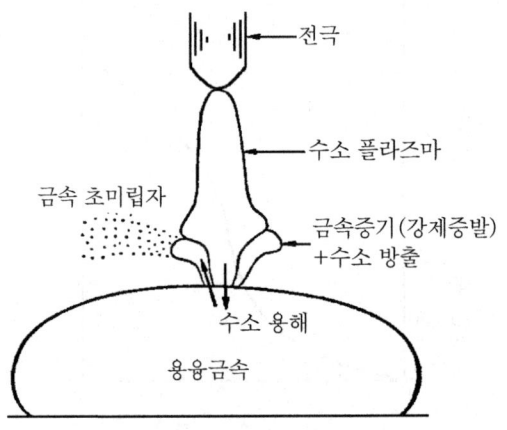

그림 2-17 수소플라즈마에 의한 금속초미립자의 발생 원리도

그림 2-18 수소플라즈마에 의한 금속 몰리브덴 초미립자발생의 모양

금속 몰리브덴을 수소분위기(50% H_2~50% Ar 1시간) 중에 직류아크용해(전류 100A, 전압 63V)한 것이며, 사진 중앙의 수소 플라즈마(적백색)로 그 값 이하로 반구상의 몰리브덴 증기가 관찰된다. 이 증기가 응축되어 몰리브덴 초미립자로 된다.

이상 금속을 예로 수소 플라즈마에 의한 초미립자 생성의 모양 및 그 원리에 대하여 기술하였으나, 금속을 세라믹으로 바꾸더라도 거의 같은 원리에 의해 초미립자화 된다.

2) 초미립자화의 대상 재료

초미립자화 할 수 있는 물질은 금속, 합금, 세라믹 등으로 매우 많다. 사용하는 플라즈마의 종류(수소, 질소, 산소)에 의해 생성, 초미립자의 조성, 초미립자 발생의 모양이 다르다.

3) 금속재료의 초미립자화

금속 및 합금의 초미립자화에는 수소 플라즈마가 유효하다. 특히 융점이 2,000℃ 이하 금속에 대해서는 초미립자의 생산성이 높고, 공업적 제조법으로 주목되고 있다.

여기에서 철초미립자의 발생속도를 기준의 하나로써 동일조건하(50% H_2-50% Ar 혼합가스, 전압 1기압, 직류정극성, 전류 260A)에서 각종 금속을 아크 용해할 때의 초미립자의 발생속도비를 비교하면 대략 다음과 같다.

Mn(75) > Ag(21) > Cr(8) > Al(6) > Pb(2.4) > Fe(1) > Cu(0.8) > Co(0.7) > Ti(0.5) > Ni(0.3) > V(0.1) > Ta(0.02) > Mo(0.018) > W(0.017)

그림 2-16에서 50% H_2∼50% Ar 분위기에 대한 순철 초미립자의 발생량은 50gr/hr이다(전력 약 5kW). 이 값은 순철의 증발에 비하면 아주 크다. 예를 들면 순철의 온도가 1,600℃에 있어서 진공하에서의 증발속도와 비교하면 약 15배 크고, 또 동일기압(1기압)에 있어서 증발속도와 비교하면 약 6,000배 이상 크다. 즉, 철초미립자를 1kg 제조하는 데에 필요한 전력은 100kWh이며, 경제성이 우수한 방법이다.

본 방법에 의해 만든 금속초미립자의 일례로써 니켈초미립자의 투과전자현미경 사진을 그림 2-19에 나타내었다. 그림에 나타낸 것과 같이 100∼200nm의 니켈 초미립자가 여러 개의 구상으로 연결되어 있다. 이것은 니켈초미립자가 자성을 가지고 있기 때문이다.

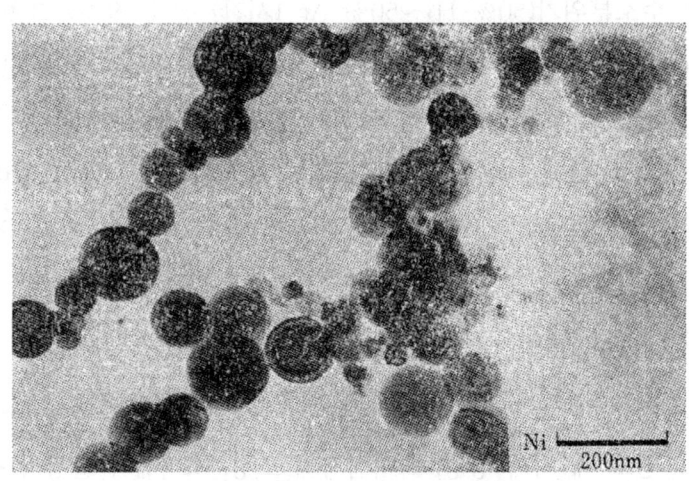

그림 2-19 니켈 초미립자

4) 금속초미립자의 안정화처리

귀금속 이외의 금속초미립자는 아주 활성이 있으며, 공기와 접촉하면 용이하게 발화, 연소한다. 따라서 금속초미립자를 대기중에 노출시킬 때에는 미리 초미립자 표면에 안정한 산화피막을 형성시키는 등 안정화처리가 필요하다. 이것은 보통 산소를 약간 함유한 아르곤 중에 초미립자를 방치하는 것에 의해 행해진다.

일례로써 수소 플라즈마에 의해 제조된 철초미립자(평균입경 100nm)를 수 Torr의 산소를 함유한 Ar 중에 방치하면 초기 200분쯤까지 급속한 산화가 진행되고, 시간의 경과와 더불어 산화속도가 저하되어 약 300분에서 산화가 종료되고, 그 산화율은 약 3%이었다.

이것은 철초미립자의 표면에 약 2nm의 산화피막을 형성하고 안정화시킨 것을 나타내고 있다. 철 이외의 금속 초미립자에 있어서도 동일한 결과가 얻어지고 있다.

5) 세라믹 재료의 초미립자화

세라믹 재료를 한마디로 말해서 산화물계, 질화물계, 탄화물계, 유화물계로 아주 많은 종류가 있다. 이제까지 앞 절의 반응성 플라즈마 가스에 의해서 초미립자화를 시도한 것은 세라믹 재료의 일부에 대하여 행한 실험결과를 표 2.6에 나타내었다.

표 2.6에 나타낸 것과 같이 반응성 플라즈마가스의 종류와 대상재료의 조합에 의해서 얻은 세라믹 초미립자의 종류도 여러 가지가 있다.

표 2.6에서 초미립자의 생산성의 관점에서는 질소 플라즈마에 의한 TiN 및 Al+AlN 혼합분말의 생성, 수소 플라즈마에 의한 SiC 분말의 생성 및 산소 플라즈마에 의한 WO_3 분말의 생성 등이 유망하며 계속 발전되리라 생각된다.

표 2.6 질소, 수소 및 산소 플라즈마에 의해 제작된 세라믹 초미립자의 조성 및 결정계

플라즈마 가스	원료	제 품
질 소	Ti, TiN	TiN(NaCl 형)
	Zr	ZrN(상동)
	Al, AlN	Al+AlN(Wurzite 형)
	Si, Si_3N_4	Si(다이아몬드 형)
수 소	CaO	CaO(Lime), [Ca(OH)$_2$]
	MgO	MgO(Periclase)
	Al_2O_3	α-Al_2O_3(Corundum)
	TiO_2	TiO_2(Rutile)
	ZrO_2	ZrO_2(Tetragonal > Cubic > Baddeleyite)
	SiC	β-SiC(Cubic) $\gg$ α-SiC(Hexagonal)
	Ti+C	TiC(NaCl 형)

플라즈마 가스	원료	제 품
수 소	W+C	WC(Hexagonal) > β-WC(Cubic) > α-W$_2$C
	WO$_3$+C	WC > α-W$_2$C(Orthorhombic)
	WC	WC > β-WC
산 소	W	WO$_3$(Monoclinnic)
	Mo	MoO$_3$(Orthorhombic)
	Nb	Nb$_2$O$_5$(Monoclinic) 또는 NbO$_2$(Monoclinic)

2.5.3 초미립자의 기능과 응용

초미립자를 응용하는 입장에서 생각할 경우 이용 가능한 기능에 대하여 정리하여 둘 필요가 있다. 그리고 초미립자에 기대할 수 있는 기능형태와 응용 예를 나타낸 것이 그림 2-20이다. 초미립자 한 개 한 개의 특성을 이용하는 그룹, 초미립자와 결합하기 쉬운 특성을 이용하는 그룹, 그것에 초미립자와 환경과의 상호작용을 이용하는 그룹 등 3그룹으로 대별된다.

제1그룹은 초미립자가 주목된 당초부터 기대되는 자기특성, 흑색성 등을 포함한 벌크적 특성을 그대로 이용하려는 그룹이며 가장 흔히 검토되고 있다. 특히 자기특성은 높은 보자력 항자력을 나타내기 때문에 자기 테입용 재료로써 주목되고, 실제로 테입화되어 기존 테입보다도 높은 성능을 가진 것으로 나타났으나 비용이 많이 든다. 이것에 대해 은초미립자에 의한 극저온용 열교환기 부재는 이 응용에 의해서 도달최저온도를 30mK에서 2mK로 단번에 1항 떨어뜨리는 것에 성공하여 일약 유명하게 되었다.

제2결합 그룹은 미립화에 의한 융점저하 저온소결성에 착안한 그룹으로 세라믹이나 고융점금속의 소결에 유리하게 작용하는 것은 아닌지 초기부터 기대된 것이다. 따라서 지금의 경우 충분한 성과는 얻지 못하였다. 그 원인으로는 소결 연구를 충분히 행한 만큼 다량의 미립자를 입수한 연구자가 거의 없었다는 것, 흡착가스 등의 영향을 충분히 제거할 수 없는 정확한 실험이 없었던 점 등이 있다. 이 결합성의 이용은 그 만큼 용이하지 않을지 모른다는 실험결과를 얻고 있다.

(1) 미립자 1개 또는 집단

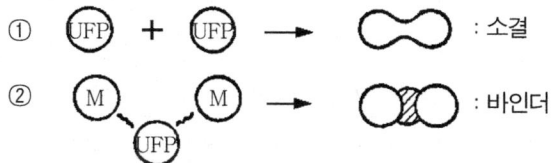

① 자성 : 자성유체, 자기기록 등
② 비표면적대 : 열전도매체 등
③ 흑색성 : 적외흡수재 등
④ 그 외 : 핵재료, 모니터재 등

(2) 미립자의 결합

① UFP + UFP → : 소결
② M ··· M ···UFP → : 바인더

(3) 환경과 미립자

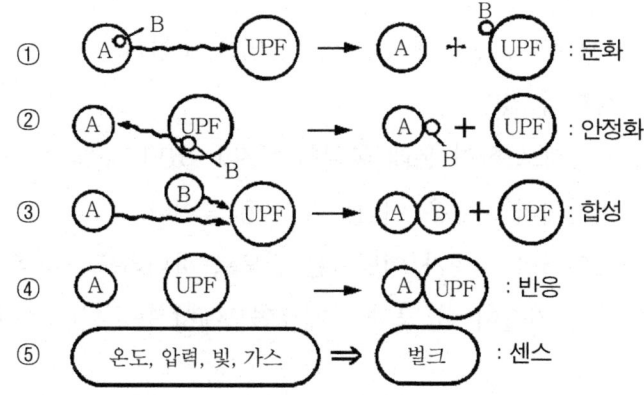

① : 둔화
② : 안정화
③ : 합성
④ : 반응
⑤ 온도, 압력, 빛, 가스 ⇒ 벌크 : 센스

그림 2-20 초미립자의 기능과 형태

즉, 초미립자의 압축 성형체의 소결을 조사하여 보면 약 90℃ 부근에서 약 1% 급속하게 수축하고, 이를 테면 저온 소결성을 나타내든가 그 후의 승온에서는 약 350℃까지 거의 수축하지 않고 350℃를 넘으면 큰 수축, 결국 소결을 시작한다. 이것은 초미립자는 서로 접촉하고 있는 사이에는 자신이 초미립자라고 인식하고 있으나, 약간 접합을 시작하면 초미립자성을 잊어버리고 덩어리로써 본래의 특성으로 되돌아가려고 하는 것이다.

제3그룹은 앞으로 크게 기대되는 기능재료적 응용 그룹이다. 촉매, 센서 등으로써 특히 기대를 모으고 있다.

촉매연구는 연구 예도 적으나 보통 합성촉매에서는 거의 유효한 작용을 나타내지 않았던 것이 초미립자화에 있어서 높은 촉매기능을 나타낸 보고도 있다. 그러나 이 그룹에서 가장 성공한 것은 가스센서이다. 가스 중 증발법과 고주파 플라즈마 발생장치를 조합시킨 방법으로 기반 위에 산화시키지 않고 초미립자로 형성시킨 주상 응집체의 네트워크를 형성하고 열처리 등을 행하여 높은 가스 선택성을 주는데 성공하고 있다. 이외에도 광흡수성을 이용한 레이저의 파워미터를 개발하는 등 초미립자의 실용화 연구로 한발 앞서고 있다. 따라서 이 경우에도 이전 상품으로써 진출하는 응용의 가능성과 실용화의 사이에 큰 차이가 존재하고 있다.

실용화면에서는 비용의 문제를 무시할 수 없고 게다가 제품의 품질, 특성의 안정성이 중요하다. 질적 안정성이라는 점에서 생각하면 초미립자의 아주 활성인 특질을 여타의 상호작용이라는 점에서도 또는 열적 안정성이라는 점에서도 불안정하고 단순한 일시적 기능을 의논하는 경우조차도 알지 못하고 실용을 목적으로 한 응용을 고려하는 경우에는 대단히 중요한 요소라 생각된다. 현상에서는 취급방법을 포함하여 그러한 질적 안정성의 검토가 충분하지 않은 상황에 있다.

물질을 극미소 상태로 하여 본래 물질이 가지고 있던 특성과는 다른 특성을 나타낼지도 모른다고 하는 미지에의 도전은 이전부터 진행 중이다.

바로 실용화로 연결할 것인가 어떤가는 별도로 하더라도 의외의 사실이나 다른 분야에의 파급효과를 주는 기술이 이 극한적 재료연구에서 돌출된다는 예감이 든다.

2.6 전자금속재료

우리들의 주위에는 전기에 의해서 작동하는 기기가 넘치고 있다. 특히 최근 그 고성능화, 고신뢰화는 눈이 부실 정도이다.

이 전자공학 기술의 진보, 발전에는 집적회로의 고밀도화가 크게 기여하고 있다. 이 집적회로의 제조 및 주변의 실제 장치에는 금속의 특징인 전기나 열이 높은 전도성, 연신성, 가공성 등을 살린 금속재료가 필요한 부분이 많이 있다. 모든 마이크로화, 고정도화가 요구되는 현재 금속계 전자재료에 있어서도 엄격한 성능이 요구됨과 더불어 새로운 기능을 가진 재료의 개발과 실용화가 시급하다.

여기에서는 최첨단 기술이 집약되고 있는 집접회로의 제조공정으로 이용되는 전극 및 배선재료, 실제 장치에서 이용되는 리드프레임 재료, 납땜재료, 접촉재료, 도전도료에 대하여 그 현상, 문제점, 앞으로의 동향 등에 대하여 설명하고자 한다.

2.6.1 집적회로용 금속재료

실리콘 단결정을 이용한 집적회로의 제조공정은 실리콘 웨이브의 처리공정과 제품화의 조립공정으로 대별된다.

표 2.7 집적회로의 공정과 금속재료

실리콘재결정
⇩

웨이퍼처리공정	전극재료	Al, Si, Ti, Mo, Ta, W
	배선재료	Al, Si, Au
조립공정	리드 프레임	Fe합금(Fe-Ni ; Fe-Co 등)
		Cu합금
		(Cu-Zr ; Cu-Fe, Sn ; Cu-Sn 등)
	본딩 와이어	Al, Au

⇩
완 성 품

표 2.7에 이러한 공정에서 사용되는 주요 금속재료를 나타내었다. 다음에 이들의 재료를 차례로 언급하고자 한다.

1) 집적회로의 배선재료

이온주입이나 기판인쇄술(lithography) 등 최첨단을 여는 프로세스기술을 이용하여 만든 실리콘 웨이브 위에 많은 반도체 소자에 생명을 주는 것은 소자사이에 신호전달을 담당하는 전기적인 접속이다. 물론 개별 트랜지스터 내부에서의 전자 이동도가 집적회로의 기본

성능을 결정한다. 그러나 그러한 것을 연결짓는 배선 중의 전자가 흐르는 쪽(전기전도도)도 그 성능과 깊이 관계되고 있다.

특히 집적도가 높게 되면 장치 그 자체의 전지크기는 축소되나 배선치수도 동시에 축소된다. 예를 들면 256K 피트, 다이나믹 RAM에서는 실효채널길이는 $1.5\mu m$, 배선폭은 $2\mu m$ 정도이나, 개발이 진행되고 있는 1M 피트로 되면 각각 $1\mu m$와 $1.2\mu m$ 이하로 될 것이다.

MOS(Metal Oxide Semiconductor) 트랜지스터에서는 셀크기의 축소는 성능향상에 있어 유리하게 된다. 반면에 소자사이를 연결하는 배선의 길이나 저항의 증가 영향도 무시할 수 없게 되어 고속화 고집적화의 방해가 된다. 이러한 배선 저항에는 장치의 전극사이를 연결 접속재료의 저항뿐만 아니라 장치의 전극 재료 자체의 저항도 포함된다. 또 배선 단면적의 감소는 전류밀도의 증가를 가져온다. 이 결과 일렉트로 마이크레이션에 기인하는 공공(void)이나 작은 언덕(hillock)에 의한 단선이나 단락 등의 장애가 발생되고 집적회로의 성능이나 수명에 영향을 미친다.

2) 전극재료

고집적화에 의해 한 개의 집적회로 장치의 수는 가속도적으로 증가한다. 특히 MOS형 집적회로에서의 게이트 전극재료의 저항에 의한 지연시간이 문제가 된다. 이것을 해결하기 위해서는 반드시 비저항이 작은 전극재료가 필요하다. 초기 게이트 전극에는 다결정 실리콘(폴리실리콘)이 이용되나 이 비저항은 크다. 그 때문에 집적도가 높게 된 현재는 이것에 대신할 재료로써 금속규화물이 주목되고 있다. 이 금속규화물로 전환하는 전단계로써 현재는 폴리실리콘을 하지로써 금속규화물을 형성한 폴리사이드 구조의 전극이 많이 사용되고 있다.

게이트전극 제조에는 절연막 형성을 위해서 고온 프로세스가 불가피하다. 이렇게 하여 조건을 고려하면 게이트 전극재료의 선택 기준으로써 다음과 같은 항목이 열거된다.

① 제조법이 용이하다.
② SiO_2와의 밀착성이 우수하다.
③ 비저항이 작다.
④ 실리사이드 자신의 융점이 웨이퍼 처리온도보다 높다.
⑤ 내산성이다.

⑥ 산화분위기에서 내식성이 높다.
⑦ Al과의 밀착성이 좋다.

이것들의 조건을 만족하는 실리사이드를 형성하는 금속에는 W, Mo, Ta, Ti 등이 있다. 표 2.8에는 이것들의 순금속 및 실리사이드에서의 융점과 비저항을 나타내고 있다.

표 2.8 게이트 전극으로써 유망한 실리사이드를 만드는 금속과 그 실리사이드의 융점과 비저항

원자번호	원소	금 속		실리사이드	
		융점(℃)	비저항($\mu\Omega \cdot cm$)	융점(℃)	비저항($\mu\Omega \cdot cm$)
22	Ti	1,668	55.0	1,540	15±3
42	Mo	2,615	5.7	~2,030	~100
73	Ta	2,998	13.5	2,200 (±100)	~70
74	W	3,380	5.5	2,165	40±5
13	Al	660	2.7	(실리사이드 형성하지 않음)	

이것들 중에서 비저항이 작은 $TiSi_2$나 $TaSi_2$는 1M 비트 DRAM에 이미 일부 이용되고 있다. 한층 고집적화가 진행될 미래는 더욱 비저항이 작은 순금속 그것에 의한 전극형성이 문제가 될 것이다. 이 경우 전술의 조건을 비추어 보면 W, Mo, Ta 등 고융점 금속이 유력한 후보재료로 들 수 있다. 이러한 순금속을 게이트 전극으로 하면 하지의 SiO_2와의 접합성뿐만 아니라 적층방법이나 가공방법 등 서브미크론에서의 프로세스 전체가 연구개발의 과제이다.

3) 원자의 이동(일렉트로 마이그레이션)

금속에 흐르는 전류를 증가시키면 금속원자의 이동이 일어난다. 이 현상을 일렉트로 마이그레이션이라 한다. 집적회로의 고집적화가 진행, 배선의 전류밀도가 증가하면 배선에 사용되고 있는 Al, Al-Si에 공공(void)이나 작은 언덕(hillock), 휘스커가 형성되어 단선, 절연불량, 단락 등이 일어난다. 이러한 장해는 일렉트로 마이그레이션에 의한 것이 대부분이다. 전류밀도가 높은 상태에서 금속이온의 이동에는 직접 전장으로부터 움직이는 힘 외

에 전자류와의 상호작용도 무시할 수 없다. 그리고 금속이온의 전하 q와는 다른 실효전하 q^*를 고려한다.

실험적으로 결정되는 이 q^*는 예상에 반하여 부(−)로 되는 것이 많다. 이것은 금속에서 정전하를 가진 금속이온은 음극을 향하여 이동하는 것이 아니라, 질량은 가벼우나 용이하게 가속되는 전자류와의 충돌에 의한 이동이 지배적인 것을 암시하고 있다. 즉, 만원 전철에 탄 인파의 세력에 되돌아 출구로 나오지 않도록 원자는 전자류에 밀려 흐른다.

전자 수송에 의한 장해의 대책을 세울 때에는 원자의 확산경로가 문제로 된다. 원자공공을 매개로 하는 보통의 격자확산에 비교하여 결정립계에서는 확산의 활성화 에너지가 작고, 보통과 달리 고속으로 원자이동이 일어난다. 이 입계확산이 집적회로 수명의 지배적 요인의 하나로 된다. 따라서 배선 결정립의 조대화나 단결정화는 이 이상확산을 억제하는 유효한 수단이다.

그 점에서 현재는 내일렉트로 마이그레이션 재로써 Al에 미량의 Si나 Cu를 첨가한 재료를 사용하고 있다. 합금원소의 첨가는 저항값의 증가를 가져오므로 그 종류나 양 등은 고집적화를 향하여 필요한 연구 과제이다. 더욱이 실용상 문제로써 배선의 불균질성, 결정입경, 배선형상, 전류밀도나 외부에의 열방출 등이 일렉트로 마이그레이션에 의한 장해와 관련하여 해결해야 한다.

2.6.2 리드프레임 – 집적회로

집적회로의 조립공정에서 필요한 대표적인 금속재료는 리드프레임이다. 이 리드프레임은 조립공정에서는 그 간편성, 능률화를 도모하기 위한 것이다. 또, 완성품에 대해서는 프린트 기판에서 집적회로의 신호전달을 담당하는 도전매체 및 집적회로가 발산하는 열을 외부로 방출하는 전열매체로 된다.

따라서 리드프레임 재료에 요구되는 기본특성은 ① 열전도성, 전기전도성이 우수하다. ② 충분한 기계적 강도를 가진 것이다. 이외에 ③ 가공성 ④ 금도금성, 납땜성 ⑤ 열팽창계수 ⑥ 반복굽힘강도 ⑦ 내식성 등이 조립공정이나 완성품의 내구성과 관련되고 있다.

1) 열전도와 전기전도

집적회로와 프린트 기판과의 사이의 신호를 전달하는 리드부의 전기전도성이 좋은 것은 당연히 요구된다. 그러나 마이크로 크기의 Al 배선에 비하여 리드부의 단면적은 크다. 따라서 현 상황에서는 상대적으로 전기저항은 충분히 낮게 되고, 전기전도 특성에 대해서는 현재 사용되고 있는 리드프레임 재료의 규격에 특히 문제는 없다. 중요한 것은 열전도 특성이다. 즉 리드베이스에 붙인 집적회로 칩이 발생하는 주울열을 신속히 방산하기 위해 높은 열전도도가 필요하다. 실용상 이 특성은 소자온도의 평형을 단시간에 실현하고 집적회로의 성능을 장기간 유지하기 위해 아주 중요하다.

금속에서는 전기전도도 σ와 열전도도 κ와의 사이에 다음과 같은 위드만·프란츠 법칙이 성립한다. 여기서 α는 개개의 금속성질에는 의존하지 않고 고유의 상수 [2.45×10^{-8} (V/K)^2], T는 온도이다. 따라서 이 관계는 전기전도도가 크고 전기저항이 작은 재료는 열전도도가 크다는 것을 나타내며 각각의 물질연구에 지침을 주고 있다.

$$\frac{\kappa}{\sigma} = \alpha \cdot T \tag{5}$$

2) 합금강도와 열전도

집적회로의 초기 시대에는 강도도 높고 열팽창도 실리콘과 같은 정도의 코발트 등 철계 합금이 리드프레임 재료의 다수를 점하였다. 그러나 고집적화가 집적된 지금에는 열전도성이 좋은 동계합금으로 전환되었다. 베릴륨 동은 동 베이스의 강력 재료로써 오래전부터 알려져 왔으나 열전도 특성은 좋지 않다. 일반적으로 재료강도와 열전도도(또는 전기전도도)와는 상반되는 경향이 있다.

재료설계의 관점에서는 재료의 강화기구로써 ① 고용강화 ② 석출강화 ③ 분산강화 등이 리드프레임재에는 응용 가능하다. 이러한 기구는 어느 것도 결정 중의 전위를 움직이기 어렵게 하는 장해를 만드는 것이 기본적 개념이며, 이 장해의 형성과 높은 전기전도성이라는 상반되는 특성의 양립을 추구할 필요가 있다. 한 형태의 잔류저항 ρ_0는 용질원자의 농도 χ와 기지와 용질원자와의 원자가수의 차(ΔZ)의 함수로써 다음과 같이 나타낼 수 있다(χ가 작은 범위).

$$\rho_0 \propto (\Delta Z)^2 \chi \tag{6}$$

이 식은 고용강화나 석출강화의 기구로 재료강화를 도모한 많은 경우 기지에 고용하고 있는 이종원자에 의해 전기전도도는 반드시 좋지 않음을 나타내고 있는, 즉 재료개발을 시도할 경우 기지 중에 첨가원소 농도를 적게 하는 것이 높은 전기전도성을 얻기 위해 중요한 것으로 이해된다. 이러한 입장에서는 분산강화합금은 기지 그 자체의 성질이 거의 변하지 않기 때문에 재료 강도와의 조합으로 유망한 재료로 될 가능성은 갖추고 있다. 실제, 그림 2-21에 나타내고 있는 AL 35는 동 중에 Al_2O_3를 분산시킨 합금이다(또, 그림 2-21에 나타낸 재료의 조성은 표 2.9에 나타내었다.).

이 생각을 발전시키면 집적회로의 상한 온도이상에서 고용도가 극히 적은 석출합금, 혹은 고용도가 거의 없는 공정합금의 석출강화에는 우수한 전기전도성이 기대된다. 그림 2-21에 나타낸 도전율 50% IACS 정도의 재료는 이와 같은 관점에서 개발된 석출형의 상태도를 가진 재료이다. 또 공정형 합금의 예로서 Cu-Cr이 있다.

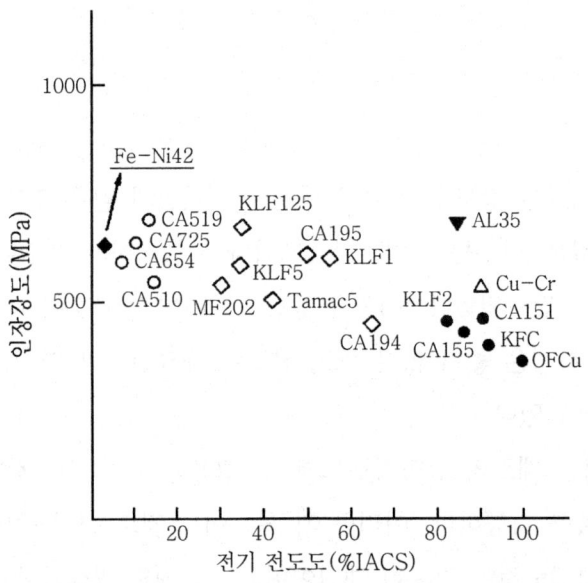

그림 2-21 주로 동을 베이스의 리드 프레임재의 인장강도와 전기전도도(%IACS ; 표준풀림한 Cu선에 대한 % 표시), 재료의 조성에 대해서는 표 2.9를 참조

표 2.9 동을 기초로 한 리드 프레임재의 조성, 첨가원소량(중량 %)

① 고도 전율형	OFCu	~10ppmO$_2$	CA155	0.08Ag, 0.1Mg, 0.06P
	KFC	0.1Fe, 0.03P	KLF2	0.1Fe, 0.1Sn, 0.03P
	CA151	0.15Zr		
② 고강도· 중도전율형	CA194	2.3Fe, 0.12Zn, 0.03P	KLF125	3.2Ni, 0.7Sn, 0.3Zn, 1.25Sn
	CA195	1.5Fe, 0.8Co, 0.6Sn	Tamac5	1.0Fe, 1.2Sn, 0.1P
	KLF1	3.2Ni, 0.7Si	MF202	2.0Sn, 0.2Ni
	KLF5	2.0Sn, 0.1P		
③ 고강도형	CA510	5.0Sn, 0.1P	CA654	3.05Si, 1.5Sn, 0.07Cr
	CA519	6.0Sn, 0.0P	CA725	9Ni, 2.3Sn
④ 기타	Al35	0.35Al(0.7Al$_2$O$_3$)	Cu-Cr	Cu 베이스 공정합금
	(Fe-Ni42)	Fe 베이스의 가장 일반적인 재료, 42Ni, 나머지 Fe		

① 그림 2-21 중 ●로 나타냄.
② 그림 2-21 중 ◇로 나타냄.
③ 그림 2-21 중 ○로 나타냄.

강도에 대해서는 석출상의 강도 기지와의 정합성, 분산도 등 여러 가지 결정학적, 조직학적 인자가 작용하고, 따라서 합금의 가공이나 열처리 조건 등으로 강도를 변화시키기 위해서 연구가 필요하나, 열전도성이 우수한 새로운 리드프레임재가 개발되고 있다. 비용면을 도외시하면 철계재료와 Al이나 Ag와의 크래드재와 같이 복잡한 재료공정으로 강도와 열전도성을 동시에 만족하는 재료도 가능하다.

그러나 고집적화가 진행되면 리드프레임의 미세가공도 더욱 필요하게 된다. 이러한 미래를 향하여 필요한 요구를 갖추고 충분한 강도와 열전도성을 가진 새로운 재료를 그 가공, 처리공정을 포함하여 개발하는 것이 시급하다.

2.6.3 땜납재료

반도체 집적재료, 조셉슨접합, 초전도 관련기기, 우주 관련기기 등에 사용하는 땜납에는 접합 마이크로화와 더불어 엄격한 환경에 견딜 수 있는 신뢰성이 요구된다.

땜납이라 말하면 일반적으로 Sn-Pb 합금을 가리킨다. 그러나 가혹한 사용조건의 마이크로 접합 땜납에서는 이것에 Sb, Ag, Cu 등의 원소를 첨가한 다원계 합금, In-Sn계, In-Pb-Sn계 등의 합금이 사용된다. 특히 저온에서 고온까지의 넓은 열사이클에 의한 반복응력에 의해 접합강도의 저하 또는 떨어져 나가서는 안 된다. 이 접합 성능은 모재와 땜납의 조합에 따라서 크게 다르고, 그 열팽창 계수의 차가 큰 경우 접합층에 금속간 화합물이 가능한 경우 열사이클에 의해서 잔주름, 공공 등이 발생하고 저하의 원인이 된다. 더욱이 땜납을 구성하는 원소에 α선을 내는 방사선 원소가 불순물로써 함유되면 χ선에 의한 메모리의 오동작 등이 문제가 되므로 이 면의 대책이 중요하다.

최근에는 세라믹, 유리 등의 땜납 분야가 많게 되어 Pb-Sn 계에 Zn, Al, Ti, Si, Sb, Cu, 희토류 원소 등을 첨가한 땜납이 개발되고 있다. Zn과 희토류 원소는 접합성, Sb는 내습성, Al, Ti, Si는 작업성 개선에 각각 효과가 있으며, 이 계의 땜납에 세러솔저 등이 있다.

극저온용 땜납의 후보로써 95Pb-5Sn, 63Sn-37Pb, 95Sn-5Sb, 50In-50Sn, 25In-Pb-Sn, In-Pb-Bi 등이 있다. 더욱더 Ag를 첨가하면 접합강도는 약간 낮게 되나 열사이클 성능이 향상된다. Sn첨가 공정 땜납에서는 Sn상이 저온에서 동소변태를 일으키기 때문에 충격에 대단히 약하다. Sb 혹은 In을 첨가하면 Sn상의 변태를 방지하는 효과가 있다. In첨가 땜납은 열사이클에 의해 주름 혹은 균열 등이 발생되고 반복 열응력에 약하다. 또 땜납은 초전도 상태에서 반자성으로 됨과 더불어 열전도율이 현저하게 낮게 되므로 주의할 필요가 있다.

조셉슨 집적회로에서의 땜납에서는 보통 땜납특성 이외에 다음과 같은 제성질이 요구되고 있다.

① 용해온도가 약 360K 이하이다. ② 초전도 임계온도가 6K이다. ③ 4K에서 300K 열사이클에 대하여 안정하다. 용해온도가 낮은 초전도 합금에 의한 땜납을 상정하면 Bi, Cd, Ga, Hg, In, Pb, Sb, Sn, Ti 등의 조합에 의한 공정합금이 대상으로써 고려된다. Nb계의 조셉슨 집적회로에서는 융해온도가 어느 정도 높은 땜납이 사용 가능하다고 생각된다. 초전도 임계온도가 5K 이상의 이원합금과 다원합금의 융해온도와 초전도 임계온도를 표 2.10에 정리하여 나타내었다. 이원합금에서는 융해온도, 초전도 임계온도와 더불어 필요한 조건을 충분히 만족하지 않는다. 실용에 있어서는 3원 또는 4원합금이 되리라 생각된다.

표 2.10 초도전체 땜납의 융점온도와 초전도임계온도 $T_C(k)$

mass(%)	(℃)	$T_C(k)$
Bi56.5 Pb43.5	125 공정	8.4~8.8
Bi56.2 Pb27.8 Sn16.0		8.5
Bi52.5 Pb32 Sn15.5		8.68
Bi50 Pb25 Sn12.5 Cd12.5	70 공정	8.20
Bi38.9 Pb38.5 Sb22.6		8.9
In66 Bi34	72 공정	약 5.4
In53 Bi28 Cd19		5.85
In51 Bi32.5 Sn16.5	60 공정	5.7~6.0
In52 Sn48	117 공정	6.9~7.45
In69>Pb31<	173<	5.4~7.2
Pb82.6 Cd17.4	248 공정	7.0>
Pb88.9 Sb11.1	252 공정	약 6.6
Pb97~70Bi1.5~15Ti1.5~15		7.2~7.38
Pb67<Hg33>	210<	5.0~7.2
Sn61.9 Pb38.1	183 공정	약 7.0
Sn50 Pb32 Cd18		7.50
Sn56.5 Ti43.5	170 공정	5.2~5.6
Ti52.5 Bi47.5	188 공정	4.15~6.6
Ti80 Sb20	195 공정	약 5.2

2.6.4 접촉재료

접촉기구는 컴퓨터, OA기기, 통신기기, VTR, 자동차 등 넓은 분야에서 사용되고 있다. 이 역할은 전기회로를 기계적으로 접속하는 것이다. 접촉기기의 실장 기술에 있어서도 최근 고밀도화, 다기능화, 고신뢰화가 요구되고 있다.

1) 커넥터 재료

커넥터는 인청동, 베릴륨동 등의 스프링 재료로써, 주로 Ni의 하지 도금을 한 후 Ag 또는 Sn 등의 도금을 한 것으로, 전기적으로 안정한 접속을 행하기 위한 것이다. 최근 스테인리스강에 직접 Au 도금을 하는 기술을 확립하고 내식성이 우수하기 때문에 전지주변의 접촉부분에 이용되는 등 커넥터에의 적용이 넓어지고 있다. 커넥터에는 필요한 표면정도를 쉽게 얻을 수 있는 도금이 주로 이용되나 도금막에는 반드시 핀홀이 생긴다. 이 핀홀에 따라서 하지금속이 표면에 확산하고, 산화물이나 황화물을 만들기도 하고 접촉장애를 일으키는 경우가 많다. 따라서 핀홀을 유기 또는 무기물질로 메우고 하지 금속의 부식생성물이 표면에 형성되는 것을 방지하는 처리 등이 행해진다. 크래드재료에 의해 커넥터가 제조된다면 핀홀의 발생도 없고, 소재의 높은 균질성이 부각된다. 현재 합금 크래드, 이온 주입 등에 의해 크래드 표면의 경도를 높이는 것이 시도되고 있으나, 도금과 같이 충분한 표면경도를 가진 크래드 재료의 개발에 노력하고 있다.

조셉슨회로, 초전도기기 등에 있어서는 극히 낮은 접촉저항이 요구되기 때문에 경도가 낮은 초전도체를 접촉시켜 접촉면적을 크게 하여 초전도 임계전류를 높게 한 커넥터 Hg와 Pt를 조합시킨 커넥터 등의 개발이 행해지고 있다.

Sn 도금의 휘스커-Sn도금 커넥터에 있어서는 표면에 휘스커가 성장하고 이것이 회로의 단락 등의 장해를 발생시킨다. 휘스커는 통상수 μm의 체심정방의 단결정으로 단면은 사각형이다.

이 휘스커에 의해 회로가 단락된 경우 용단전류와 휘스커 직경의 관계를 그림 2-22에 나타내었다.

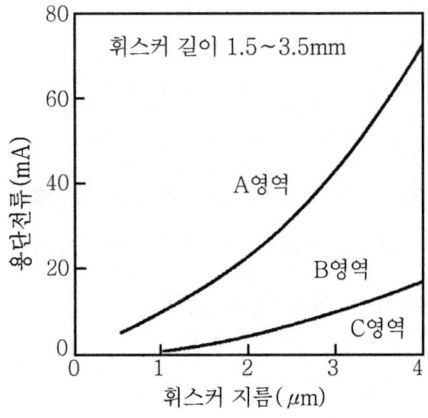

그림 2-22 용단전류와 휘스커 지름의 관계

A영역에서는 휘스커가 용단하는 것에 대해, C영역과 같이 낮은 전류의 전자회로에서는 휘스커가 용단하는 것 없이 단락을 계속하고, 오접속, 오동작을 일으킨다. 또, B영역에 있어서도 자주 같은 형태의 장해를 일으킨다. 휘스커에 의한 단락간격이 약 1mm 이하에서는 용단시에 아크방전이 발생하고 부품을 파괴시키는 경우도 있다. 이와 같은 장해의 원인이 되는 휘스커의 성장에는 석출물 및 도금층중의 응력이 크게 영향을 미치고 있다. 휘스커의 발생을 방지하기 위해 도금방법 또는 그 후처리 등에 연구가 되고 있다.

2) 개폐접점재료

개폐접점재료에는 경부하에 있어서 Au, Au-Ag-Pt, Au-Ag, Pt, Pt-Ir, Pd-Ag, Ag, 비교적 경부하에서부터 고부하에 있어서 Ag-CdO, Ag-Ni, Ag-W, 특수한 용도에 Ag-C, Cu-C, Cu-W, W 등이 있다. 특히 내부산화에 의한 Ag-산화물계 접점이 주목되고 있으며, Ag-CdO계 접점이 넓은 범위에서 실용되고 Ni, Sn 등 제3원소 첨가에 의해 더욱더 성능이 개선되고 있다. 접전성능의 개선에 의해 접점치수를 작게 하는 요구와 Cd의 인체에 영향이 문제되기 때문에 Cd를 포함하지 않는 Ag 산화물계, 접점합금의 개발연구가 계속되고 있다. Ag-산화물계 접점에는 내용착성, 내소모성, 접촉저항의 안정성 외에 내아크성이 요구되고, 이러한 특성은 산화물의 종류와 그 분산상태에 지배된다.

이러한 조건을 고려하면 Cd, Zn, Sn, In, Te, Cu, Sb, Mn 등의 산화물이 후보로 되고, 이러한 산화물이 Ag 바탕 중에 균일하게 분산되면 그 합금은 우수한 접점성능을 나타내는 것이 기대된다. 그러나 Cd를 제외하고 이러한 원소와 Ag와의 이원합금을 내부산화 시킨 시료는 넓은 조성범위에 걸쳐 Ag 바탕 중에 산화물이 분산하는 조직을 얻지 못하고 침상, 층상 또는 입계에 산화물이 석출하고, 요구되는 접점성능을 발휘하기 어렵다. 따라서 다원합금의 내부산화에 의해 산화물의 균일분산을 도모한 Ag-(Sn-In)O_x계, Ag-(Zn-Te)O_x계, Ag-(Zn-Sn-Te)O_x계, Ag-(Zn-Sn-In-Te)O_x계 등의 개발이 되고 있다.

Ag계 접점의 경우 황화의 과정에서 자주 휘스커가 성장하고 이것이 Ag 휘스커-접촉장해의 원인이 되는 경우가 있다. 이 휘스커는 SO_2, H_2S 등 농도가 ppm 차수를 넘으면 발생하는 경우가 많고, 그 선단 결정면에서 S가 Ag와 반응하여 성장한다. 여기서 보호계전기의 패킹재의 네오프렌(neopren)에 함유된 유황분에 의해 휘스커가 발생하고, 접점이 열려도 휘스커에 의해 회로가 단락된 예도 있다. Ag계 접점을 사용하는 개폐기에 있어서는 분위기 중에 유황분이 함유되지 않도록 절연체 등 주위의 부품재료의 선택에 충분한 배려를 할 필요가 있다. 또, Ag-Pd, Ag-Au 접점으로 하든가 Au, Rh 등의 도금을 하여 내황화성을 향상시키면 휘스커의 발생을 방지할 수 있다.

2.6.5 도전도료

도전도료는 도전회로, 저항체, 콘덴스, 수정진동자전극, 전자파실드 등 넓은 범위에 이용되고, 금속, 세라믹, 유리, 플라스틱, 고무 등의 접착에 이용된다. 이 도전도료는 Ag, Au, Pd, Pt, Ag-Pd, Ag-Pt, Pd-Pt, Ag-Pd-Pt, Au-Pd-Pt, Ru 산화물 등의 분말, 수지, 용제로부터 된다. 700~900℃의 고온에서 소성하고 강고한 막을 제조하는 형태는 유리 휠트가 포함된다. 순 Ag계 도전도료는 습도가 높으면 마이그레이션을 일으키기 쉽다. 이 경우 Ag-Pd 합금분말을 이용하면 마이그레이션을 일으키기 어렵게 된다. 현재 합금분말은 순 금속의 혼합분으로 제조되고 있으나 조성을 균일하게 하는 것은 곤란하다.

도전도료의 신뢰성을 보다 높이기 위해서는 입경이 0.1~10μm 정도의 조성이 균일한 합금분말이 필요하다. 초미분의 제조 등에서 행해지고 있는 물리적인 방법에서는 입경이 많을 경우 0.1μm보다 훨씬 작다. 한편 애토마이즈법에서는 입경이 수십 μm 이상으로 된다. 도전도료에 적합한 형상으로 균일한 조성의 합금분말을 제조하는 방법의 확립이 요구된다.

Ag 마이그레이션(Ag 이행)

전기기기가 소형화됨에 따라 Ag 전극에 직류가 인가될 경우 전극간의 절연체 표면에 Ag의 마이그레이션에 의해 수지상 Ag가 성장하고, 절연저하를 일으킨다. 이것은 페놀계 수지를 사용할 경우 특히 발생하기 쉽다. 이 마이그레이션 현상은 전기화학 작용에 의한 것이다. Ag 전극사이에 직류전압이 인가되고, 절연체에 수분이 흡착되면 Ag는 양극면에서 $Ag \rightleftarrows Ag^+ + e^-$로 전리하고, 음극에서 방전하여 Ag로 되어 양극으로 향하여 수지상으로 성장한다. 이 현상은 Ag 및 Ag기 합금의 특징이며, Cu, Sn, Ni, Au 등 전극재료에서는 특수한 조건을 제외하고 발생하지 않는다. 마이그레이션을 방지하기 위해서는 다음과 같은 대책이 행해지고 있다.

① 절연체를 바꾼다.
② 절연체를 다른 절연체로 피복한다.
③ Ag 도금을 하지 않는다. 또 벌크에서 사용하는 경우에는 합금화한다. 즉, 10% 정도의 Cu를 포함 Ag-Cu 합금으로 하는 것에 따라 마이그레이션을 0.1~1% 정도로 억제할 수 있다. 그림 2-23에 나타낸 것 같이 Pd의 함유가 유효하며 20Pd 이상의 Ag-Pd에서는 현저하게 개선된다.

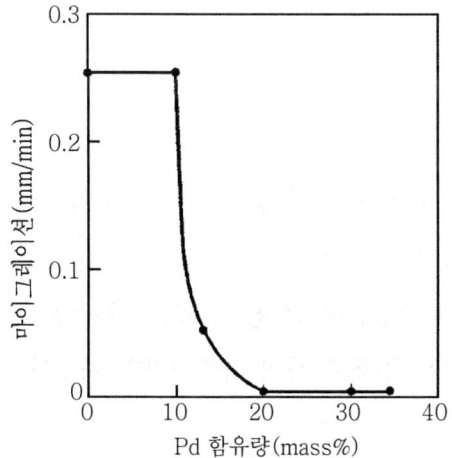

그림 2-23 Ag-Pd의 Pd 함유량과 Ag 마이그레이션의 관계. 수적시험, 절연체 Al_2O_3, 직류전압 4V, 전극간거리 1.02mm

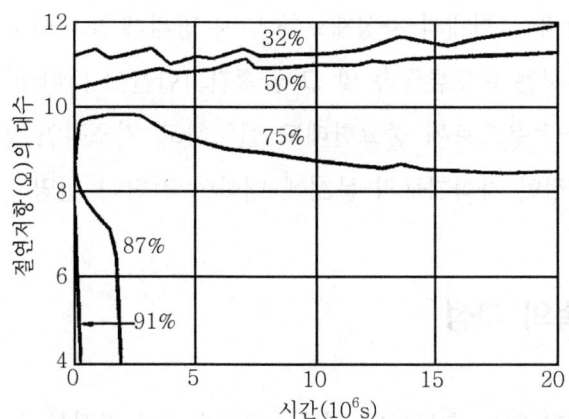

그림 2-24 절연저항(마이그레이션)에 미치는 습도의 영향(크라프트지, 직류전압 45V, 온도 308K)

④ 습도는 그림 2-24에 나타낸 것 같이 마이그레이션에 큰 영향을 미치므로 방습을 행한다.
⑤ 전위구배가 작게 되도록 설계한다.
⑥ SO_4^-, Cl^-, NO_3^- 등의 이온을 발생하는 가스, 먼지(흡습하는 것과 상당히 강한 산성)의 부착은 Ag 이외의 Cu, Ni, Au 등에서도 마이그레이션이 성장하기 쉬우므로 분위기에 주의한다.

2.7 자성재료

최근에 자성재료의 발전은 현저하다. 오래 전에는 일반적으로 자기의 응용이라 말하면 변압기나 모터의 철심 재료이며, 또는 영구자석 재료이었다. 그러나 현재는 전자기술의 발달, 생활의 다양화에 따른 오디오용, 비디오용, 플로피 자기헤드, 현금카드, 지하철의 티켓에 이르기까지 자기기록 재료를 주체로 하여 다종다양한 자성재료가 우리들의 일상생활에 크게 이용되고 있다.

한편 사용되고 있는 재료에 주목하고 보더라도 이제까지는 철, 코발트, 니켈 등 철족금속이 주체였으나, 희토류금속이 새롭게 실용재료로써 가능성이 주목되어 각광을 받고 있다.

이와 같은 상황을 반영하여 현재 세계 각국에서 희토류를 포함한 자성재료의 연구가 활발히 진행되고 있다. 따라서 개개의 자성재료를 단지 망라해 보더라도 그다지 의미있다고는 생각지 않는다. 여기서는 희토류금속 및 그 금속간화합물이 나타내는 다양한 자성의 일부를 소개하고, 자기의 응용으로써 중요한데도 불구하고 기초적인 연구테마로써 그다지 얻은 것이 적었던 기초적인 자화기구의 문제에 대하여 간단히 설명하고자 한다.

2.7.1 희토류금속의 자성

자성재료로써 가능성이 있는 희토류와 철족천이금속과의 화합물의 자성 및 자화기구의 문제에 들어가기 전에 희토류금속이 나타내는 다양한 자성을 간단히 봐둘 필요가 있을 것이다.

주기율표에 보게 되는 희토류족은 원자번호 58의 란탄(La)에서 71의 루테튬(Lu)까지의 원소를 말한다. 이것들은 4f 전자궤도의 전자수가 영의 상태에서 14개의 전자가 전부 들어찬 상태로 대응하고 있다. 자유전자의 전자배열은 보통 크세논 전자각의 외측에

$$[Xe]4f^n 5s^2 5p^6 5d 6s^2$$

으로 나타내는 것과 같이 전자각이 배열되어 있다. 철족원소의 자성은 불완전하게 차지한 3d각 전자에 의해 생겨났지만 희토류의 경우에는 4f각 전자가 자성을 띠고 있다.

그림 2-25에는 가돌리늄(Gd)의 자유전자에 있어서 각각 전자궤도의 전자동경분포를 나타내고 있다. 그림에서 보는 것과 같이 자성을 띠는 $4f^n$ 각은 외측의 5s, 5p각에 따라서 충분히 차폐되어 있다.

금속상태에서는 5d와 6s전자가 가전자로써 한 부분에 있지 않고, 전도밴드를 형성하고 있다. 이와 같은 상태에서도 4f 전자는 아직 5s, 5p각의 더욱더 내측에 있기 때문에 결정 중에서도 각각 원자의 한 부분에 있는 자기모멘트는 자유원자의 상태와 거의 같은 것으로 생각된다.

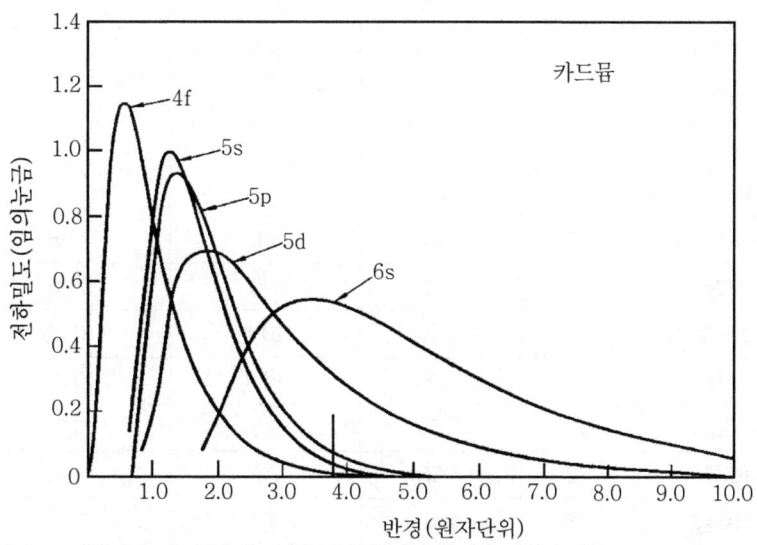

그림 2-25 카드뮴 자유이온화에서 전자의 동경분포(반경의 단위는 1원자단위 0.529Å을 적용한다. 자성을 띠는 4f 전자궤도는 이온의 깊숙이 있다. 횡축의 종선은 금속 카드뮴의 원자간 거리의 1/2을 나타내고 있다.)

그 때문에 철족금속이라는 것과는 달리 4f 전자에 기인하는 자성에는 전자의 궤도운동의 효과가 남아 있고, 자기모멘트는 전자스핀과 궤도운동으로써 합성된 전각운동량에 따라서 결정된다. 이렇게 합성되는 쪽은 4f 전자가 절반 이하의 경희토류 금속과 절반 이상의 중희토류 금속과는 다르며, 그 때문에 중희토류 금속에서는 강자성을 나타내지만, 경희토류에서는 강한 자성은 나타나지 않는다. 표 2.11에는 자유원자와 중희토류 금속의 자기모멘트 값을 나타내었다.

희토류 금속의 자기차수 상태는 자성 이온사이의 상호작용에 의해서 여러 가지 형태로 나타난다. 4f 각에 생기는 자기모멘트는 이온의 안 깊숙이 한 부분에 있으므로 자기 모멘트끼리의 직접적인 상호작용은 대단히 작고 전도전자(s전자)를 개입시킨 간접적인 상호작용이 중요하다.

표 2.11 희토류원소의 자성

원소명	4f 원자수	3가이온의 자기 모멘트(μ_B) * 계산치	실측치 **	금속결정의 자화 $M_s(\mu_B)$
La(란탄)	0	0		
Ce(세륨)	1	2.54	2.4	
Pr(프로세오디뮴)	2	3.44	3.5	
Nd(네오디뮴)	3	3.62	3.5	
Pm(프로메튬)	4	2.68	-	
Sm(사마륨)	5	0.84	1.5	
Eu(유로퓸)	6	0	3.4	
Gd(가돌리늄)	7	7.94	8.0	7.55
Tb(테르븀)	8	9.72	9.5	9.35
Dy(디스프로슘)	9	10.33	10.6	10.20
Ho(홀뮴)	10	10.61	10.4	10.34
Er(에르븀)	11	9.58	9.5	8.0
Tm(툴륨)	12	7.56	7.3	3.4
Yb(이트륨)	13	4.47	4.5	-
Lu(루테튬)	14	0		

* 원자당의 자기의 기본단위(보어 자자)
** 상자성염의 대자율로부터 구한 값

그림 2-26 (a)는 편극한 s전자가 결정중을 움직여 회전하여 격자점의 한 부분에 있는 f 전자 스핀을 같은 방향으로 배열하여 강자성이 생기는 모양을 나타내고 있다. 실제로는 전자사이의 상호작용은 더욱 복잡하며, 그림 2-26 (b)에 나타낸 것 같이 s전자의 편극은 비교적 한 부분에 있는 자기 모멘트의 근방에 한정되어 다시 분극의 부호가 진동하는 것과 같은 상호작용이 존재한다. 결정중의 자성 이온에는 자기 모멘트를 특정 방향으로 향하도록 하는 결정전장이 움직이고 있다.

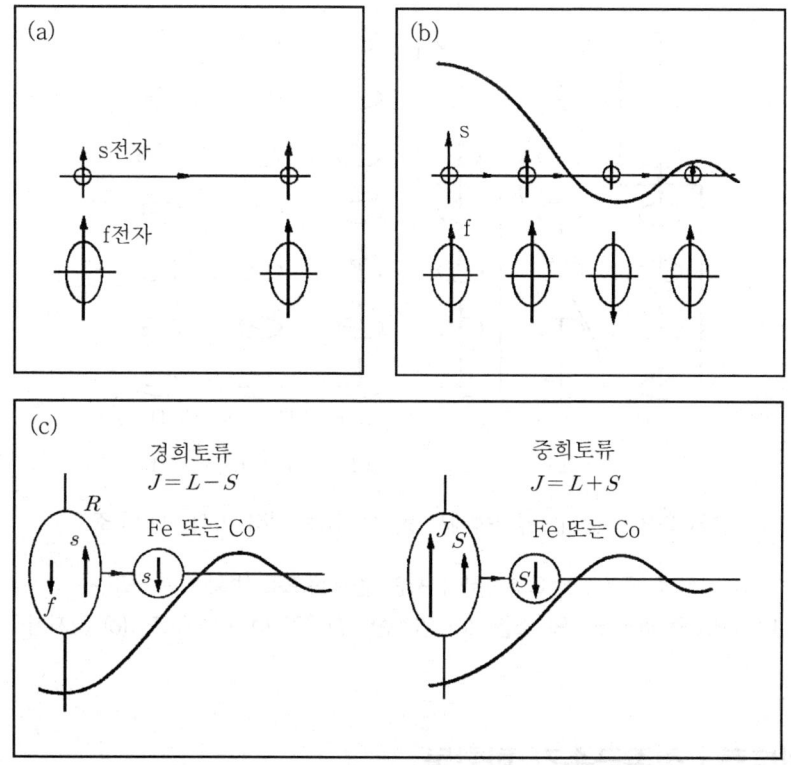

그림 2-26 분극한 전도전자에 의한 간접상호작용을 나타낸 개념도

(a) 가장 소박한 Zener 모델, s-f 상호작용에 따라서 강자성이 생기는 양자를 나타낸다.
(b) s 전자의 분극은 한 부분에 있는 모멘트의 주변에 한하며 더욱더 분극의 부호가 진동한다. (c) 전도전자를 넣은 희토류와 3d 천이금속과의 상호작용. 여기서 J는 전각운동량, L과 S는 각각 괘도 및 스핀 각운동량을 나타내고 있다.

결국 희토류 이온에는 상기 두 가지의 상호작용이 동시에 활동하고 있고, 한 방향으로만 스핀이 나열되는 단순한 강자성적 스핀구조뿐만 아니라 그림 2-27에 나타낸 바와 같이 스크루 구조, 나선구조 등 여러 가지 자기구조가 나타나게 된다. 이것도 자성의 주요 담당자가 격자점의 한 부분에 있는 4f 전자에 의한 것에 유래하고 있다.

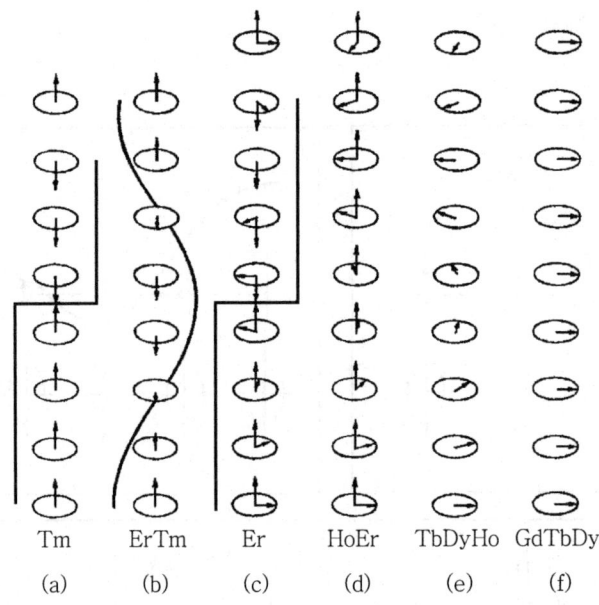

그림 2-27 중희토류금속에서 볼 수 있는 여러 가지 스핀구조
(a) 페리 자성적 구조, (b) C축성분이 사인 변조적으로 변화하는 구조,
(c) 나선구조와 페리구조의 조합, (d) 원추상나선구조 (e) 나선구조, (e) 강자성구조

2.7.2 희토류·철족금속간 화합물

앞 절에서 기술한 것과 같이 희토류 금속은 다양한 자성을 나타내고 자기 모멘트 자체도 상당히 큰 값을 가진 것도 있다. 그러나 자기 차수 온도(강자성으로 되는 큐리온도나 반강자성 Néel온도 등)는 간접적인 교환상호작용을 반영하여 비교적 낮고, 가장 높은 Gd라도 293K(20℃)이며 이제까지는 자성재료로써의 용도는 한정된다.

이와 같은 희토류 금속과 높은 큐리온도를 가진 3d 금속과를 조합시킨다면 대체로 어떤 것이 기대될까. 희토류(R)와 3d 천이금속(T) 사이에는 많은 금속화합물이 존재한다.

표 2.12는 T로써 망간(Mn), 철(Fe), 니켈(Ni) 및 코발트(Co)와 희토류 금속(R)과의 사이에서 볼 수 있는 여러 가지 화합물을 나타내었다. 말할 것도 없이 희토류와 3d 금속과의 화합물 자성은 3d와 4f전자가 공존하는 것에 따라서 특징지어지고 있다. 여기에서도 또한 전도전자를 개입시킨 간접적인 상호작용이 중요하다. 많은 실험결과에 의하면 R과 T와의 금속간화합물에서는 R의 스핀과 T의 스핀은 반평형으로 합성된다.

표 2.12 희토류와 3d 천이금속과의 금속간화합물

화합물	R_3T	R_4T_3	RT	RT_2	RT_3	R_2T_7	R_6T_{23}	RT_5	R_2T_{17}	RT_{12}
Mn				○			○			○
Fe				○	○		○		○	
Co	○	○		○	○	○		○	○	
Ni	○		○	○	○	○		○	○	
결정계	직방	육방	직방	입방	사방	육방 사방	입방	육방	육방 사방	정방

따라서 경희토류에서는 R과 T와의 자기 모멘트는 강자성적으로 합성되지만 중희토류에서는 R과 T와의 자기모멘트는 반평형으로 되고 합계 자기 모멘트는 제거되어 서로 작게 된다[그림 2-26 (c)].

R-T 화합물의 큐리온도 T_C는 T농도에 의해 크게 변화한다. 코발트와의 화합물에 있어서는 Co 농도가 높은 RCo_5 및 R_2Co_{17} 화합물에는 일부 예외를 제외하고 T_C는 R에 의하지 않고 거의 일정하고 각각 1,000K 및 1,200K의 온도로 되며 충분히 실용적인 자성재료로써 조건을 충족하고 있다.

4f 금속의 특징은 대단히 큰 자기이방성이 있다. 이것은 궤도각운동량이 생겨 남아있기 때문에 전하분포의 모양이 등방적이 아닌 경우에는 자기모멘트가 특정방향으로 강하게 고정되어 외부 자장에 따라서 간단히 그 방향을 바꿀 수 없기 때문이다. 이와 같은 4f 이온에 기인한 자기이방성은 3d 금속과의 화합물에 있어서도 중요하며, R-T 화합물의 큰 자기이방성의 원인으로 되고 있다.

여기서 영구 자석재료로써 실제로 사용하고 있는 RCo_5 화합물에 대하여 설명한다. 결정구조는 $CaCu_5$ 형에 속한 가장 기본적인 육방정구조의 하나이며, 기타 많은 R-T 화합물의 구조는 이 결정형의 변형으로서 이해할 수 있다.

그림 2-28에 나타낸 것과 같이 R의 한가운데 주위를 Co로 된 통이 둘러싸여 있는 구조를 하고 있고 자화의 방향은 통의 긴 방향과 일치하고 있다. 이 형태에서 상상되는 것과 같이 대단히 큰 일축성 결정자기이방성을 나타낸다. R의 이방성은 우선 4f 이온에 의해 만들어진 결정전장의 중에서 4f 전자의 거동에 따라서 R의 이방성을 구하고 다음에 화합물을 구성하고 있는 R과 Co와를 각각 2개의 부분격자로 나누고 다시 부분격자사이의 상호작용을 생각하는 것에 따라서 설명된다. 화합물의 포화자화도 동일하게 복수의 부분격자를 고려하는 것에 따라서 이해할 수 있다.

자기적으로 다른 부분격자가 존재하는 것은 그것만으로 다양한 자성재료를 얻을 수 있으며, 현실적으로 영구자석재료로써 각광을 받고 있는 희토류 코발트자석, NdFeB계 자석 등은 4f, 3d 전자에 기인하여 자성의 조합을 이용한 성공 예라 할 수 있다.

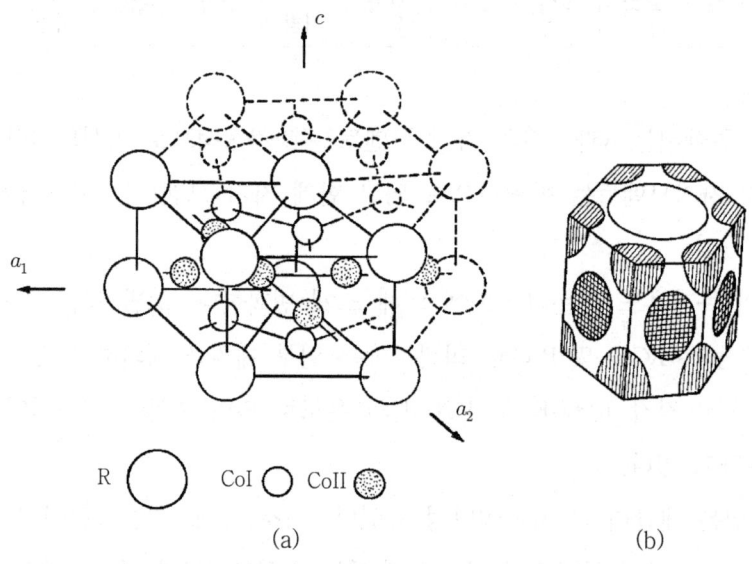

그림 2-28 (a) $CaCu_5$ 형 화합물의 결정구조. Ca는 R, Cu는 Co로 치환된다. (b)는, R의 주위를 Co 원자가 둘러싸고 있는 양자를 나타낸다. 이 단위포 중에는, 1개의 R과 5개의 Co가 포함되어 있다.

여기서 희토류와 철족금속물과를 조합시킨 또 하나의 응용 예로서 자기광학기록재료를 들 수 있다. 희토류를 포함한 자기기록재료로써는 종전보다 큰 자기광학효과를 나타내고, 희토류철 가아넷, 희토류 페라이트 등이 알려져 있지만, 최근에는 GdCo, GdFe, TbFe, DyFe라는 중희토류와 철족금속과의 비정질막이 주목되고 있다. 이러한 재료에서는 희토류원자의 자기이방성이 큰 것, R과 T와의 자기모멘트가 반평형으로 합성되는 성질을 잘 이용하고 있다. 자화가 작은 것과 이방성이 큰 것으로 자화가 막면에 수직으로 배향하고 더구나 작은 자구 버블이 안정하게 존재하고 있다. 따라서 고밀도의 기록재생에 적합하고 새로운 기록매체로써 기대되고 있다.

2.7.3 희토류 코발트 자석의 자화기구

강자성체의 특징은 한마디로 말하면 비교적 약한 자장에서 자화가 포화하고 자화반전이 가능하다. 강자성결정은 보통자구(domain)라 부르는 미세한 영역으로 나누어지고 있다. 자구 내부의 자화는 일방향으로 배열되어 있고, 그 값은 결정에 따라서 정해지는 본질적인 포화자화의 값에 일치하고 있다. 이 경우 강자성체 전체의 자화의 반전은 자구의 성장 및 수축에 의해 일어나고, 자화가 포화한다는 것은 많은 영역에 나누어져 있던 자구가 정리되어 단자구 상태로 되는 것을 의미하고 있다.

이와 같은 자구반전의 과정은 일반적으로 물질의 이차원적인 구조에 좌우되어 복잡하며, 본질적인 물성과는 결부되지 않는 것으로 생각되고 있다. 그러나 이 문제는 강자성체에 특유의 문제이며, 또한 다양한 자성체를 다루게 된 현재, 새로운 현상을 발견하게 될 가능성도 있다. 특히 희토류 원소를 포함한 자성재료는 앞 절에서 본 것과 같이 대단히 큰 결정자기이방성을 가지고 있고, 그 때문에 자벽의 폭이 아주 좁게 되어 있는 것으로 생각된다. 따라서 종래의 철족금속을 주체로 한 자성재료와는 전혀 다른 자화기구를 나타낼 가능성이 있다.

어떻든 자화기구의 문제는 영구자석, 자기기록재료에 한정되지 않고 자성재료의 응용에 관해서는 중요한 문제이다.

자화된 자석에 역방향의 자장을 가하면 자석은 안정한 상태를 찾아서 자장의 방향으로 회전하려고 한다. 만약 시료를 고정하여 두면 내부 에너지가 높게 되고 비평형도가 증가한다. 자장을 크게 하면 이 상태는 더욱 강하며, 이어서 시료내부에서 자화의 반전이 일어나게 된다. 자화반전을 관찰한다는 것은 비평형상태에서 평형상태로 완화과정을 보는 것이다.

수지상으로 검게 보이는 부분이 자화의 반전이 일어난 곳 희토류 코발트계 화합물의 자화반전을 나타내는 전형 예로써 $GdCo_5$ 단결정의 감자곡선과 자화반전이 일어난 후에 나타나는 자구모양을 그림 2-29에 나타내었다. 수지상으로 검게 보이는 부분이 자화반전이 일어난 곳이며, 포화상태로부터 자화가 급격히 반전하는 경우에는 비평형도를 완화하기 때문에 시료의 어딘가에서 반전자구의 핵이 발생하고 그것이 성장하여 시료 전체를 덮어가는 것을 알 수 있다.

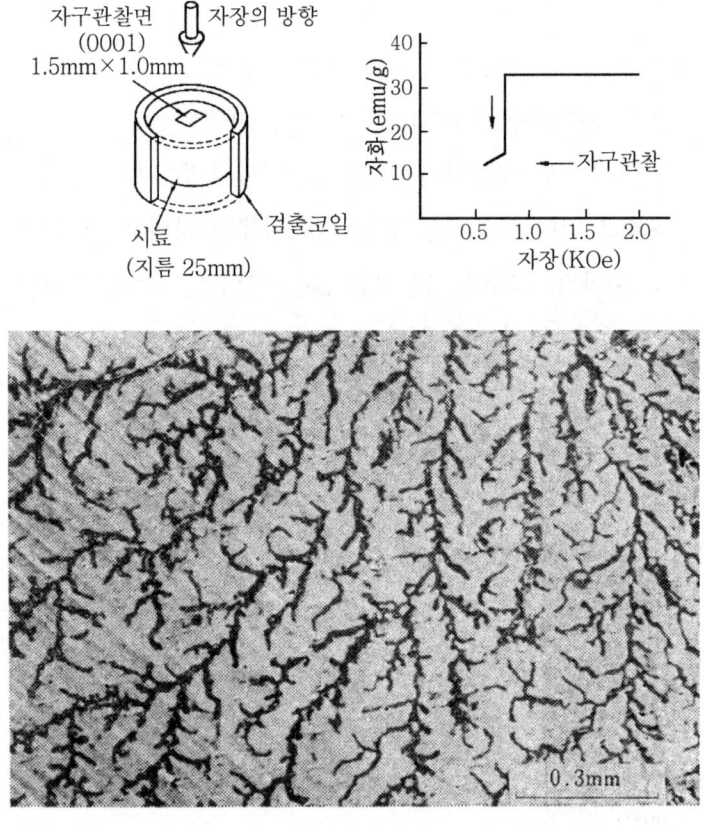

그림 2-29 $GdCo_5$ 단결정의 감자곡선에 나타나는 자화의 전파와 그후에 나타난(0001)면의 자구모양

이것은 바로 과냉각상태의 액체에서 핵이 발생하고 그것이 수지상의 결정으로 성장하여 가는 모양이라 생각된다. 이 경우 자화반전의 율속과정은 반전자구의 발생빈도로 주어지고, 이 빈도는 자벽의 열진동의 영향을 직접 받고 있는 것이 확인되고 있다. 기타 희토류 코발트 자석의 자화반전도 본질적으로는 동일 기구에 지배된다고 생각된다. 이 경우 결정 자기이방성이 대단히 큰 것이 중요하다.

이방성이 크다는 것은 특정의 방향에 고정되어 있던 자화(스핀)를 그곳에서 기울어진 것에 에너지가 필요한 것이다. 이 때문에 종래의 자성재료와 같이 조금씩 연속적으로 각도변화하여 가는 자벽구조가 허용되지 않게 되어 극단적인 경우에는 수 원자 간에서 한 원자 간 사이에 스핀이 180° 방향을 바꾸는 것도 있을 수 있는 것이라 생각된다.

이와 같은 상황에서 자벽을 움직이기 위해서는 외부자장하에서 개개의 스핀을 자장의 방향으로 반전시켜 갈 필요가 있다.

이 경우 스핀 각도를 바꾸기 위해서는 자장에 의해서 그 높이가 결정되는 포텐셜 장벽을 넘지 않으면 안 된다. 물론 장벽의 폭은 원자간 정도의 폭으로 되고, 실제로는 열진동의 도움을 빌려 개개의 스핀회전을 일으키고 자벽이 움직여 가는 것이다.

이와 같이 자화반전기구에 스핀 열진동의 영향이 확실히 나타난다고 하는 것도 자벽의 폭이 극단적으로 좁게 되어 있는 것에 유래하고 있다.

R-Co 자석의 자화기구의 본질은 어디까지나 열활성화 과정이 관여된 자구의 재편성 문제이다. 많은 자석재료의 보자력 온도의존성, 자화의 시간지연 현상 등은 열활성화 과정을 도입하여 잘 설명할 수 있다. 그러나 이와 같은 자화의 거동이 액체 헬륨온도(4.2K) 부근의 저온도에서도 성립할 것인가.

자화반전에 필요한 자장, 보자력 H_c는 저온으로 되는데 따라 단조롭게 증가한다. 그러나 그림 2-30에 나타난 H_c 온도변화를 주의 깊게 보면 극저온구역에서 온도의존성이 소실하고 또한 10K 부근에서 피크를 가지며, 그 이하의 온도에서 正(+)의 온도의존성을 나타내는 경우가 있는 것이 명확하게 밝혀졌다. 이것은 지금까지 설명해 온 고전적인 열활성화 측이 0K 부근의 저온에서 성립되지 않고 있는 것을 나타내고 있다. 현재 이 저온이상현상은 자벽의 양자진동을 도입한 단순한 모델로 설명 가능하다.

또 하나의 극저온 이상현상으로써는 극저온구역에서 자화곡선에 불연속적인 도약이 나타나는 현상이다.

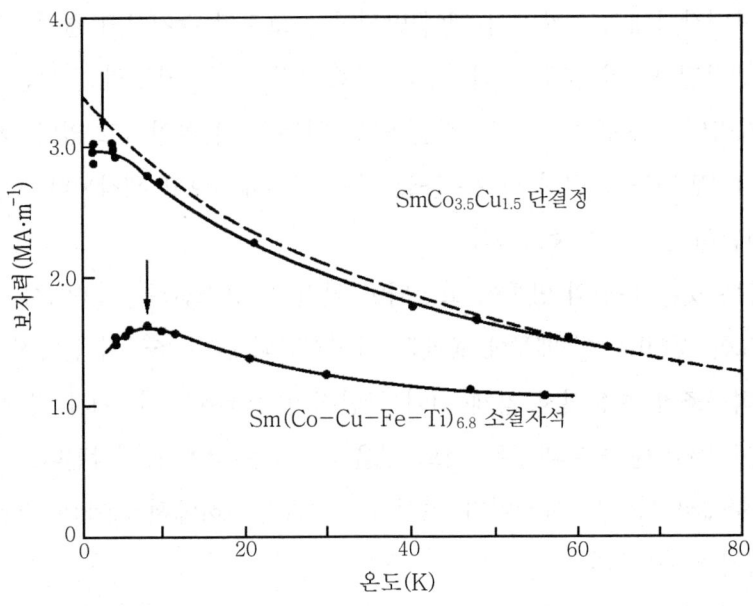

그림 2-30 SmCo$_{3.5}$Cu$_{1.5}$ 단결정과 Sm(Co-Cu-Fe-Ti)계 자석재료의 저온구역에서 보자력의 온도변화. 점선은 열활성화과정을 도입한 계산곡선을 나타낸다.

이것은 그 자벽의 운동에 의한 것이며, 많은 희토류를 포함한 자성재료에 공통하여 나타나는 일반적인 현상이라 생각된다. 최근 주목되고 있는 Nb-Fe-B계 자석에서도 같은 형태의 거동을 나타내는 것이 확인되고 있다.

이상 희토류를 포함한 화합물에 대하여 약간 기초적인 견지에서 그 다양한 자성의 일부를 소개하였다. 또 후반에는 희토류 코발트계 자석재료에 나타나는 자화기구에 대하여 간단히 설명하였다. 그러나 이것은 단지 자석재료만의 문제는 아니다.

자기 기록재료로써 유망한 중희토류와 철족금속과의 수직자화막에서 자구의 재편성 문제에도 같은 자화과정이 발견되고 있다. 어떻든 이러한 문제는 현재 연구가 진행 중이며, 여러 가지 견해가 있다고 생각하지만 대체로 틀림이 없다고 생각한다.

여기서 다루지 않았던 것도 흥미있는 현상이 있을 것이다. 예를 들면 R-Co 화합물에서 각 부분격자의 자화가 서로 각도를 가진 문제, 스핀 재배열의 문제 등 아직 충분히 조사되어 있지 않다. 더욱 비정질자성재료까지 포함하면 스페리 자성, 아스페로 자성 등 기본적인 자기오더상태의 문제도 있다.

특정 자석재료에 관해서는 개발연구가 선행되고 있지만 희토류를 포함한 자성재료전반을 보면 아직 많은 미지의 문제가 남아 있고 그것만큼 큰 가능성을 갖고 있다고 할 수 있다.

2.8 자기냉동재료

2.8.1 자기냉동

우리들의 주위에는 냉장고, 실내 냉방장치와 같은 상온부근에서 작용하는 것에서 −269℃(4.2K) 이하의 극저온을 만드는 것까지 각종 냉동기가 사용되고 있다. 이것들의 대부분은 프레온가스, 공기, 헬륨가스 등 기체의 압축, 팽창을 반복하는 냉동법에 의하고 있다.

자기냉동은 이것과는 다르며 그림 2-31에 나타낸 것과 같이 자기 스핀의 정렬과 산란에 따라 발열, 흡열을 이용하고 원리적으로 높은 효율을 얻는다. 그러나 기체냉동법에 비교하여 압축기가 불필요하기 때문에 저소음, 저진동화가 가능하고, 더욱 소형경량화나 컴퓨터 제어가 가능한 우수한 특징을 가지고 있다.

자기냉동법의 발상은 오래 전부터이지만 이제까지 2테스라(T) 정도의 전자석 중에 자성체를 넣고 빼는 방법으로는 실용적인 냉동에 충분한 흡열을 얻지 못했다.

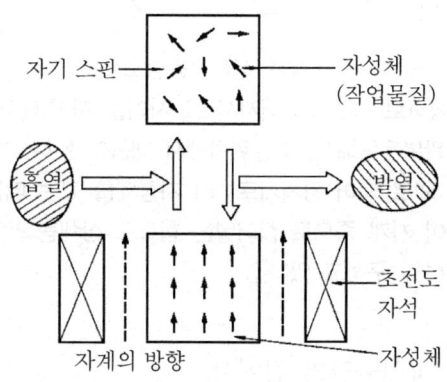

그림 2-31 자기냉동의 원리

자성체를 자계 중에 삽입하여 자기 스핀을 조절하면 발열이 일어난다. 그 열을 매체로 방열한 후, 자성체를 자계로부터 취출해서 자기 스핀을 산란시키면 흡열이 일어나므로, 냉매로부터 열을 빼앗겨 냉동이 일어난다. 기구적으로는 자기냉동에서 자기 스핀의 정렬, 산란이 기체냉동에서 압축, 팽창에 대응하고 있다.

최근 초전도 기술의 급속한 발전에 따라 10T 이상의 강자계가 용이하게 얻어지게 되어 미국 NASA 연구소에서 강자성체 Gd(가돌리늄)와 7T의 초전도 자석을 이용하여 상온근방의 냉각실험에 성공한 이래 상온에서 극저온까지 넓은 온도 범위에서 동작하는 자기냉동기의 가능성이 생겼다.

이제까지의 냉동기에 비교하여 냉동효율이 2배 이상 높은 자기냉동기가 제작되고 4.2K 액체헬륨을 1.4K의 극저온까지 냉각하고 초유동 헬륨을 생성하는 것에 성공하였다. 이것을 기회로 20~1.8K 극저온구역에서 작동하고 헬륨을 액화하기도 하고 초유동헬륨을 생성하는 자기 냉동기가 제작되어 냉동출력 1~2W, 40~50%의 높은 효율을 얻고 있다.

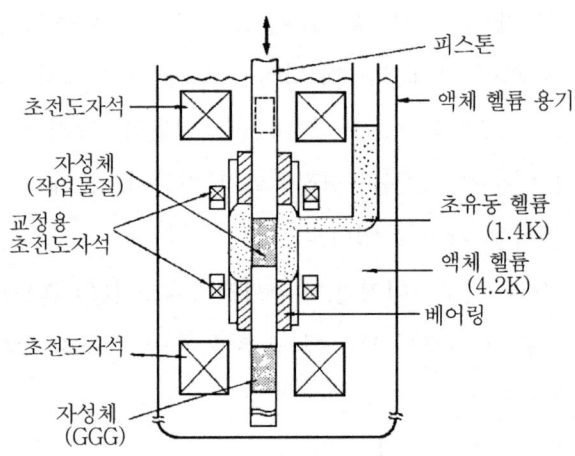

그림 2-32 그레노블 저온연구소에서 개발한 상하구동형초유동 헬륨 생성용 자기냉동기의 개요 [초전도자석이 상하로 2개 갖추어져서 그 사이를 지지봉(피스톤)으로 고정시킨 한 쌍의 작업물질이 왕복운동해서, 중간위치에서 냉동이 된다. 한쪽이 자계 중에 있을 때, 다른 쪽이 자계 외로 되어 강자계로부터 자성체를 끄는 데는 큰 힘을 필요로 하지만 그것을 다른 쪽이 자계 중으로 집어넣는 힘으로 상쇄됨으로써 약한 힘으로 피스톤을 구동할 수 있도록 연구하고 있다.]

자기냉동은 냉동방식이나 작업물질의 점에서,

① 20K에서 1.8K까지의 극저온영역

② 상온에서 20K까지의 저온영역으로 대별되고 지금까지는 주로 ①의 극저온 영역을 대상으로, 최근에 점차적으로 ②의 저온 영역에서 자기냉동 가능성이 모색되었다. 이와 같은 흐름속에서 극저온영역의 작업물질 개발을 중심으로 저온 영역의 작업물질에 대해서도

연구를 진행하고 있다.

2.8.2 극저온 자기냉동작업 물질

20~1.8K 극저온 영역에 있어서는 그림 2-33의 엔트로피 S선 위에 나타낸 것과 같이 등온, 단열과정으로 되는 카르노 사이클이 이용된다. 이 사이클에 적합한 작업물질에는 다음의 기본적 특성이 요구된다.

① 자기 모멘트가 크다. ② 자기변태점 T_N이 낮다($T_N \leqq 1\sim2K$). ③ 격자비열이 작다. (디바이 온도 $\theta_D \geqq 500K$) ④ 열전도율이 크다. ⑤ 전기저항이 높다. 특히 ④의 열전도율은 자기냉동운전 사이클 수를 결정하는 중요한 인자로 이것은 물질고유의 성질에 의존함과 더불어 결정 중의 결함과도 밀접하게 관계되고 결정입계, 전위 등 결함이 적은 단결정만큼 열전도율이 향상한다.

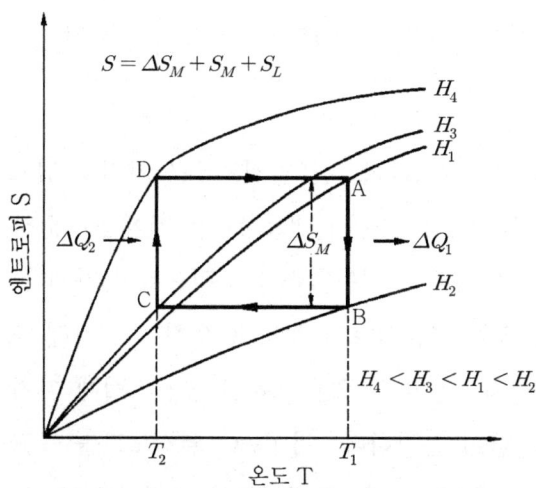

그림 2-33 자성체의 엔트로피 선도와 카르노 사이클(ABCD)

[온도 T_1에서 자계를 H_2까지 증가시켜 자성체(작업물질)를 등온적으로 자화시키면 그 엔트로피가 ΔS_M만 감소해서 열량 $Q_1(=\Delta S_M \cdot T_1)$의 발열이 일어난다(A→B). 그 열을 매체로 방열한 후 자계를 H_3까지 감소하여 자성체를 단열적으로 자화를 없애고 그 온도를 T_2까지 내린다(B→C). 다음에 온도 T_2에서 자계를 거의 0의 H_4까지 감소시켜 자성체를 등온적으로 자화를 없애면 열량 $Q_2(=\Delta S_M \cdot T_2)$의 흡열이 생긴다. 그 때문에 냉매로부터 열을 빼앗겨 냉동이 된다. 최후에 자계를 H_1까지 증가시켜 자성체를 단열적으로 자화하여 그 온도를 T_1까지 올려서 사이클은 종료한다.]

이러한 관점에서 Gd나 Dy(디스프로슘) 등 희토류계의 단결정 특히 표 2.13에 나타낸 바와 같이 가아넷계 반강자성체가 유망하다. 그 중에서도 GGG는 자기버블 메모리용 기판재료로써 알려져 현재 직경 3인치 정도의 대형에서 결함이 극히 적은 단결정이 제조되고 있다. 입수하기 쉬운 이유로 현재 제작 자기냉동기에는 이 GGG 단결정(직경 20~50mm)이 이용되고 있다.

표 2.13 극저온에서 유망한 자기냉동작업물질의 물성

작업 물질			전각운동 양자수 J	g 계수 g	자기변태점 (넬점) $T_N(K)$	열전도율 $\lambda(Wd_{m-1} \cdot K_{-1})$	디바이 온도 $\theta_D(K)$
명 칭	화학식	약칭					
가돌리늄·갈륨·가아넷	$Gd_3Ga_5O_{12}$	GGG	3.5	2	0.35	4	520
가돌리늄·알루미늄·가아넷	$Gd_3Al_5O_{12}$	GAG	3.5	2	<1.5	8	640
디스프로슘·알루미늄·가아넷	$DYAl_5O_{12}$	DAG	0.5	10.5	2.54	3	620

GGG 단결정은 순동의 1/3에 달하는 큰 열전도율을 가지고 있으나 그것도 아직 충분하다고 할 수 없고, 자기냉동시험에 있어서 냉동출력은 자계 3T 운전사이클수 4~10rpm 정도로 최대에 도달하고 그 이상으로 냉동출력을 올림으로써 자계나 운전사이클수를 증가하면 발열량 Q_1에 대하여 방열량이 따르지 못하고 오히려 저하해 버린다.

GAG는 GGG보다도 열전도율이 약 2배 크지만 유감스럽게 자기냉동에 적합한 큰 단결정 육성은 상태도적으로 극히 곤란하다. 이 GAG 열전도도를 GGG에 반영시킬 목적으로 GAG와 GGG의 이원계 가돌리늄·갈륨·알루미늄·가아넷[$Gd_3(Ga_{1-x}Al_x)_5O_{12}$] 단결정의 육성이 시도되고 $\chi \leq 0.4$ 범위에서 결함이 극히 적은 양질의 단결정이 육성되고 있다.

$$자기모멘트\ \mu = J \times g \times \mu_B \quad (\mu_B : 보어자자)$$

또한, GGG는 15K 이상에서 자기엔트로피 변화 ΔS_M이 현저하게 작게 되는 결점을 가지고 기화된 헬륨의 재액화를 행할 경우 냉동출력의 저하는 부인할 수 없다. 이 결점을 보충할 작업물질로써 DAG가 주목되고 있으며 현재 이 계의 단결정 육성이 시도되고 있다.

그 외에 흥미있는 물질로써 $GdAlO_3$, $GdVO_4$, $GdPO_4$, $Gd_2Ti_2O_7$, $DyPO_4$ 등 산화물을 들 수 있다. 그러나 현 상황에서는 수 mm 이하의 작은 단결정밖에 얻을 수 없고 큰 단결정 육성방법의 확립이 시급하다.

이상의 재료는 거의 반자성체에 속한다. 이상적으로는 강자성체가 가장 요구된다.

2.8.3 저온 자기냉동작업물질

20K 이상의 온도영역에서는 온도 상승과 더불어 격자비열이 현저하게 증가하기 때문에 그림 2-34와 같이 엔트로피 선도는 급히 밀집하게 된다. 따라서 극저온에서 단순한 등온, 단열과정으로 되는 카르노 사이클에서는 충분한 냉각온도폭을 취할 수 없다.

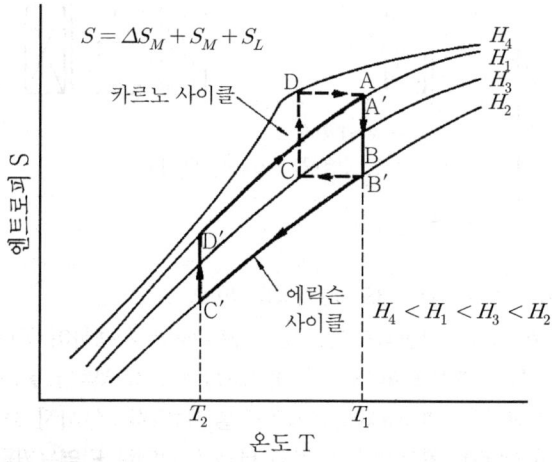

그림 2-34 에릭슨 자기냉동사이클

[에릭슨사이클(A' B' C' D')는 등온적인 자화(A'→B') 또는 자화제거(C'→D')의 과정을 카르노 사이클과 같은 단열과정은 아니며, 2가지의 등자계과정으로 묶은 것이다. B'→C' 과정에서는 A'→B'에서의 인가자계 H_2로써 자성체를 T_2까지 강온한다. 반대로 D'→A' 과정에서는 거의 0자계의 H_1에서 T_1까지 승온한다. 에릭센사이클은 카르노사이클과 달리 등자계과정에서도 엔트로피 S의 변화에 따라서 발열, 흡열이 일어난다. 이 여분의 열을 처리하기 때문에 반드시 축냉기가 필요하다. 축냉액은 B'→C' 과정에서는 자성체에 발생한 열량을 제거하여 그것을 축적하고 반대로 D'→A' 과정에서 그 축열을 자성체에 주어서 자성체에 발생한 흡열량을 보충하여 움직이게 한다.]

한편 등온, 등자계 과정으로 되는 에릭슨 사이클은 넓은 냉각온도폭이 취해지므로 저온 영역에서의 자기 냉동에 적합하다고 할 수 있다. Brown은 그림 2-35에 나타낸 것 같이 등자계과정을 교묘히 사용하여 상온부근의 냉각실험에 성공하였다. 그의 냉각실험에 나타낸 것과 같이 에릭슨사이클을 실행하는 데에는 축냉기(액)가 필요하다.

이 축냉액이 격자비열이나 자기비열에 의한 큰 엔트로피의 변화를 보상해 버리므로 자기엔트로피 변화 ΔS_M이 가장 큰 강자성체의 자기변태점(큐리점 T_C) 부근이 적극적으로 이용된다.

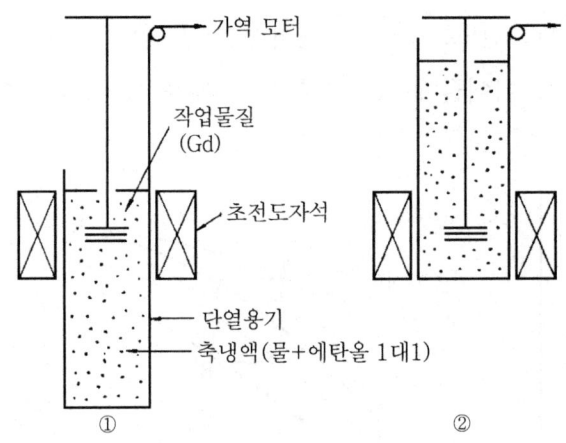

그림 2-35 브라운에 의한 상온근방에서의 자기냉동실험의 개요

[작업물질로써 Gd, 축냉액으로써 물+에탄올액을 사용하여 7T까지의 초전도자석중에서 작업물질과 초전도자석의 위치를 고정하고 축냉액을 넣은 단열용기를 상하로 이동시킨다. 우선, ①의 상태에서 자계 H를 0으로부터 7T까지 증가시키면 Gd는 발열해서 상부의 액온이 올라간다. 다음에 H=7T 그대로 단열용기를 천천히 올리면 Gd는 하부에 도달할 때까지(②의 상태) 발열을 계속해서 그 열을 축냉액이 계속해서 빼앗기 때문에 단열용기의 상하방향에서 약간 온도구배가 생긴다. 반대로 ②의 상태에서 H를 7T로부터 0까지 감소시키면 Gd에 흡열이 일어나서 하부의 온도가 내려간다. 다음에 H=0 그대로 단열용기를 천천히 내리면 Gd에 흡열이 일어나서 앞의 과정에서 축적한 열을 축냉액으로부터 빼앗기면서 상부에 도달한다. 그 결과는 저열원으로부터 열을 빼앗긴 그것을 고열원으로 운반해서 냉각될 수 있도록 한다. 이 사이클은 50회 후 상부의 액온은 328K, 하부는 248K에 도달한다.]

따라서 저온영역에 있어서 작업물질로써는 냉동동작온도범위에 큐리점을 가진 Gd, Ho, Dy, Er 등 희토류계 강자성체가 유망하다. 단 상온부근으로 되면 Fe, Mn 등 3d 천이금속계도 그 대상으로 되어 간다. 예를 들면 77~20K 영역의 작업물질로써 희토류(R) 화합물, RAl_2, RNi_2계나 그러한 혼합 소결체가 제안되고 있다. 또한 상온근방에서는 Gd 단체(T_C=293K)가 가장 유망하다. 그러나 희토류는 고가이고, 실용상 중요한 내식성, 내산화성이 떨어지는 결점을 가지고 있다. 이 결점을 보충한 것으로 Fe, Mn계의 3d 천이금속계 강자성체가 주목된다.

그 중에서도 Fe-Zr계 비정질합금은 그림 2-36에 나타낸 것과 같이 ΔS_M의 피크값은 Gd의 1/2 정도이지만, 그 온도변화는 대단히 완만하게 된다. 따라서 T_C의 다른 여러 종류를 조합하는 것에 따라 ΔS_M이 온도에 대하여 거의 변화하지 않는 이상적인 냉동소자를 만드는 것이 가능하다.

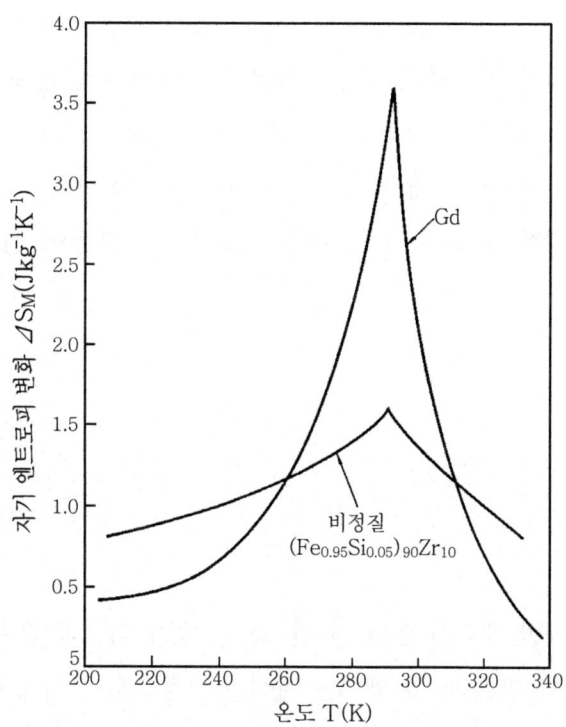

그림 2-36 상온부근에서의 자기냉동작업물질의 자기엔트로피 변화의 온도의존성

2.8.4 앞으로의 전망

20K 이하의 극저온 영역에 있어서 자기냉동작업물질로써 초유동 헬륨의 생성용에는 GGG 단결정이 기본으로 될 것이지만, 그 열전도율 향상을 목표로 한 새로운 단결정 육성이 중요하다. 또 기화된 헬륨의 재액화용에는 DAG를 중심으로 그것과 GAG와의 이원계를 포함하여 대형에서 결함이 극히 적은 양질의 단결정육성방법의 확립이 급선무이다. 이러한 고성능 작업물질의 개발 및 자기냉동 시스템의 최적화에 의해 가까운 미래에 소형으로 소음이 없는 고효율 자기냉동기가 출현하고 초전도자석을 이용한 핵융합로, 자기부상열차, NMR-CT 등이나 차세대 조셉슨 컴퓨터에 들어간 클로우즈드 냉각시스템이 실현되리라 기대된다.

한편 20K 이상 온도영역의 작업물질로써는 희토류계의 강자성체를 중심으로 3d 천이금속계도 포함하여 다수의 화합물이나 비정질 합금 중에서 냉동사이클이나 동작온도범위에 적합한 것이 선택됨과 더불어 가공성, 열전도성 등 실용적인 면에서 개량이 될 것이다. 특히 비정질합금은 희토류계에 있어서도 비정질 특유의 자화가 완만한 온도변화를 반영하여 ΔSM의 온도변화가 극히 완만한 이상적인 냉동소자를 만들 수 있다는 점도 흥미 있는 것이다. 고성능 작업물질의 개발에 의해 우선 77K 이하에서 작동하는 자기냉동기가 더욱 그 온도영역을 상온까지 확장한 꿈의 자기냉동기를 목표로 연구개발이 진행되고 있다.

2.9 자성유체

2.9.1 자성유체

자성유체라고 하는 기묘한 재료가 있다. 외관상은 단순한 먹물과 같은 액체이지만, 자석을 가까이 하여 자계구배를 만들면, 그 액체는 자석의 방향으로 강하게 끌어당겨지게 된다. 그것과 동시에 매끈한 탄력성을 가진 탄성체로 변화된다. 또한 액체의 점성이 적을 때에는 액면에는 기하학적인 스파이크 모양이 나타난다. 그 외에, 보는 사람을 놀라게 하는 여러 가지 성질은, 자성유체가 액체상의 자성체로 되기 때문에 나타나는 필연적인 성질이다.

자성유체의 미시적 구조를 그림 2-37에 나타내었다. 자성유체는, 각각의 강자성미립자가 정자기력으로부터 서로 잘 합쳐지지 않는 것처럼, 그 표면을 길이 수십 Å 쇄상유기분자(일종의 표면활성제분자)로 빈틈이 없이 피복하고[그림 2-37 (b)], 그것을 그림 2-37 (a)에 나타낸 바와 같이 물과 탄화수소유 등의 액체매질 중에 고농도로 분산시킨 것이다.

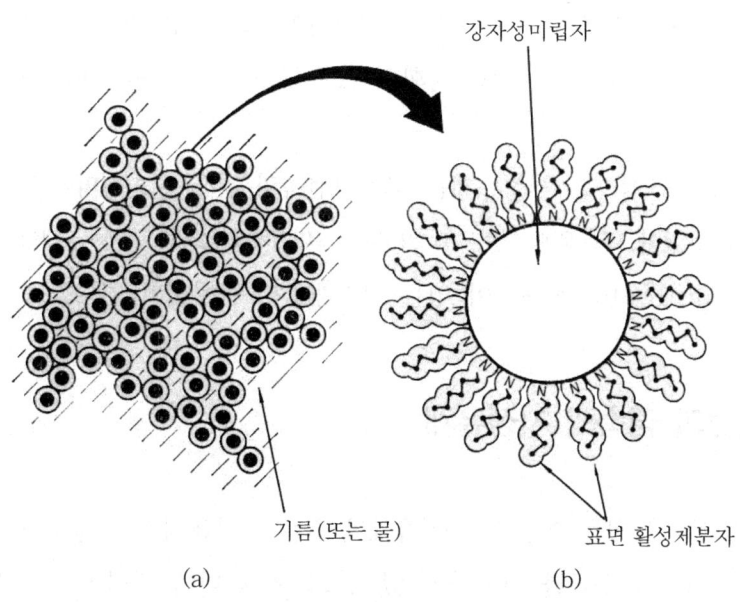

그림 2-37 자성유체의 미시적구조

이 구조로부터, 미립자는 서로 간에 일정간격을 유지하고, 동시에 입자끼리는 격심한 열운동으로 인해, 끊임없이 그 상대적 위치를 변화시키는 상을 가지며, 미립자계 전체는 점성이 낮은 유동성을 나타낸다. 보통의 자성체에서 자기모멘트를 받고 있는 단위는, 자성체를 구성하고 있는 각각의 원자이다. 보통 자성유체에서 그것은, 수천 개의 자성원자의 집단으로 되어 있는 직경 100 Å 정도의 입자를 갖는 강자성미립자이다. 이와 같은 계를 나타내는 자성은 초상자성이라 부르고 있다.

자성유체의 역사는 마그네타이트(Fe_3O_4) 미립자를 가공한 돌로부터 안정화하고, 물로 분산시킨 것을 합성한 것이 최초일 것이다. 이것은 그 후 개량이 되었지만 이것들은 모두 자구도형을 관찰할 목적으로 만든 것이며, 희박하게 자화의 크기는 10^{-4} Wb/m^2(1G) 정도의 것이었다. 그때 이것을 농밀(濃密)하게 사용하려고 생각한 사람은 아무도 없었으며, 그것이 자성유체로 재등장한 것은 사반세기 후의 아폴로 계획 중에서였다.

무중력환경에서 액체가 어떻게 비등하는가를 연구한 Papell은, 1965년 그 현상을 시뮬레이터하기 위해, 나중에 기술할 독자적인 기계적 습식 분쇄법에 의해, 고농도의 마그네타이트 콜로이드로부터 자성유체를 제조하였다. 그 자성유체는 아폴로 계획 중에서, 우주복과 회전축의 진공 실(Seal), 또는 무중력환경에서 물체의 위치결정 등에 많이 이용되고 있는 이유이다. 그 후 미국을 시작으로 하여 우리나라에서도 자성유체의 제조법 및 물성의 연구가 계속되고 있으며, 최근에는 포화자화의 값은 $2 \sim 4 \times 10^{-2}$Wb/m(200~400G)에 이르고 있다.

또한 이용기술의 분야에서는 자성유체는 고속회전축의 진공 실, 스피커 단파, 비중차선별에 이미 이용되고 있다. 그 외에 잉크젯 프린터, 자기광학소자, 자성유체엔진 등의 응용 제안 및 검토가 되고 있으며, 장래성이 있는 신소재로써 인식되고 있다.

2.9.2 산화물과 금속의 자성유체

이미 개발이 진행되고 있는 이들의 자성유체에서는, 자성유체를 구성하고 있는 강자성 미립자는 마그네타이트가 주류를 차지하고 있다. 그 외에 니켈 페라이트, 코발트 페라이트, 또는 니켈-아연 페라이트와 망간-아연 페라이트 등의 복합 페라이트도 시험되고 있다. 이것들은 산화물자성유체라고 부르고 있다.

산화물자성유체의 결점은, 포화자화가 4×10^{-2}Wb/m(400G) 정도로 적은 것에 있다. 이것은 산화물 자신이 가진 포화자화가 적은 것이 원인이 되고 있다.

산화물보다 포화자화가 몇 배 큰 철과 코발트, 또는 그것들을 함유한 합금 등 강자성금속을 자성유체의 구성미립자로써 사용할 수 있다면, 최고 1.5×10^{-1}Wb/m(1,500G) 정도의 포화자화를 가진 고성능의 자성유체를 얻는 것이 가능하다. 이후 개발되고 있는 이 종류의 자성유체는 금속자성유체라고 부르고 있다. 더욱더 분산매체로 칼륨 등의 액체금속을 사용하면 자성유체 자신에 양호한 전기전도성과 열전도성을 가질 수 있고, 자성유체는 새로운 기능성을 가진 다른 것으로 다시 태어난다.

금속자성유체에서는, 금속미립자의 크기를 산화물자성유체의 그것보다 더욱더 작은 50~80Å로 하지 않으면 안 된다. 이와 같은 미세한 금속미립자 크기를 갖추어 대량으로 만든 것은 그만큼 대단한 일이다. 단, 최근 개발된 진공증착법에 의한, 금속자성유체의 합성에도 밝은 전망을 가질 수 있게 되었다.

2.9.3 자성유체의 합성법

자성유체의 합성법은 기본적으로 ① 강자성체의 거시적 입자를 콜로이드 크기까지 세분하는 방법(분산법)과, ② 원자 또는 이온을 콜로이드 크기로 응축시키는 방법(응축법)으로 구분된다. 기계적 습식분쇄법은 전자에 속하며, 공침법, 무전해석출법, 금속카보닐 열분해법 및 진공증착법은 후자에 속한다.

1) 산화물자성유체의 합성법

산화물자성유체는, 기계적 습식분쇄법과 공침법에 의해 제조되고 있다. 기계적 습식분쇄법은, 최초로 자성유체를 만든 방법이다. 이것은 적당한 표면활성제를 함유한 케로신 등의 액체 중에서, 마그네타이트의 조대입자를 볼밀을 이용하여, 콜로이드 상태로 될 때까지 장시간(5~20 주간) 분쇄하고, 그 후 초원심분리법으로 큰 입자를 제거하는 방법이다.

공침법은 제1철염과 제2철염의 혼합수용액에 알칼리를 첨가하는 것으로부터 생기는 마그네타이트 미립자의 침전, 수용액 중 또는 케로신 중에서 오레인산을 흡착시켜, 침전을 분산시키는 방법이다. 이 방법은 마그네타이트만으로 대상을 제한하지만, 생산성이 좋은 것이 특징이다.

2) 금속자성유체의 합성법

금속자성유체의 제조법에는, 무전해석출법, 금속카보닐 열분해법, 진공증착법 등이 있다. 무전해석출법이라는 것은, 무전해도금과 같은 방법이다. 즉 철, 코발트 등의 염용액에 환원제를 첨가하고, PH를 조정하면서 환원에 의해, 금속을 석출시킨다. 이 반응의 경우, 용액에 염화바륨을 첨가하면, 석출한 금속은 미립자의 모양을 얻는다. 이것을 적당한 용매로 분산시키는 것에 의하여, 자성유체를 얻게 된다.

금속카보닐 열분해법으로는, 코발트카보닐[$CO_2(CO)_8$]을 아크릴리토릴스칠렌 등의 적당한 폴리머로 혼합하고, 가열분해로부터 금속코발트를 생성시키는 것이다. 이때 석출한 코발트 미립자는 폴리머에 의해 둘러싸여, 안정한 코발트를 형성한다.

진공증착법이란 금속을 가열하여 증발시켜, 그 증기를 응결시켜 미립자를 만드는 방법이다. 보통, 유리 등의 하지에 금속을 증착한 경우, 증착의 초기에는 똑같은 박막으로 할 수 없으며, 금속원자가 섬(Island)모양으로 모이는 현상을 보게 된다. 이 경우의 섬은, 직경이 수십 Å 정도로 되며, 자성유체에 사용되는 미립자로써 적당한 크기이다. 이와 같이 하여 가능한 미립자를 액체 중에 분산시켜 자성유체로 하기 때문에, 자성유체의 용매로 되는 액체를 하지로 해서 진공 중에서 증착하는 방법을 생각할 수 있다.

증착의 하지로 되는 액체는, 예를 들면 유확산펌프용의 저증기압의 기름을 기초로 한 것이다. 더욱 더 이 방법의 포인트의 한 가지는, 이 기름에 유용성의 표면활성제를 첨가한 것이다. 표면활성제분자는 일반적으로 친유기(親油基)와 친수기(親水基)의 양쪽을 가지고 있다. 친유기로는 예로 알킬기와 같은 탄화수소사슬로 되며, 기름과는 잘 융합되지만, 금속과 물에는 친화가 없다. 친수기에는 설폰산염기와 아미노기 등이 있으며, 이것들은 반대로 금속의 표면에 잘 흡착된다. 따라서 표면활성제분자는 금속미립자와 기름과를 결합시키는 작용을 한다.

이와 같은 표면활성제를 첨가한 기름에 효율 좋은 금속을 증착시키기 위해 고안된 장치를 그림 2-38에 나타내었다. 중앙부에 금속의 증발원이 되며, 드럼상의 진공용기를 회전하도록 되어 있다. 이 가운데에 액체를 넣어 회전시키면, 액체는 드럼의 내벽에서 막상으로 인해 상부로 가고, 이 위에 금속이 증착되어 금속미립자가 된다.

이와 같이 하여 생긴 미립자는 직경이 약 20~30 Å의 크기로 되어 잘 모이고, 입자끼리 붙어 있는 것이 아니라 고립되어 액체 중에 분산되어 있다. 더욱 더 이것에 280℃에서 20분 정도의 열처리를 실시하면, 입자의 융합이 일어나고, 어느 정도 입자의 크기를 조정하는 것이 가능하다. 이 방법으로 만든 금속자성유체의 포화자화는 현재의 경우 약 300G이다. 그러나 미립자의 크기를 일치시키는 것에 의하여, 유체전체에 대한 강자성 미립자의 체적비율을 증가시키면, 포화자화가 1,000G를 초과하는 것으로 생각된다.

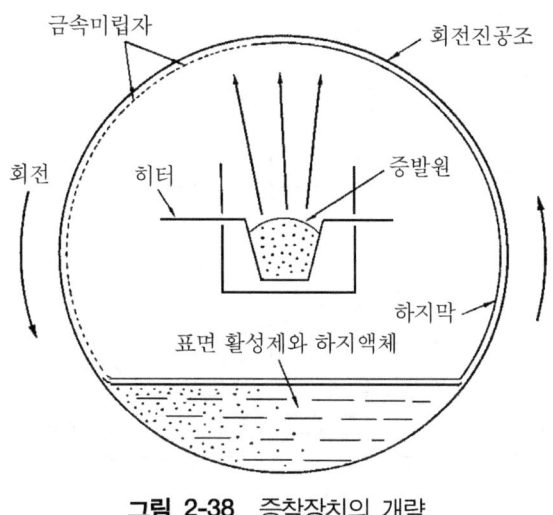

그림 2-38 증착장치의 개략

2.9.4 자성유체의 응용

자성유체를 구성하고 있는 미립자는, 격렬한 열운동을 하고 있다. 자성유체에 자계를 걸면 미립자는 자계의 방향으로 향하고, 정지하게 되며, 자계를 얻으면 다시 운동을 시작한다. 이 과정은 기체를 압축, 팽창하는 것으로 열역학적으로 등가이며, 이때 엔트로피의 큰 변화가 일어난다. 그래서 자성유체를 작업물질로 해서 사용하고, 큐리온도 T_C 부근에 있어서 자화의 급격한 변화를 이용하여, 열에너지를 직접운동에너지로 변환하는 열기관이 제안되고 있다.

그림 2-39에 나타낸 바와 같이 관의 중앙에서 자성유체는 운동하는 이유가 있지만, 온도가 낮은 자성유체를 1로부터 넣어 2부분에서 등온적으로 자화된다. 단, $T_2<T_C$이다. 자성유체를 2와 3의 사이에서 일정자계의 아래에서 큐리점 이상으로 가열하고, 3부분에서 등온적으로 탈자된다($T_3>T_C$).

고온으로 된 자성유체는 4로부터 나오며, 자성유체를 냉각하여 다시 1로부터 넣을 수 있도록 닫힌 회로의 상태가 되게 한다. 즉, 자성유체는, 이 순서에 따라서 회로의 중앙을 운동한다. 외부로부터 받은 열에너지는, 자성유체로부터 자성유체자신의 운동에너지로 변환된다.

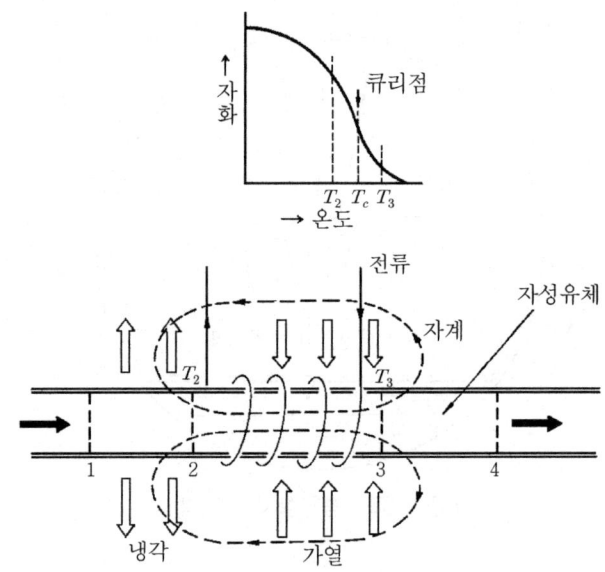

그림 2-39 자성유체를 작업물질로써 사용한 열기관의 개념도

 이와 같이 자성유체를 큐리점을 사이에 두고 약간의 온도차 T_3-T_2만 가열하는 것으로부터, 원리적으로는 높은 변환효율을 얻는다. 실제로 그와 같은 높은 효율의 열기관이 실현되기 위해서는 자화의 값이 크고, 동시에 열전도도가 높은 금속자성유체가 필요하다. 이 원리는, 그 외에 히트펌프와 self-actuator 펌프에도 응용이 고려되고 있다.
 현재 자성유체가 실용화되고 있는 것은, 회전축의 진공실(Seal)이다. 그것은 링(Ring)상의 영구자석을 짜 넣은 베어링과 철제의 회전축 사이에 닫힌 자기회로를 구성하고, 베어링과 회전축과 사이의 틈에 자성유체를 채운 것이다. 자성유체는 그 틈에 가득 채워서 고무와 같은 패킹작용을 한다.
 잘 설계된 자성유체축실(Seal)은 1단계에서 약 1기압의 압력차에 견디는 것이 가능하며, 진공이 새지 않는다. 자화가 큰 금속자성유체를 얻으려면, 진공뿐만 아니라 고압부로의 회전축도입도 가능하다. 또한 절연성의 자성유체를 유전체로써 생각하면, 자계로부터 동작하는 광셔터(Shutter)와 빛에 의한 자계센서 등, 새로운 자기광학소자에도 응용할 수 있다. 현재 고려되고 있는 응용은 자성유체의 극히 일부의 특성을 이용한 것이 있지만, 앞으로 고려해야 할 많은 응용분야가 있는 것으로 생각된다.

2.9.5 하이브리드(hybrid state)

지금까지 기술한 바와 같이, 자성유체는 금속의 원자집단과 유기분자와를 의도적으로 결합시켜 유도한 금속이든 유기물이든 사용되고 있는 인공물질이다. 이와 같은 분자적 복합화로부터, 본래의 금속과 유기물에는 없는 새로운 물성이 나타나는 이유이다.

금속재료, 무기재료(세라믹), 및 유기재료는 재료의 3대요소이며, 이제까지 이들 독립된 소재를 적재적소에 편성하여 이용하였다. 이들 3가지의 기본적인 소재를 종래형 컴포넌트 소재라 한다.

한편 자성유체에서 예를 들면 이질의 금속, 무기재료, 유기재료를 원자·분자 레벨에서 결합시켜, 종래의 소재로는 달성하기 어려운 신기능성을 가진 재료를 하이브리드 재료로 부르고 있다. 즉, 하이브리드 재료는 이물질의 인위적인 원자, 분자복합체이며, 본래의 물질로부터 새롭게 생성되어 변화된 고도의 인공물질이다. 이와 같이 원자분자의 집합상태를 제어하여 요구하는 하이브리드 재료를 설계하고, 합성해 가는 것은 앞으로 재료과학이 발전해야 할 방향의 한 가지이다.

2.10 발광소자용 재료

현재 발광소자는 장치와 인간과의 접점에 있는 각종의 디스플레이(Display), 또는 레이저디스크, 광통신 등의 정보처리, 전송시스템의 광원 및 재료의 계측, 가공시스템의 광원 등 넓은 분야에서 이용되고 있다. 이들의 발광소자에 이용되고 있는 재료는 기체, 액체, 고체와 물질 전체의 형태에까지 미치고 있지만, 여기서는 순고체식의 반도체를 이용한 발광소자에 한하여, 그 중에서도 특히 발전이 눈부신 주입발광을 이용한 가시광 발광다이오드와, 반도체 레이저 다이오드에 대하여 신재료라는 관점으로부터 그들의 현상과 미래전망에 대하여 기술한다.

즉, 반도체를 이용한 발광소자에는 이 외에 일렉트로루미네선스패널이 있으며, 평면형 디스플레이로써 주목을 받고 있다.

2.10.1 주입발광

반도체 중에서의 전류의 담당자, 즉 캐리어는 ⊖전하를 가진 자유전자와 ⊕전하를 가진 자유정공(正孔)의 2종류가 있다. 자유전자는 전계를 증가시킨 경우 자유롭게 운동하는 전자이며, 자유정공(正孔)은 전자에서 생기며 바다에서 생긴 기포와 같은 존재로, 이것도 결국 전계를 증가시키는 것에 의하여 자유롭게 이동한다.

반도체 중에는 양쪽의 캐리어가 존재하지만 보통 한쪽의 캐리어 쪽이 압도적으로 수가 많고 이것을 다수 캐리어라고 하고, 작은 쪽의 캐리어를 소수 캐리어라 한다. 전자가 다수 캐리어로 되어 있는 반도체를 n형 반도체, 정공(正孔)이 다수 캐리어로 되어 있는 반도체를 p형 반도체라 하고, 반도체 중의 불순물의 종류, 또는 반도체 조성의 약간의 차이로부터 n형으로 되거나 p형으로 된다. 동일한 반도체재료 중에, 불순물의 확산 등에 의하여 어떤 면을 경계로 하여 n형 영역과 P형 영역을 만든 경우, 이것을 p-n접합이라 한다.

반도체의 p-n 접합에 순서 방향, 즉 P측에 ⊕전압을 증가시킨 경우의 모식도를 그림 2-40에 나타내었다. 이때 n영역으로부터 P영역으로 접합을 가로질러 전자가 유입되고, P영역으로부터 n영역으로 정공(正孔)이 유입된다. 이것을 소수 캐리어의 주입이라 한다.

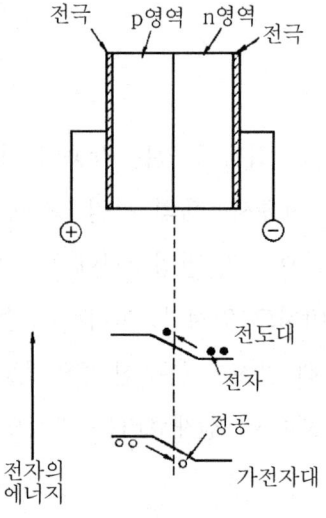

그림 2-40 p-n 접합에 있어서 주입발광의 원리도

이와 같이 하여 주입된 전자 및 정공(正孔)은, 유입된 영역에서는 각각 열평형상태에 있어서 여러 개 이상으로 존재하는 여분의 소수 캐리어에 있는 것으로, 반대 전하를 가진 다수 캐리어와 재결합하여 소멸되고 평형상태로 되돌아간다. 어떤 재료의 반도체에서는 이 재결합시에, 천이에 상당하는 에너지가 빛으로 방출된다. 이것을 주입발광이라 한다.

반도체 내의 전자의 에너지를 표현하기 위해서는 보통, 횡축에 전자의 파동벡터 k, 종축에 전자의 에너지를 취한 띠구조모형이 사용된다.

띠구조는 그림 2-41에 나타낸 바와 같이, 직접천이형과 간접천이형의 2종류로 분류할 수 있다. 즉, 전도대의 아래 또는 가전자대의 정상이 동시에 같은 k로 존재하는 경우를 직접천이형, 이들이 다른 k로 존재하는 경우를 간접천이형이라 한다. 즉, 전도대의 아래와 가전자대정상과의 에너지차이를 에너지 갭(gap)이라 한다.

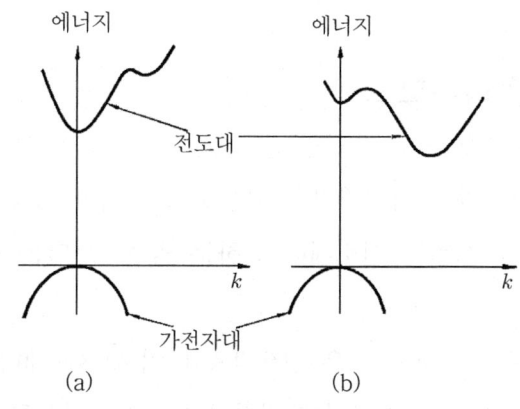

그림 2-41 반도체의 띠구조 (a) 직접천이형, (b) 간접천이형

재결합발광에는, 자연재결합발광과 유도재결합발광의 2가지의 양식이 있다. 즉, 전술한 여분은 소수 캐리어와 함께 자격(刺激)을 받지 않고 각각에 독립으로 재결합하여 빛을 방출할 때, 이것을 자연재결합발광이라 한다. 또한 어떤 방법으로 반도체 중에 빛이 발생된 경우 이 빛의 자격(刺激)을 받아 전자정공(正孔)이 재결합하고, 본래의 빛과 같은 파장, 운반방향, 위상을 가진 빛이 발생되지만 이것을 유도재결합발광이라 한다.

자연재결합발광을 목적으로 만든 p-n접합소자가 발광다이오드이며, 빛은 보통 모든 방향으로 방사된다. 한편, 다이오드의 접합면에 수직한 양단에 반사면을 설치하여 광공진기를 구성하고, 이것에 충분한 양의 캐리어 주입을 행하여 유도재결합발광을 행하는 것이 반도체 레이저 다이오드이며, 빛은 접합면에 평행, 반사면에 수직한 방향으로 방사된다. 이 경우의 반사면으로써는 보통, 다이오드를 구성하는 결정의 벽개면이 사용된다.

발광다이오드 및 반도체 레이저 다이오드 어느 것의 경우에도 전자정공(正孔)의 재결합에 의하여 에너지 갭(gap)의 크기에 대응한 파장의 빛이 방사되지만, 이 재결합의 확률을 높이기 위해서는 직접천이형의 띠구조를 가진 재료를 선택하는 것이 필요하다. 그러나 발광다이오드에 대하여는 적당한 에너지차이를 가진 직접천이형 재료를 얻을 수 없는 경우에는, 간접천이형의 재료에 대해 발광재결합의 확률을 증가시키도록 불순물을 도입하는 것을 행한다. 또한 캐리어를 주입하기 위해 p-n접합의 이외에 금속-절연막-반도체의 소위 MIS 구조, 또는 다른 반도체의 접합인 이형접합을 이용하는 경우도 있다.

반도체 레이저 다이오드에 대하여는 p-n접합보다도, 오히려 이형접합에 의한 주입발광을 행하는 경우가 많다.

2.10.2 가시광발광 다이오드

적, 황, 및 녹색에서 반사하는 가시광발광 다이오드는 이미 각종의 디스플레이에 널리 실용화되고 있으며, 이들의 재료는 신소재라고 하는 범주로부터는 벗어나는 것으로 여기서는 언급하지 않는다.

이것에 대하여 이것들보다 파장이 짧은 청색발광 다이오드에 대하여는, 현재 충분히 실용화되어 있다고는 말할 수 없다. 1981년에 질화갈륨(GaN), 탄화규소(SiC)를 이용한 청색발광 다이오드가 상품화되었지만, 다른 색에 비교하여 효율은 오히려 낮고, 재료면에서 더욱더 비약이 기대되고 있다.

청색발광다이오드용 재료로써는 에너지 차이가 약 2.6eV 이상의 반도체에 한정된다. 이 조건을 만족하는 재료는 그다지 많지는 않지만, 앞서 이야기한 질화갈륨(GaN), 탄화규소(SiC) 외에 II-VI족 화합물반도체에 있는 유화아연(ZnS), 셀렌화아연(ZnSe)도 유력한 후보이다. 이들 4종류의 재료의 범위 내에 주입효율이 좋은 p-n접합을 비교적 간단하게 만든 것은 탄화규소(SiC)뿐이지만, 유감스럽게도 특히 이 재료는 간접천이형의 띠구조를 갖기 때문에 발광의 효율은 낮다. 다른 3종류의 재료는 모두 직접천이형의 띠구조를 갖는다.

이들은 모두 p-n접합을 만드는 것은 곤란하지만, 최근 셀렌화아연의 p-n접합이 증기압 제어온도차법을 이용하여 제작하였다. 이 결과는 잔류불순물의 양을 극히 적게 한 고순도의 재료에 있어서는, 화학량론적조성의 제어로부터 전도형을 제어할 수 있는 것을 나타내며, 고효율청색발광 다이오드 개발을 위해 한 가지의 지침을 주고 있다.

2.10.3 반도체 레이저 다이오드

현재 파장이 약 $0.7\mu m$로부터 약 $2\mu m$까지의 근적외광영역에서, 상온에 있어서 연속발진하는 반도체 레이저 다이오드가 각종의 Ⅲ-Ⅳ족 화합물반도체로부터 제작되고 있다. 이들은 레이저 디스크용 광원 또는 석영 글라스파이버를 이용한 광통신용 광원으로 하여금 이미 실용화되고 있으며, 재료면의 문제점은 거의 해결되고 있다. 이것에 대하여 이 영역을 벗어난 파장, 즉 $0.7\mu m$보다 단파장의 가시광영역, 또한 $2\mu m$보다 장파장의 적외광영역에서 상온에서 발진하는 반도체 레이저 다이오드의 개발은 지연되고 있으며, 신재료의 개발에 기대하는 경우가 크다. 이하에서는 이들 2가지의 파장영역에 있어서 반도체 레이저 다이오드 개발의 현상과, 미래전망에 대하여 설명하고자 한다.

1) 가시광반도체 레이저 다이오드

레이저디스크 또는 레이저프린터 등의 광원으로 하여금, 반도체 레이저 다이오드의 발진파장의 가시광화에 관한 요구가 강하다. 당면의 목표는 파장 $0.6\mu m$ 띠이지만, 보다 단파장에서 발진하는 고출력의 반도체 레이저 다이오드가 개발되면, 이제까지 각종의 기체 레이저가 이룩한 역할이 많지만 기체 레이저와 비교하여 초소형의 반도체 레이저 다이오드에 따라서 설치 교체될 것이다. 현재까지 연구가 행하여지고 있는 가시광반도체 레이저 다이오드의 성능을, 그림 2-42에 나타내었다.

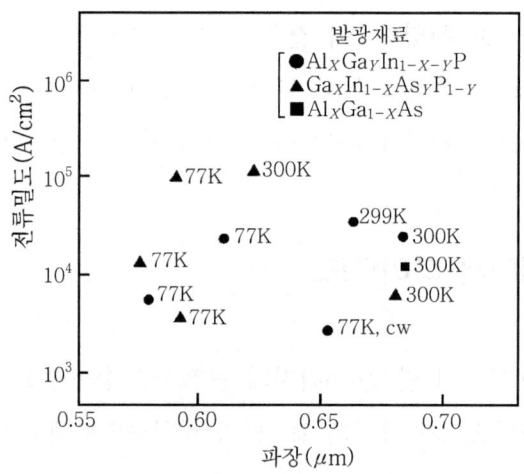

그림 2-42 가시광반도체 레이저 다이오드의 특성

상온(300K) 펄스발진의 최단파장의 보고 예는, 갈륨·인듐·인·비소(Ga·In·P·As)를 발광용 재료로 한 $0.62\mu m$(적색)이며, 그 외 알루미늄·갈륨·비소(AlGaAs) 및 알루미늄·갈륨·인듐·인(Al·Ga·In·P)을 대상으로 한 연구도 행해지고 있다. 그러나 어느 것의 재료에 대해서도 현재 얻을 수 있는 결정의 질은 나쁘며, 고효율의 발광을 얻기 위해서는, 향후 MBE(분자선 Epitaxy 결정성장법) 또는 MOCVD(유기금속 기상성장법) 등의, 새로운 결정성장기술을 구사해갈 필요가 있다.

한편, 알루미늄·갈륨·비소(Al·Ga·As) 및 갈륨·비소(Ga·As)의 두께 약 100Å 정도의 극박막을 교대로 다층적층시켜, 소위 초격자구조를 발광재료로 하는 것에 의하여, 파장 $0.651\mu m$로 상온 펄스 발진하는 반도체 레이저 다이오드도 최근 시험 제작되고 있다. 이와 같은 초격자구조의 채용에 의한 단파장화의 시험도 유망한 방법이 될 것이다.

이상 기술한 바와 같이 재료에는 파장 $0.56\mu m$ 정도까지의 단파장화가 가능한 것으로 생각되고 있지만, 더욱더 발진파장을 단파장화하여, 황 또는 녹색 등으로 반사하는 반도체 레이저 다이오드를 제작하기 위해서는, 질화갈륨(GaN), 각종의 Ⅱ-Ⅵ족 화합물반도체, 또는 칼코파이라이트형의 3원화합물 반도체 등의, 에너지 차이가 큰 재료에 의지하지 않을 수 없다. 그러나 이들의 재료에는 현재까지도 주입발광에 필요한 전도형(P형 또는 n형)의 제어조차도 곤란한 것이 대부분으로, 앞으로 실질적인 연구가 더욱더 필요할 것이다.

2) 중적외광 반도체 레이저 다이오드

파장 2μm 이상의 적외광영역에서 발진하는 반도체 레이저 다이오드에 관해서는, 아직 상온동작은 달성되고 있지 않다. 이 파장영역에서 발진하는 반도체 레이저 다이오드의 최고동작온도는, 납칼코게나이드 화합물반도체의 일종인 납·유로퓸·셀렌·텔루륨(Pb·Eu·Se·Te)으로 제작한 다이오드에 의하여 270K(펄스발진)이다. 이때의 발진파장은 3.9μm이다. 그러나 파장 약 4μm 이상에서 발진하는 반도체 레이저 다이오드의 용도는 초고분해능분광 또는 오염기체검출 등에 한정된 분야뿐이며, 이들의 용도를 위해서는 액체질소온도(77K)로 발진하면 충분하다.

한편 파장 2~4μm의 중적외영역에서는 차세대의 초장거리광통신시스템의 광원으로써, 상온에서 동작하는 반도체 레이저 다이오드의 개발이 필요하다. 즉, 현재의 광통신시스템에는 전송로매체로써 석영계 글라스파이버가, 또한 광원으로써 앞서 이야기한 근적외광영역에서 발진하는 반도체 레이저 다이오드가 사용되고 있다.

이들의 파이버 및 다이오드와 함께 이미 재료적으로 완성의 영역에 접근해 가고 있으며, 이 시스템에 있어서 무중단간격은 기껏해야 100km로 생각되고 있다. 석영계 글라스파이버의 광투과손실의 극소값은 파장 1.55μm이지만, 최근 더욱 장파장측으로 투과영역을 가진 새로운 파이버에 관한 연구가 활발하게 되었다. 이들의 파이버의 손실스펙트로의 이론값을 그림 2-43에 나타내었다.

그림에는 비교를 위해, 종래의 석영계 글라스파이버의 손실스펙트로도 동시에 나타내었다. 이 그림으로부터 명확하게, 어떤 재료의 금속불화물 글라스파이버에 있어서는, 광손실의 극소가 약 10^{-3}dB/km(빛이 1km 나아가는 사이에 0.02%밖에 감소되지 않는다)로, 석영계 글라스파이버에 비교하여 2항 이상 작다.

이것은 이 새로운 파이버를 광통신시스템의 운송로매체로 하여 사용하면, 석영계 글라스파이버를 이용한 현재의 광통신시스템보다, 무중단간격을 10,000km 이상으로 신장하는 것이 가능한 것으로, 대평양무중단횡단광통신이 가능한 것을 의미한다. 그러나 이 시스템을 실현하기 위해서는 광원으로 하여금, 이들의 파이버의 투과영역, 즉 파장 2~4μm의 중적외영역에서 상온에서 동작하는 반도체 레이저 다이오드의 개발이 필요하다.

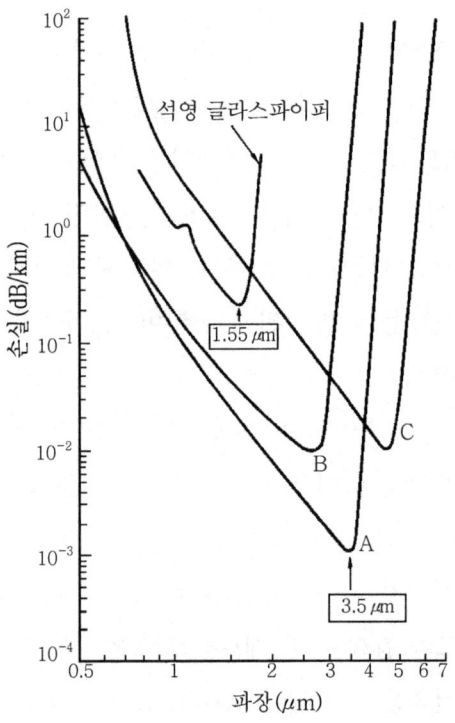

A. $BaF_2-GdF_4-ZrF_4$ 글라스파이버
B. $CaF_2-BaF_2-YF_3 \cdot AlF_4$ 글라스파이버
C. GeS_3 글라스파이버

그림 2-43 재료의 글라스파이버의 손실스펙트로

    상온동작이 필요한 이유는, 다이오드와 파이버의 접속을 용이하게 행하도록 하기 위한 따위의 실용적인 관점으로부터이지만, 근적외광반도체 레이저 다이오드의 상온동작의 달성이, 현재의 광통신시스템의 실용화에 이룩한 큰 역할을 생각하면 명확할 것이다.

    중적외광영역에서 발진하는 반도체 레이저 다이오드용 재료로써는, 우선 근적외광영역 반도체 레이저 다이오드의 개발이며, 많은 기술적인 축적이 있는 각종의 Ⅲ-Ⅴ족 화합물 반도체가 후보로 생각된다. 그러나 이들 재료에서는 레이저의 발진에 장해가 되는 큰 밴드간 오제효과, 또는 레이저 발진에 필요한 빛을 도중에 넣는 것이 불가능한 것 등 물질 본래의 성질 때문에 상온동작이 곤란하다.

    그 외의 재료로써는 납칼코파이라이트 화합물반도체의 일종인 황화납(PbS)이 생각되지만, 이 재료에서는 종래 p-n 접합에 의한 레이저 다이오드만 제작되지 않고, 동작온도도 낮고 기껏해야 60K에서 연속발진, 미세가공을 실시한 구조에서도 120K 펄스발진이 이룩된 것에 지나지 않는다. 그러나 납칼코파이라이트 화합물반도체에서는 위에서 언급한 Ⅲ-Ⅴ족화합물반도체에서 문제가 된 밴드간 오제효과가 적다는 예측도 있으며, 상온동작을 위해서는 적합한 재료라고 생각된다.

레이저 다이오드의 동작온도를 상승시키기 위해서는, 일반적으로 그림 2-44에 나타낸 더블헤테로(이중이종)접합이 이용된다. 이 구조는 주입된 캐리어로 발생시킨 빛을, 활성층이라 부르는 발광영역에 효율적으로 도중에 들어가기 위해서 필요하다. 이들의 도중에 들어가는 것이 유효하게 되기 위해서는, 활성층으로 도중에 들어가는 층 재료의 물리상수 사이에서 표 2-14에 나타낸 3가지의 조건이 성립될 필요가 있다.

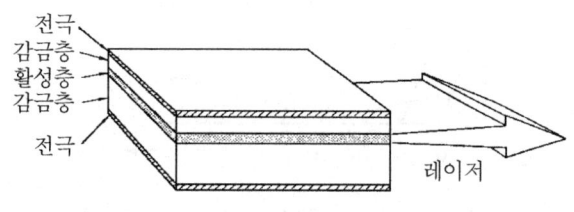

그림 2-44 이중이형접합 레이저 다이오드

표 2.14 이중이형접합 레이저 다이오드에 필요한 조건

	활성층 개입층
격자상수	=
에너지갭(gap)	<
굴절율	>

도중에 들어가는 층재료는 나타나기 시작하지 않았기 때문에 종래 황화납(PbS)을 활성층으로한 경우, 이와 같은 조건을 만족시켜 이중이형접합을 제작하는 것은 불가능하였다. 그러나 납·카드뮴·황·셀렌(Pb·Cd·S·Se) 및 납·망간·황·셀렌(Pb·Mn·S·Se)이라는 4원계의 신소재를 개발하는 것으로부터 이 문제를 해결하였다.

납·카드뮴·황·셀렌(Pb·Cd·S·Se)에 대하여 실험적으로 구한 격자상수 및 직접천이형의 에너지 차이의 조성의존성을 그림 2-45에, 또한 굴절율의 조성의존성을 그림 2-46에 나타내었다. 이들의 데이터는 납·망간·황·셀렌(Pb·Mn·S·Se)에 대하여도 구하였다. 이들의 그림으로부터 황화납(PbS)을 활성층으로 한 경우, 앞서 이야기한 3가지의 조건을 만족하도록 도중에 넣는 층으로 하여 납·카드뮴·황·셀렌(Pb·Cd·S·Se), 또는 납·망간·황·셀렌(Pb·Mn·S·Se)의 조성을 결정하는 것이 가능하다.

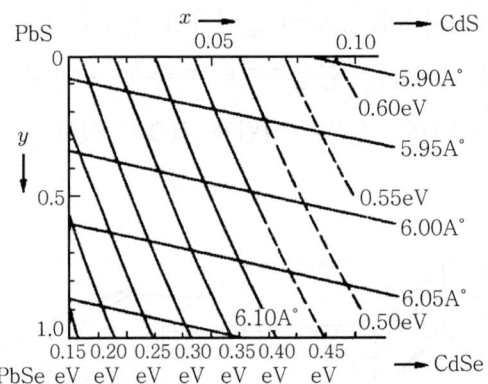

그림 2-45 $Pb_{1-x}Cd_xS_{1-y}Se_y$의 등격자상수 및 등에너지차 곡선. 격자상수는 상온, 에너지차는 15k에 대한 값

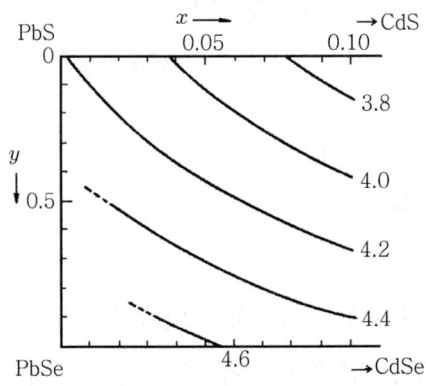

그림 2-46 $Pb_{1-x}Cd_xS_{1-y}Se_y$의 상온에 대한 등굴절률곡선(측정파장 3.07μm)

이들의 결과에 기인하여, MBE에 의하여 황화납(PbS)을 활성층으로 하는 이중 이형접합을 제작하였다. 이 구조에 의하여 현재까지, 종래의 p-n접합 레이저 다이오드의 최고동작온도를 대폭으로 상회하는 200K에서 펄스발진이 관측되고 있다. 활성층을 초격자로 한 구조의 레이저 다이오드도 이미 제작에 성공하여 동작온도는 상온으로 향하여 더욱더 상승되리라 기대된다.

가시광 발광다이오드 가시 및 중적외광반도체 레이저 다이오드에 관해, 신소재라고 하는 관점에서 기술하였다. 어느 것도 앞으로 실질적인 연구가 더욱더 필요하지만 가시광 발광다이오드 또는 반도체 레이저 다이오드에 관해서는, 본문 중에 기술한 정통적인 접근 외에, p-n접합에 필적하는 고효율의 여기 방법이 존재하지 않는다고 할 수 없는 것으로, 종래의 상식에 구애되지 않는 은밀한 접근까지도 고려한 방법이 좋은지 알 수 없다.

2.11 형상기억합금

어떤 재료에 외력을 가하여 어떤 형상으로 소성변형시킨 후 이것을 어떤 온도 이상으로 가열하면 변형 전의 형상을 기억하고, 온도변화에 따라서 본래의 형상을 회복한다고 하는 형상기억효과(일방향 형상기억효과)는, 새로운 기능재료로써 최근에 각광을 받았다. 그러나, 과거 수십 년간에 걸친 활발한 연구로 실용화되고 있는 것은 1963년에 발견된 최초의 "형상기억합금"(shape memory alloy)이라고 하는 이름을 붙이게 된 TiNi 합금(상품명: 니티놀)과, 1970년대의 후반에 벨기에의 Delaey 등이 개발한 Cu-Zn-Al 합금, Cu-Al-Ni 합금, Fe-Mn-Si 합금 등도 많은 연구가 진전되어 점차 실용화되고 있다.

여기서는 우선 형상기억합금의 기구에 대하여 설명하고, 변형특성에 가장 중요한 영향을 미치는 계면의 특성과 변형기구에 대하여 미시적인 연구결과를 기술한다. 더욱 더 피로특성을 지배하는 인자로 생각되는 열사이클 후의 전위구조에 대하여 기술하고, 끝으로 새로운 연구의 방향으로써 최근 강의 형상기억효과에 대하여 기술한다.

2.11.1 형상기억효과의 기구

1) 마르텐사이트 변태

원자의 확산을 동반하지 않으면서 고체의 결정구조가 바뀌는 현상을 마르텐사이트 변태라 한다. 형상기억효과를 나타내는 합금은 마르텐사이트 변태 시 거시적 전단변형을 동반한다. 이 거시적 전단변형을 형상변화라 한다. 따라서 합금표면을 모상상태에서 평면으로 연마해 놓고 냉각하면 마르텐사이트가 생성된 곳에는 표면기복이 관찰된다. 전단변형 후에 변형이나 회전이 일어나지 않는 불변면, 즉 미변태의 모상과 마르텐사이트와의 계면을 해빗면이라 부른다. 결정구조가 다른 두 개의 상이 명확한 계면을 경계로 하여 공존하기 때문에 마르텐사이트 변태는 전형적인 일차 변태이다. 마르텐사이트 내에는 쌍정결함, 적층결함, 또는 전위 등의 격자결함이 단독 또는 복합적으로 무수히 많이 존재한다. 이들 격자결함은 거시적으로 무변형, 무회전의 해빗면을 존재시키기 위해 마르텐사이트 내에 필연적으로 도입된 것으로, 이들을 마르텐사이트의 내부결함이라 부른다. 마르텐사이트 변태는 합금의 원자간 거리의 1/10 정도의 원자변위를 동반하면서 일어나기 때문에, 모상과 마르텐사이트의 결정격자점 사이에는 1대1의 대응관계가 존재한다. 이 대응관계를 "격자대응"이라고 한다. 또한 모상의 어떤 결정면 및 어떤 방향과 마르텐사이트의 대응면 및 대응방향 사이에는 각각 일정한 각도관계가 존재한다. 이 관계를 "결정학적 방위관계"라 부른다. 냉각 및 과열과정에서 각각 일어나는 마르텐사이트 변태를 특히 정변태 및 역변태라 부른다. 냉각과정에서 정변태가 개시하는 온도를 M_s, 종료하는 온도를 M_f라 부르며, 가열과정에서 역변태가 개시하는 온도를 A_s, 종료하는 온도를 A_f라 한다.

2) 열탄성 및 비열탄성 마르텐사이트 변태

마르텐사이트 변태에 있어 정변태온도와 역변태온도의 차이와 마르텐사이트 성장방식의 차이에 따라 일반적으로 마르텐사이트 변태가 두 종류로 구분된다. 보통 우리들이 잘 아는 강의 마르텐사이트 변태에서는 A_s와 M_s의 차이가 약 200~300℃ 정도로 크고, 냉각시 각 마르텐사이트 결정은 순간적(10^{-7}초 정도)으로 최종 크기까지 성장해 버린다. 일단 생성된 마르텐사이트 결정은 다시 온도가 내려가더라도 그 이상 성장하지 않으며, 각 냉각되는 온도에서 새로운 마르텐사이트 결정의 핵이 생성·성장한다.

또한, 역변태의 경우에는 모상의 핵이 마르텐사이트 결정내부에서 생성한다. 즉, 대부분의 합금에서는 모상/마르텐사이트상 계면은 마르텐사이트 성장의 어느 단계에서는 정합성을 상실한다고 믿고 있다. 한편, 형상기억합금에서는 As와 Ms의 차이가 일반적으로 15~30℃ 정도로 작고, 일단 생성된 마르텐사이트는 온도의 저하와 더불어 다시 성장하며, 온도가 상승하면 수축한다. 따라서 이러한 합금에서는 두 상의 계면은 변태의 모든 단계에서 정합성을 유지한다고 믿고 있다. 이러한 두 종류의 변태를 각각 비열탄성형 마르텐사이트 변태 및 열탄성형 마르텐사이트 변태라 부른다. 어떤 온도에서의 열탄성 마르텐사이트 결정크기는, 체적변화에 동반된 화학적 자유에너지 감소량과 탄성에너지 증가량의 합으로 되는 계의 자유에너지 변화의 극소치에 대응한다. 이때 마르텐사이트는 열탄성적 평형상태에 있다고 한다. 이것이 열탄성 마르텐사이트 변태라는 용어를 사용한 유래가 된다.

3) 응력유기 마르텐사이트 변태

마르텐사이트는 거시적으로 보면 합금의 전단변형에 의해 생성되므로, 마르텐사이트 변태는, 외부응력에 의한 슬립변형이나 쌍정변형과 같이, 합금의 한 변형양식이라 볼 수 있다. 따라서 어떤 해빗면을 갖는 마르텐사이트가 생성하는데 요하는 임계분해 전단응력이 합금의 슬립변형이나 쌍정변형에 요하는 전단응력보다 작을 것 같으면, Ms 온도 이상에서도 외부응력에 의해 마르텐사이트 변태가 일어난다. 환언하면 외부응력(일방향 인장응력 또는 압축응력)에 의해 마르텐사이트 변태온도가 상승한다.

형상기억효과를 나타내는 합금은, 필히 마르텐사이트 변태(확산을 수반하지 않는 상변태)를 한다. 역으로 마르텐사이트 변태하는 합금은 전부 형상기억효과를 나타내는 것은 아니다.

변태의 결정학적 가역성을 갖는 열탄성 마르텐사이트 변태를 일으키는 합금에서만 일반적으로 형상기억효과가 잘 나타난다. 그 이유는 형상회복이 완전히 일어나기 위해서는 가열시 마르텐사이트로부터 완전한 모상결정구조로 변태됨은 물론 원래의 결정방위를 갖는 모상으로 복원되어야 하는데 열탄성 마르텐사이트 변태는 이러한 결정학적 가역성을 가지고 있기 때문이다. 비열탄성 마르텐사이트 변태의 경우는 마르텐사이트로부터 반드시 원래의 결정방위의 모상으로 되돌아가지 않으므로 변태의 가역성이 불완전하다. 따라서 이

런 변태를 일으키는 합금에서는 형상회복이 일반적으로 불완전하게 일어난다.

최근의 연구에 의하면 마르텐사이트 결정의 형태가 완전한 판상이며, 상경계가 가역적으로 이동된 상태로 되면, 형상기억효과를 나타내는 것이 판명되었다. 요약하면, 시료의 형상변형이 영구변형인 소성변형에 의하지 않으면 어떤 모양의 형에서 마르텐사이트 변태에 수반하여 발생하는 변형을 이용하면, 승온으로부터 역변태(마르텐사이트상으로 부터 모상으로의 변태)한 것도 어떤 형을 회복하는 것이 가능하다. 그 변형 형태로써는 ① 응력유기 마르텐사이트 변태에 의한 변형, ② 마르텐사이트상 내의 결정경계의 이동에 의한 변형 ③ 마르텐사이트 자신의 결정구조의 변화에 의한 변형의 3종류이다.

변형형태 Ⅰ은, 마르텐사이트 변태개시온도(Ms점) 이상의 온도에서 외력에 따라서 마르텐사이트가 생겨 변형이 진행된다. 마르텐사이트가 형성되면 형상변화가 생기지만 이것을 형상변형(shape deformation)이라 부르고, 정벽면에 따르는 전단변형(shear)과 이 면에 수직한 방향의 신장변형으로 구분된다.

후자의 신장변형은 0~0.05로 작지만 전단변형은 0.2~0.25로 상당히 크며, 이와 같은 마르텐사이트를 그림 2-47(a)에 나타낸 바와 같이, 외부응력에 따라 성장하면 시료의 변형이 소성변형 없이 행하여진다.

변형형태 Ⅱ는 Ms점 이하의 변형에서 모상 1개의 결정방위로부터, 냉각에 따라서 생긴 수종의 서로 방위가 다른 마르텐사이트(이것을 형제정이라 부른다)가, 외부응력에 따라서 생긴 1개의 형제정만이 성장하는 현상이다.

마르텐사이트 형제정은 일반적으로 24개가 존재한다. 개개의 마르텐사이트 결정이 생성할 때 형상변화가 동반되므로 합금의 국소적 위치에서 요철이 형성되지만, 전체적으로는 변태전후에 형상이 변화하지 않는다. 이것은 적당한 마르텐사이트 형제정이 몇 개씩 인접해서 생성되어 서로 형상변화를 상쇄하기 때문이다. 이러한 마르텐사이트 생성방식은 자기조정이라 한다. 만약 외부응력 또는 내부응력에 의해 특정방위의 마르텐사이트 형제정이 우선적으로 생성된다면 합금 전체로써 거시적 형상변화가 나타나게 될 것이다.

그림 (b)에 이 변형 형태를 나타내지만, 간단히 하기 위해서 2가지 형제정의 경우를 묘사하고 있다. 냉각한 상태의 시료에서는 이들 2가지의 형제정은 그림과 같이 전단변형을 서로 제거하여 합쳐지며, 전체로써 변형이 없는 상태로 되어 있다.

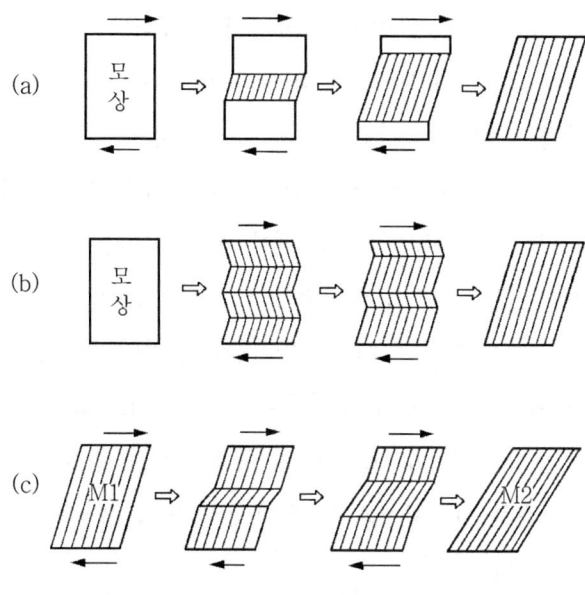

그림 2-47 형상기억합금의 변형형태

(a) 응력유기 마르텐사이트 변태에 의한 변형, (b) 마르텐사이트상 내의 결정경계의 이동에 의한 변형, (c) 1개의 마르텐사이트(M1)으로부터 다른 결정구조를 가진 마르텐사이트(M2)로의 변태에 의한 변형. 그림 중, 사선을 그은 부분은 전부 마르텐사이트상이다.

응력을 가하면 이 가운데 1개가 성장하고, 균형이 무너져 전단변형이 발생한다. 그 변형에 따라서 시료가 변형된다. 변형형태 Ⅲ은 마르텐사이트의 결정구조가 응력에 따라서 더욱 더 다른 결정구조로 변하는 경우에, 그림 (c)에 나타낸 바와 같이, 변형형태 Ⅰ과 Ⅱ의 최종상태로부터 출발하는 변형이다. 이것은 주로 마르텐사이트의 결정구조가 조밀구조로, 구조의 변화가 조밀면에 적층되는 순서의 변화에 따라서 행하여질 때에 일어난다.

즉, Ⅱ 및 Ⅲ의 변형형태를 나타내는 합금은, 그 마르텐사이트가 2H, 3R 또는 9R의 조밀적층구조를 가진 것이 대부분이다. 이들은 각각 AB(2H), ABC(3R) 및 ABC/BCA/CAB(9R)의 적층순서를 가진 것으로, 2H는 hcp, 3R은 fcc로 9R은 양자의 중간적인 구조이다.

이상 기술한 변형형태 Ⅰ, Ⅱ, Ⅲ은 어느 것도 소성변형을 포함하고, 가열에 따라서 또는 외부응력의 제거에 따라서 그림 2-47에 나타낸 과정의 역순서로 본래 모상의 상태로 되돌아간다. 즉 시료의 형상이 복원된다. 가열만에 의한 형상회복을 형상기억효과, 하중제거만에 의한 경우를 초탄성 또는 의탄성이라 부르고 있다. 후자의 예를 그림 2-48에 나타내었지만, 실제로 최대 14% 정도의 변형도 회복이 가능하다(그림 2-48에서 $\beta_1 \to \beta_1'$는 변형형태 I, $\beta_1' \to \alpha_1'$는 변형형태 III에 의한 변형이다).

완전한 형상기억효과를 나타내는 것으로써는 비철합금이 압도적으로 많고, 예로 Au-Cd, Cu-Al-Ni, Cu-Au-Zn, Cu-Zn, Cu-Zn-Al 등의 귀금속기의 합금으로, 고온에서 bcc로 저온에서는 2H, 3R, 9R 등의 조밀구조로 변태한다. 이들은 소위 3/2 전자화합물이며, 모상(bcc)를 고온으로부터 급냉하면 냉각도중에 B2 또는 DO_3 형의 규칙격자로 된다. 이것이 더욱 더 마르텐사이트로 변태할 때에 규칙격자도 이어받으며, 마르텐사이트도 규칙격자를 얻는다. TiNi, NiAl 등도 역시 규칙격자로 되어 있다. 그 때문에 종래는 완전한 형상기억효과를 나타내는 필요조건으로써, 합금이 규칙격자를 형성하지 않을 수 없게 되었다. 그러나 그와 같은 조건은, Ti-Mo-Al과 철합금의 형상기억효과의 최근의 연구로부터 불필요한 것이 판명되고 있다.

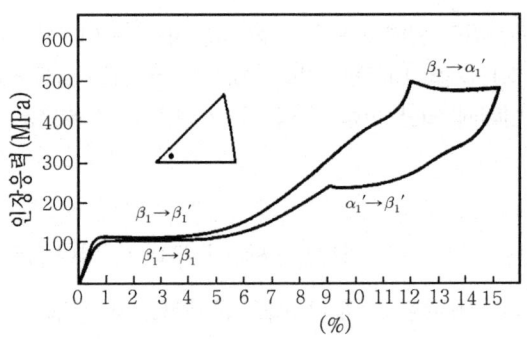

그림 2-48 Cu-27.6 Al-3.8 Ni(at%) 합금단결정의 응력-변형곡선. β_1은 모상으로 bcc, β_1' 및 α_1'는 마르텐사이트로 각각 9R 및 3R이다(단, 규칙격자는 무시한다). 그림에 삽입한 스테레오 3각형 내의 점의 방위를 가진 단결정을 인장한 것.

2.11.2 형상기억합금의 미시적 특성

종래 형상기억합금의 연구는 인장시험, 광학현미경관찰, X선회절 등의 거시적인 연구가 많으며, 전자현미경을 사용한 미세 연구는 적다. 더구나 전자현미경을 사용한 연구는, 결정구조의 결정이라든지 방위관계라든지 결정학을 설명하여 밝히는데 주안을 두었다. 형상기억효과의 기구를 보다 올바르게 이해하는 데는 결정학뿐만 아니라 결정경계의 구조, 변형기구, 전위구조 등에 대하여 미세 연구가 불가결하다. 본 항에서는 이것에 대하여 언급하고자 한다.

1) 결정경계의 구조

전 항에서 기술한 변형형태 Ⅰ 및 Ⅱ의 변형특성을 지배하는 것은, 마르텐사이트와 모상의 상경계의 이동도 및 마르텐사이트의 형제정간의 경계의 이동도이다. 계면의 이동도는 그 구조에 크게 의존하는 것으로 생각되며, 계면구조를 미세 스케일로 설명하여 밝히는 것이 중요하다. 그림 2-49는 Cu-33.4Zn-1.58Si(at%)의 마르텐사이트 결정의 격자상을 나타낸다. 격자상은 마르텐사이트의 9R 구조의 조밀면의 3배 주기에 대응하는 상으로, 그림 2-50의 빗금친 곳에 해당하는 것이다.

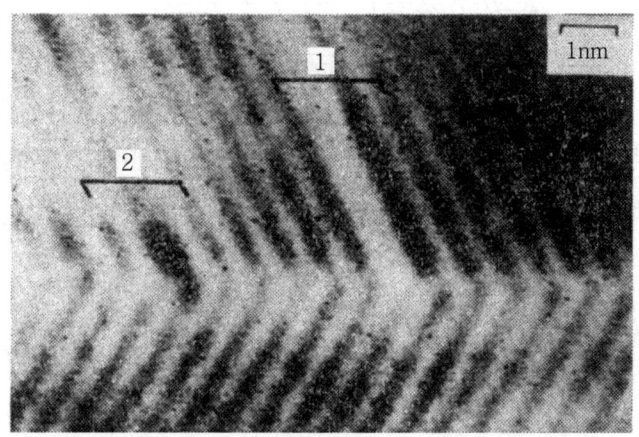

그림 2-49 Cu-33.4 Zn-1.58 Si(at%) 형상기억합금에 대한 결정경계의 격자상에 의한 관찰

(1) 마르텐사이트의 형제정간의 계면

중앙에 수평으로 보이는 경계는 형제정과 형제정과의 경계이다[그림 2-47 (b) 참조]. 이 경계는 마르텐사이트의 면지수에서 말하자면 $(11\bar{4})_{9R}$에서 모상의 $(110)_{bcc}$에 평행하며, 이 재료의 합금에 가장 많이 존재하는 경계이다. 그림 2-49의 1, 2의 장소에 크고, 흑 또는 백의 선상의 콘트라스트를 볼 수 있는 것은, 그 곳에서 9R 구조의 기본주기인 ABC/BCA/CAB의 적층되는 순서가 혼란해지고 있는 것을 의미하고 있다. 즉, 그 위치에 적층결함이

있다. 이와 같은 적층결함이 있으면 여분의 에너지가 필요하며, 계면의 이동에 방해가 된다. 즉 변형저항이 된다. 이와 같이 마르텐사이트가 9R 구조를 가진 합금에서도, 적층결함을 많이 함유한 합금(예로 Cu-Al, Cu-Sn)은, 마르텐사이트가 극히 경해서 변형이 어렵고, 형상기억합금으로써는 부적당하다.

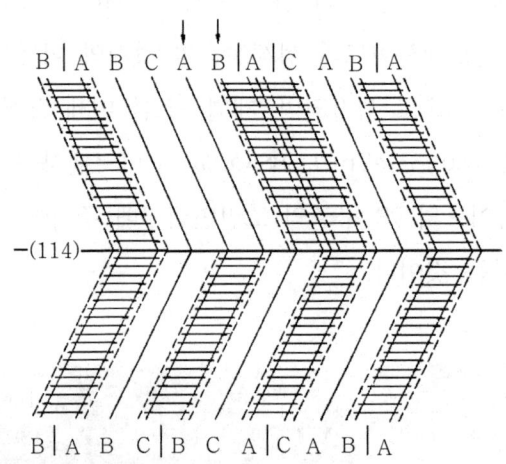

그림 2-50 그림 2-49의 "1"로 표시한 경우의 격자면 상태를 나타낸다. 화살표의 경우에 적층결함이다. 빗금 친 곳이 그림 2-49의 격자줄에 대응한다.

(2) 마르텐사이트와 모상의 계면

마르텐사이트 변태를 하는 합금의 고온상 및 저온상을 각각 모상 및 마르텐사이트라 부른다.

그림 2-51은 Cu-37.65 at% Zn의 모상(β_1, bcc)과 3R 마르텐사이트의 전자현미경 사진이다. 이것은 상온이하로 온도를 내리는 것으로부터 bcc → 3R 변태하고, 다시 상온까지 승온하는 것으로 역변태(3R → bcc)가 일어난 것이다. 중앙에 보이는 마르텐사이트는 잔류 마르텐사이트(3R)로, 상경계는 양측으로부터 후퇴한 것이다. bcc/3R 상경계면상에서 다수의 평행한 전위가 보인다. 이들 전위의 간격은 약 25mm로, 방향은 마르텐사이트 결정내의 변태쌍정의 면$(111)_{3R}$과 정벽면$(2\,12\,\overline{11})_{bcc}$의 교선의 방향에 일치하고 있다. 이들의 전위는, 상경계의 이동도에 영향을 미치는 것으로 생각된다.

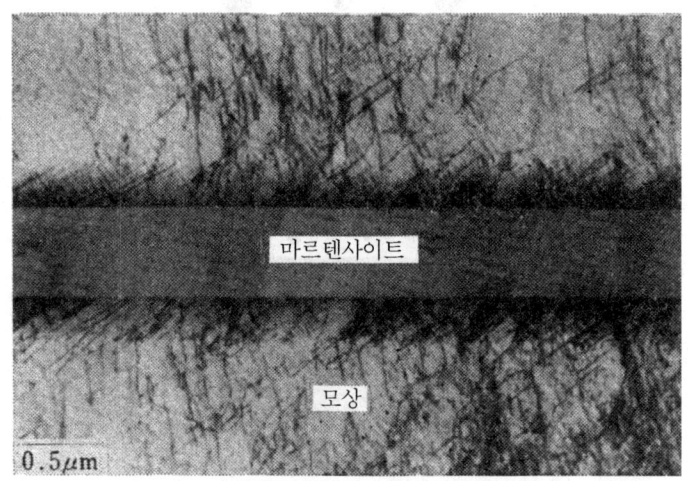

그림 2-51   Cu-37.65(at%)Zn 합금의 마르텐사이트와 역변태한 모상

2) 변형기구

형상기억합금은 전 항에서 기술한 바와 같이 3가지의 변형형태의 어느 것이든지, 또는 그들의 편성에 따라서 시료형상을 소성변형 없이 변화시키는 것이 가능하다. 이 가운데 상경계 및 마르텐사이트 형제정간의 계면 이동은 비교적 쉽게 이해할 수 있지만, 결정구조의 변화에 의한 변형은 결정구조의 변화 그것의 과정을 규명하는 것에 따라서, 비로소 그 기구를 알 수 있다. 실제로 나타나는 마르텐사이트의 결정구조의 변화는 주로 2H, 3R, 9R의 3가지의 조밀구조의 사이에 변화이며, 조밀면의 적층순서의 교환에 따라서 행하게 된다. 그것은 상당한 간격에 전단으로부터 적층결함을 도입하는 것 외에는 안 되지만, 최종적인 안정상에 도달할 때까지에 어떤 것과 같은 상태를 지닌다는 것은 극히 흥미깊은 문제이다. 여기서는 그것에 대하여 전자회절에 의한 연구결과를 기술한다.

그림 2-52는 전자현미경의 제한시야 전자회절법에 따라서 얻은 재료의 적층부정상태를 표시하는 회절상을 나타낸다. 시료는 Cu-24.0at% Al로 β상(bcc)으로부터 상온에 소입한 9R 마르텐사이트로 한 후 약 10% 압연한 것이다. 그림에 나타낸 (1)~(13)의 회절스펙트로는, 각각 다른 마르텐사이트 결정으로부터 얻은 것이다. 그림의 (3)은 9R, (1)은 2H, (13)은 3R에 가까운 스펙트로이며, 그 외는 이들의 구조간에 중간적인 몹시 혼란한 상태로 대응이 되어 있다.

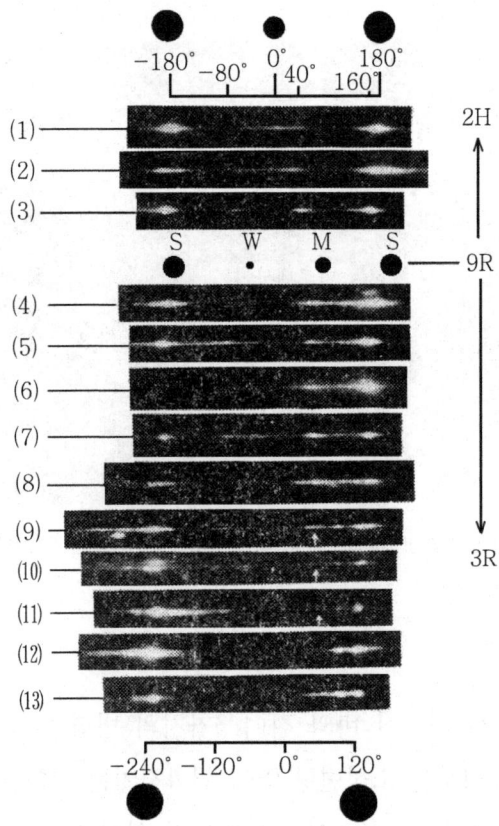

그림 2-52 Cu-24.0(at%) Al 합금의 마르텐사이트를 변형시킬 때에 나타나는 여러 가지 회절 스펙트로

여기서 회절스펙트로와는 역격자공간에서 적층면에 수직한 방향의 1주기의 회절강도분포의 것이며, 적층면에 적층되는 순서의 바뀜에 의한 구조변화는 이 스펙트로 분포를 조사하면 알 수 있다.

가공에 따라서 9R이 2H의 쪽으로 향하고, 3R의 쪽으로 향한 것은 외부로부터의 전단응력의 방향에 의한다. 즉, 이 합금에 줄(Filing) 등의 강한 가공을 실시할 경우, 2H(hcp)와 3R(fcc)의 혼합물로 되고, 그림 2-52의 (1), (2), (4)~(12) 등의 스펙트로는 이들의 구조에 도달하는 도중의 단계로 생각된다.

실제 형상기억합금에서 그림 2-52에 나타낸 바와 같이 중간적인 상태를 지나면서 이해가 되지 않지만, 한 개의 구조가 다른 것에 비해서 매우 안정하다면, 응력에 따라서 강제로 변태시킨 것에서 중간상태를 얻을 가능성은 크다.

3) 전위구조

열탄성형 마르텐사이트변태를 하며, 열이력이 작은 형상기억합금에서도 어떤 회수도 온도를 올리고 내려, 반복하여 변태시키면 모상에 전위가 축적되기 시작한다. 그림 2-53 (a)는, Cu-39.63at% Zn 합금의 변태사이클 전의 모상이다.

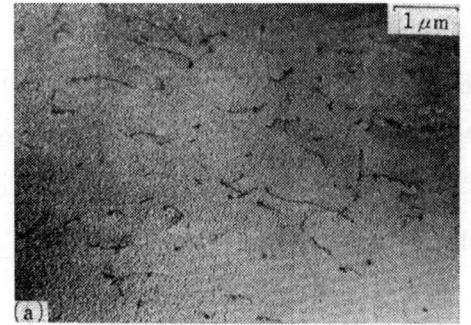
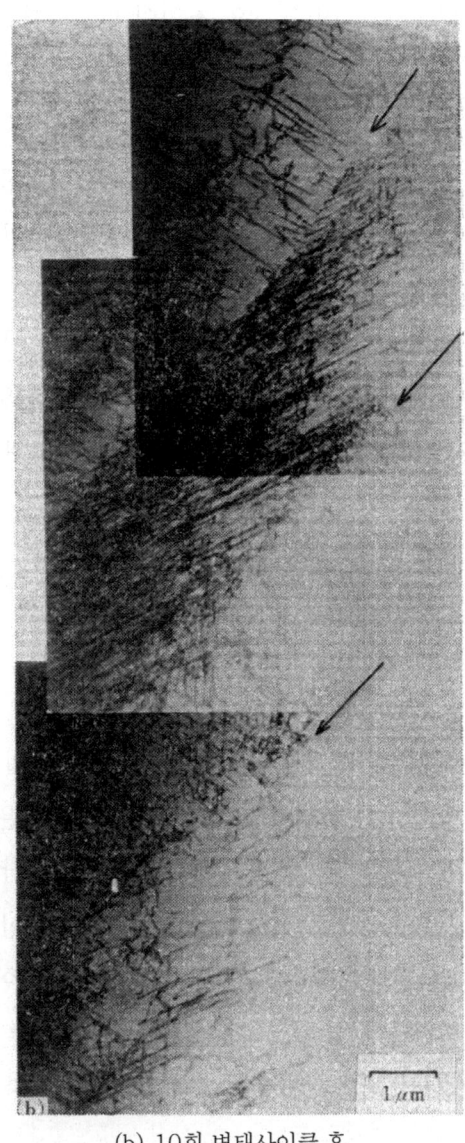

(a) 변태사이클 전　　　　　　(b) 10회 변태사이클 후

그림 2-53 Cu-39.63(at%)Zn 합금을 변태사이클시킬 때에 형성된 전위

고온으로부터 소입된 그대로의 상태로 대부분 전위는 없지만, 이것을 bcc ⇌ 9R의 변태 사이클(Ms=120K, Af=130K)을 10회시키면 (b)와 같이 많은 수의 전위가 형성된다. 이들의 전위는 특수한 전위배열을 하고 있다. 즉 그림 (b)의 화살표의 경우에 전위배열은 급히 변화되어 있다. 그러나 거기에 입계가 구분되어 있지 않다. 이들의 화살표와 화살표와의 사이의 영역(이것을 밴드라 부른다)은, 저온에서 마르텐사이트의 형제정이 판상에 형성된 장소에 대응하고, 이와 같은 전위의 밴드구조 형성은 변태사이클을 증가하면 더욱 더 명확해진다. 그것과 함께 같은 형제정의 마르텐사이트 결정이 완전히 같은 장소에 생성하게 된다(microstructural memory effect).

이와 같은 전위구조는 Cu-Zn-Al과 같은 실용합금에서도 많은 회수의 변태사이클 이후에는 형성된다. 이들의 현상은 형상기억합금의 피로특성을 악화시키는 원인으로 생각되며, 이들 전위의 발생기구를 해명할 필요가 있다.

최근 컴퓨터를 사용한 image matching법에 따라서 이들 전위의 버어거스벡터가 $<100>_{bcc}$인 것을 볼 수 있으며, 이들의 전위는 변태시 체적팽창에 의한 변형(0.2~1.0%)을 완화하기 때문에 발생하는 것을 나타내었다.

2.11.3 형상기억효과

1) 2방향 형상기억효과

형상기억효과에 의해 회복되는 변형량은 합금에 따라 각각 한계가 있다. 그 한계 이상으로 변형하면 형상기억합금일지라도 초과분은 가열 후에도 영구변형으로 남는다. 그런데 이러한 합금을 다시 냉각하여 마르텐사이트 상태로 하면, 그 형상은 불완전하지만 이전 마르텐사이트 형상으로 되돌아간다. 이 자발형상변화는 합금이 모상상태로 가열되면 소실된다. 이후 냉각과 가열을 되풀이하면 마르텐사이트 상태의 형상 및 모상상태의 형상이 재현된다. 이와 같이 합금이 모상상태뿐만 아니라 마르텐사이트 상태의 형상도 기억한다는 뜻에서 이 현상을 2방향 형상기억효과라 부른다.

2) 전방위 형상기억효과

등원자비보다 Ni이 조금 많은 Ti-Ni 형상기억합금을 어떤 형상으로 구속한 상태에서 시효처리하면, 그 처리온도 및 시간에 따라 2방향 형상기억효과가 매우 현저하게 나타난다. 예컨대, Ti-51at%Ni 합금을 길이가 짧은 박판으로 만든 다음, 원호모양으로 굽힌 상태에서 400~500℃에서 1시간 시효처리 후 냉각하면 온도의 저하와 더불어 처음에는 그 형상이 직선으로 되고, 더욱 온도가 저하하면 드디어 그 형상이 구속했을 때와 정반대 방향의 원호로 된다. 가열하면 그 형상은 구속했을 때의 원호로 되돌아간다. 이와 같이 Ni과잉 Ti-Ni 형상기억합금에 있어서 자발형상변화는 현저하며, 모상 상태의 형상이 냉각에 의해 그것과 정반대 방향의 형상으로 변화하기 때문에 이 현상을 특히 전방위 형상기억효과라 부른다.

3) 역형상기억효과

형상기억합금을 M_s 온도 이하 또는 이보다 조금 높은 온도에서 영구변형이 일어날 정도로 강하게 변형하면, A_f 온도 이상으로 가열해도 형상회복은 불완전하다. 그런데 이 합금을 다시 더 높은 온도까지 가열하면 형상이 변형시의 형상에 가깝게 자발적으로 변화한다. 이 형상변화는, 형상기억효과의 경우 순간적으로 변화하는 것과는 달리, 그 온도에서 유지하는 시간에 의존한다. 이 현상을 역형상기억효과라 한다. Cu-Zn-X(X=Si, Al, Au), Ag-Cd 및 Ag-Zn 형상기억합금을 200℃ 부근에서 시효처리할 때 이러한 현상이 나타나며, 그 원인은 아직 불명확하다.

4) 초탄성(의탄성)

열탄성형 마르텐사이트 변태가 일어나는 합금에 있어서 A_f 온도 이상에서 응력에 의해 유기된 마르텐사이트는 응력을 받고 있는 상태에서만 안정적으로 존재하고, 응력을 제거하면 즉시 모상으로 역변태한다. 이 때문에 응력유기 마르텐사이트 변태에 의해 발생된 외견상 소성변형은 역변태와 동시에 소실한다. 즉 합금은 현저한 비선형탄성을 나타낸다. 이러한 비선형탄성을 초탄성, 또는 마르텐사이트 변태와 관련된 것이라는 것을 명확히 하기 위한 뜻에서 변태의 탄성이라 한다.

초탄성과 형상기억효과는 변형의 회복이 각각 응력제거 및 가열 시의 역변태에 의해 일어난다는 점이 다를 뿐, 본질적으로는 같은 현상이다. 열탄성형 마르텐사이트 변태를 일으키는 대부분의 합금들은 형상기억효과와 초탄성 효과를 나타낸다. 단결정합금에서는 응력유기 마르텐사이트가 합체하여 단결정화한 후 더욱 응력을 증가시키면 그 마르텐사이트 단결정으로부터 결정구조가 다른 마르텐사이트가 응력유기되며, 그것이 단결정화한 후 다시 응력을 가하면 또 다른 마르텐사이트로 변태가 일어난다. 이 연속적 마르텐사이트 변태에 대응해서 응력-변형률 곡선에는 응력이 일정한 여러 개의 계단이 나타난다.

응력을 제거하면 각 역변태가 연속적으로 일어나므로 변형이 전부 소실한다. 이때 초탄성 변형률이 20%까지 발생되는 경우도 있다. 이처럼 복수 상변태가 관여하는 초탄성을 다단계 변태의 탄성이라 부른다. 초탄성이 나타나기 위해서는 합금의 슬립변형에 요하는 임계응력이 응력유기 마르텐사이트 변태에 요하는 임계응력보다 크지 않으면 안 된다.

탄소를 함유한 강에서도 오스테나이트와 마르텐사이트의 상경계가 역변태시에 가역적으로 이동 가능하면, 앞에 기술한 변형형태 I 에 따라서 형상기억효과를 나타내는 것이 가능하다. Fe-Ni-C계와 같은 단순한 강에서, 더구나 탄소의 함유량이 0.6wt% 정도의 높은 합금에서도 역변태시에, 상경계는 가역적으로 이동하는 것을 볼 수 있었다.

그림 2-54는 그것을 나타낸 전자현미경사진으로, Fe-30Ni-0.4C(wt%) 합금을 77K까지 냉각하고(Ms=120K) 이것을 570K까지 급냉한 것이다. 중앙의 검은 밴드상의 부분은 잔류 마르텐사이트로 양측의 이것에 접하는 평행한 영역은 역변태에 따라서 생긴 오스테나이트상(γ)이다. γ/α' 상경계는 최초 외측의 경우에 만나지만, 승온에 따라서 중앙의 위치까지 후퇴한 것이다.

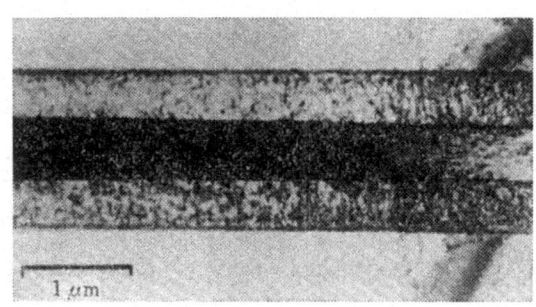

그림 2-54 Fe-30Ni-0.4C(wt%) 합금의 역변태에 의한 상경계면의 이동

이와 같은 상경계의 가역적 이동은 응력유기 마르텐사이트의 경우에도 같이 일어나는 것으로, 변형형태 Ⅰ로부터 완전한 형상기억효과가 생기는 것이다.

그렇지만 철합금의 경우는 일반적으로 모상(γ)의 강도가 낮기 때문에, 응력유기 마르텐사이트가 생기기 전에 γ 상중에 슬립변형이 일어나 끝나며 불완전한 형상기억밖에 나타나지 않는다. 그것을 방지하기 위해서는 γ상을 강화할 필요가 있다. 그 한 가지의 방법이 γ상을 가공경화시키는, 소위 오스포옴(ausform)이다.

그림 2-55는 Fe-31Ni-0.4C(wt%) 합금을 상온에서 압연하여 강화한 후에 저온에서 굽힘시험에 따라서 형상기억효과를 조사한 것이다. (a), (b), (c)는 77K에서 굽힌 것으로, (d), (e), (f)는 이들을 각각 1,070K로 승온한 후의 상태이다.

(a)는 소입한 그대로의 시료를 굽힌 것이지만, (b) 및 (c)는 굽힘 전에 상온에서 각각 25% 및 50% 압연을 하고 오스테나이트를 강화하였다. 이들의 경도를 표 2.15에 나타내었다. 이 표에는 같은 형상기억효과를 나타내는 Fe-27Ni-0.8C에 대해서도 나타내고 있다.

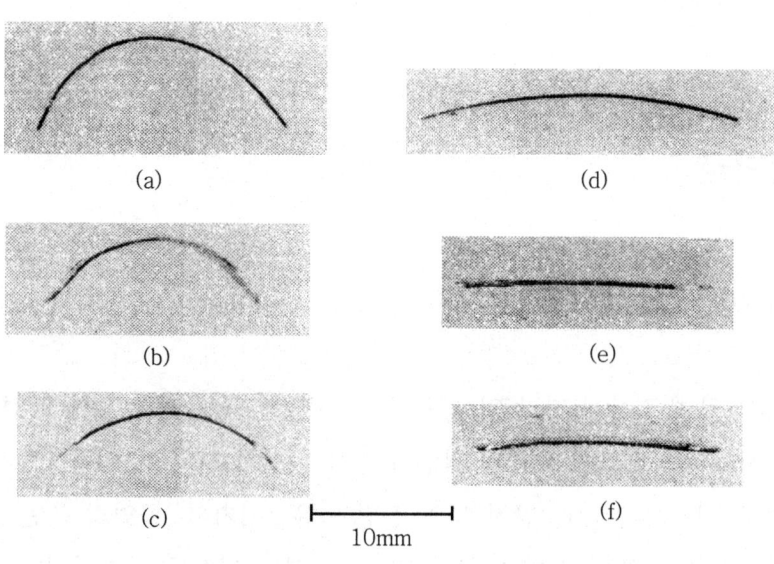

그림 2-55 Fe-31Ni-0.4 합금의 형상기억효과

(a), (b), (c) : 77K에서 굽힌 상태. (d), (e), (f) : (a), (b), (c)를 각각 1,070K로 급열한 후의 상태. (b)와 (c)는 굽히기 전에 상온에서 각각 25% 및 50% 압연을 하였다.

표 2.15 오스포옴한 오스테나이트의 경도(VHN)

합금명	압연율(%) 0	25	50
Fe-31Ni-0.4C	187	316	384
Fe-27Ni-0.8C	324	378	470

그림 2-55로부터 알 수 있는 바와 같이 오스포옴한 시료의 쪽이 형상회복이 양호하고, (b)에서는 95%의 회복률을 나타내었다. 또한 이 사실은 오스포옴한 전위밀도가 극히 높은 재료에서도, γ/α' 상경계는 가역적으로 이동한 것을 시사하고 있다. 이와 같이 강에서도 (1) 상경계의 가역적 이동, (2) 오스테나이트에서의 소성변형 저지의 2가지 조건만 만족되면, 거의 완전한 형상기억효과를 얻게 된다.

이상 형상기억합금에 대하여 어느 정도 독특한 견해를 기술한 바와 같지만, 이 분야 연구의 새로운 방향을 알리는 발단이 되어 친숙해지면 다행이다. 앞으로 과제로써 철기형상기억합금의 연구는 특히 중요하며, 그것에 따라서 저렴한 구조재료에도 사용할 수 있는 형상기억합금이 개발되고 있다.

2.12 방진합금

2.12.1 재료에 의한 방진

산업 문명이 고도로 발전함에 따라 인류의 생활은 편의와 풍요를 누리게 되었지만, 그것이 남긴 각종 부산물은 공해로써 우리의 자연 환경을 위협하고 있다. 이들 공해 중 소음과 진동은 인간에게 심리적 불안감과 난청 등의 질병을 유발시키며, 공업적 측면에서는 정밀 기계의 정밀도 저하 및 부품의 조기 피로 파괴 등의 성능 저하를 야기시킨다.

이러한 소음과 진동을 방지하기 위해서 종래에는 진동체에 오일 댐퍼나 에어 댐퍼를 설치하여 진동 에너지를 흡수시키거나(system damping), 금속과 금속 사이에 점탄성이 큰 고분자 재료를 끼워서 진동 에너지를 흡수시키는 방법(structure damping)을 강구해 왔었다. 이러한 구조적 방법에 의해서는 진동과 소음을 제거하는데 있어서 많은 문제점들이 내포되어 있을 뿐만 아니라, 공업적 이용 면에서도 그 한계성을 벗어날 수가 없다.

따라서 최근에 와서는 금속재료 그 자체가 진동 에너지를 직접 흡수케 하는 적극적인 방식(material damping)으로 방진 대책이 전환되면서 방진합금의 개발에 관한 연구가 활발히 이루어지고 있다.

지금 Hooke의 법칙이 적용되는 완전한 탄성영역 내에서 어떤 금속에 진동을 주어서 방치한다고 하자. 이때 진동 에너지가 음파의 에너지로 외부에 전달되지 않는다고 가정하면, 그 금속은 영구적으로 진동을 계속해야 한다. 그러나 실제는 내부의 어떤 원인으로 인해 가해진 진동 에너지가 열에너지로 전환됨에 의해서 진폭이 점차적으로 감쇠해서 드디어는 정지하게 된다.

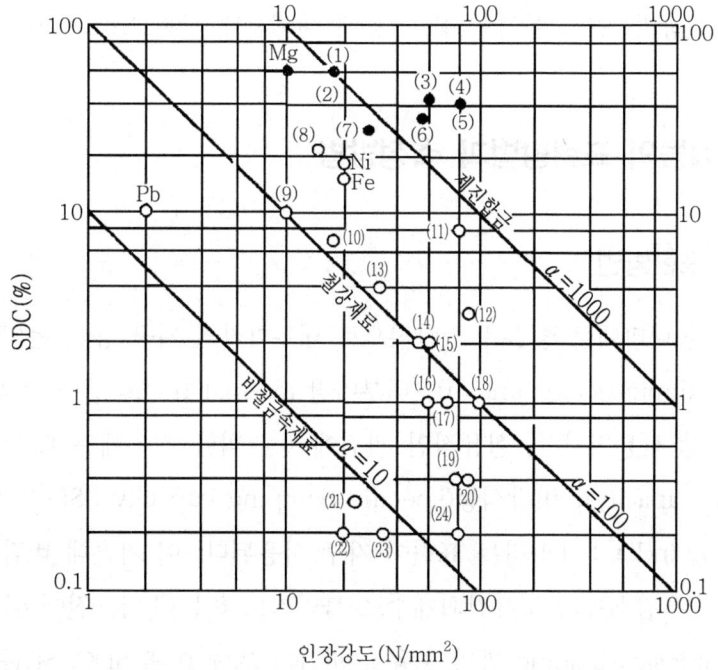

(1) Mg-Zr 합금, (2) Mg-Mg₂Ni 합금, (3) Mn-Cu 합금, (4) Cu-Al-Ni 합금, (5) Cu-Zn-Ni 합금, (6) Ti-Ni 합금, (7) Al-Zn 합금, (8) 고탄소편상흑연주철(오스테나이트 기지), (9) 편상흑연주철(FC-10), (10) Mg 합금(AZ 81A), (11) 12Cr 강, (12) 페라이트계 스테인리스강, (13) 극연강, (14) 가단주철, (15) 구상흑연주철, (16) 18-8 스테인리스강, (17) 0.45%C 강, (18) 0.95%C 강, (19) 0.65%C 강, (20) 0.80%C 강, (21) Al 합금(주조용), (22) 청동, (23) 황동, (24) Ti 합금

그림 2-56 여러 가지 합금의 특정한 감쇠능과 인장특성

방진 합금이란 내부 마찰이 커서 외부에서 가한 진동 에너지의 대부분을 열에너지로 전환시키는 합금을 말한다. 그러나 납과 같이 금속음이 전혀 없는 금속이라도 방진 합금이라고 부를 수 없는 금속이 많다. 방진 합금이 되기 위해서는 높은 강도를 유지하면서 내부마찰(진동 감쇠능)이 커야 한다.

금속은 일반적으로 강도가 낮을수록 감쇠능이 큰 경향을 갖기 때문에 감쇠능이 크다고 해서 반드시 방진 합금이 될 수는 없는 것이며, 반드시 일정 수준 이상의 인장 강도를 유지해야 한다. 일반적으로 방진 합금의 정의는 비감쇠능×인장 강도의 값이 1,000%·kg/mm^2 이상인 값을 갖는 합금을 방진 합금이라 부르고 있다(그림 참조. α=비감쇠능×인장 강도).

사람에 따라서는 방진 합금을 제진 합금, 감쇠 합금, 흡진 합금 등으로 부르기도 하지만, 본 절에서는 지금까지 개발된 각종 방진 합금의 감쇠 기구를 중심으로 소개하고 아울러 진동감쇠능의 표현방법, 방진 합금의 용도 등에 대해서도 살펴보고자 한다.

2.12.2 감쇠능의 표현방법과 측정방법

1) 감쇠능의 표현방법

감쇠능의 크기를 나타내는 방법은 일반적으로 내부마찰의 기구 등을 논의하는 경우에는 대수감쇠율(logarithmic decrement, δ), 내부마찰(internal friction, Q^{-1}) 및 손실각(loss angle, ϕ) 등이 잘 사용되지만, 실용적인 관점에서 논의할 경우에는 대수감쇠율 이외에 감쇠능(damping capacity), 비감쇠능(specific damping capacity ; SDC) 및 비감쇠계수(specific damping index ; SDI)라는 표현이 자주 사용된다. 이 가운데 비감쇠능과 비감쇠계수 등은 각각 고유감쇠능과 고유감쇠계수로 불리기도 하는데, 본 절에서는 뒤에서 언급될 고유감쇠능(intrinsic damping)과의 혼동을 피하기 위해 이후 SDC, SDI를 각각 비감쇠능, 비감쇠계수라 부르겠다. 이상에서 언급한 여러 가지 표현방법들 각각의 정의를 살펴보면 다음과 같다.

내부마찰이 있는 재료에 인장 및 압축응력을 가하면서 변형시키면 응력-변형곡선은 그림에서 보는 바와 같이 O→C→D→E→F→C의 경로를 따르면서 이력환을 형성한다.

이 이력환의 면적은 한 주기 동안 소모된 에너지(ΔW)를 나타내며, OCG의 면적은 한 주기에 이용될 최대 에너지(W)를 나타낸다.

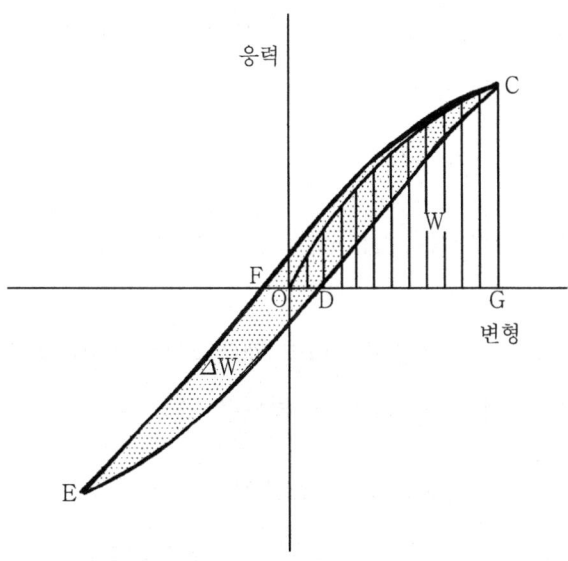

그림 2-57 고댐핑 합금의 전형적인 응력-변형 곡선

상기의 모든 표현법은 $\Delta W/W$에 비례하게 되는데, 감쇠능은 $\Delta W/W$와 같고, SDC는 감쇠능을 백분율로 나타낸 것으로 다음 식과 같이 정의된다.

$$\text{SDC}(\%) = \Delta W/W \times 100 = (A_n^2 - A_{n+1}^2)/A_n^2 \times 100 \tag{1}$$

여기서 A_n 및 A_{n+1}은 각각 n번째와 (n+1)번째 진폭의 크기를 나타낸다.

대수감쇠율은 진동하는 시편의 연속된 진폭비의 자연대수로써 표시된다.

$$\delta = \ln(A_n/A_{n+1}) \tag{2}$$

비감쇠계수는 비틀림진동법을 이용하여 재료의 0.2% 항복응력의 1/10에 해당되는 전단응력값의 진폭에서 측정된 SDC 값으로 정의되고 있다. 그 이유는 방진합금은 구조재료로써의 사용을 목적으로 하므로 특정응력에서 내부마찰을 측정하는 것은 중요하기 때문이다. 그러나 SDI 값을 참고로 할 때는 주의할 점이 있다. 그것은 SDI가 재료에 사용되는 모든 환경에서의 감쇠능을 나타내는 것이 아니라는 점이다. 즉, SDI는 비틀림 진동으로

1Hz 부근의 저주파수에서 측정된 것이므로 진동방법이 다르다든지, 재료의 감쇠능이 주파수 또는 진폭에 의존하는 경우에는 이를 바로 적용하기 어렵다는 것이다.

내부마찰의 측정은, 시편을 일정한 진폭으로 공명주파수 부근의 주파수범위에서 진동시켜 주파수 대 진폭의 변화를 그림으로 그리면 종모양의 곡선이 나타나는데, 이때 공명주파수를 Fr, 공명피크의 반폭을 dF라 하면, 내부마찰 Q^{-1}은 다음 식으로 정의된다.

$$Q^{-1} = dF / (3Fr)^{1/2} \tag{3}$$

손실각은 매우 낮은 주파수에서($\ll$1Hz) 진동응력과 그 응답사이의 위상차를 측정하는 것이다.

이상의 감쇠능 표현방법 중 Q^{-1}가 가장 널리 채택되고 있으며, 감쇠능이 작은 경우($\tan(\phi)\ll 1$)에는 다음과 같은 간단한 관계식이 성립된다.

$$Q^{-1} = \delta/\pi = SDC/2\pi = \tan(\phi) \tag{4}$$

그러나 감쇠능이 매우 큰 경우에는(약 $Q^{-1} \geq 10^{-2}$) (4)식은 다음과 같은 식으로 수정되어야 한다.

$$Q^{-1} = \delta/\pi(1-\delta/2\pi+ \cdots) \tag{5}$$

(4)식과 (5)식 사이의 값차이는 $Q^{-1}=10^{-2}$일 때 0.5%, $Q^{-1}=10^{-1}$일 때 5%나 된다.

2) 감쇠능의 측정방법

내부마찰의 측정은 대부분의 경우 시편을 진동시켜 동적으로 측정한다. 이때 정현파를 이용하여 측정하는 진동양식은 비틀림진동, 횡진동, 종진동의 3종류로 대별되고, 대개 각각 10Hz 이하, 10~100Hz, 1kHz 이상의 주파수영역에서 자주 이용되고 있다. 한편, MHz 영역에서는 초음파 펄스에코법 등 진행파를 이용한 측정방법이 보다 유리하다. 시편의 구동과 진폭의 검출 등 실험적 방법과 자세한 장치에 대해서는 여러 가지 방법들이 제안되고 있는데 자세한 것은 다른 문헌들을 참고하기 바란다.

3) 시편감쇠기능(specimen damping)과 고유감쇠기능(intrinsic damping)

재료의 감쇠능을 평가할 때 중요한 점은 동일한 재료를 가지고 동일한 진동모드와 동일한 외부조건에서 실험을 하여도 시편의 형상에 따라 감쇠능이 다르다는 것이다. 보통 실험적으로 측정된 감쇠능은 모두 시편감쇠능이다. 그러므로 주어진 진동모드에서 시편에 걸리는 변형율의 분포를 알아내어 측정된 시편감쇠능으로부터 시편의 형상에 관계없는 재료의 고유감쇠능을 구해야 되는데, 이렇게 구한 감쇠능을 고유감쇠능이라 한다. 시편감쇠능과 고유감쇠능 사이의 관계는 다음과 같이 나누어 생각해 볼 수 있다.

(1) 진폭에 의존하지 않는 감쇠

이 경우에는 본질적으로 시편감쇠와 고유감쇠가 같기 때문에 시편감쇠를 그대로 사용할 수 있다.

(2) 진폭에 의존하는 감쇠

이 경우에는 시편감쇠를 고유감쇠로 전환하는 것이 대단히 복잡하다. 왜냐하면 간단한 형상의 시편과 간단한 진동모드라도 시편 내에 걸리는 변형률의 분포는 매우 복잡하기 때문이다. 그러나 만약 감쇠를 일으키는 재료 내의 결함들이 시편 전체에 걸쳐 균일하게 분포되어 있고, 시편 내의 변형률의 분포를 알고 있다면, 시편감쇠능과 고유감쇠능 사이에는 다음과 같은 관계가 있다고 알려져 있다.

$$Q_s^{-1}(\epsilon_s) = \frac{\int_0^{\epsilon_s} Q_I^{-1}(\epsilon)\epsilon^2 (dv/d\epsilon) d\epsilon}{\int_0^{\epsilon_s} \epsilon^2 (dv/d\epsilon) d\epsilon} \tag{6}$$

ϵ_s : 최대변형률

$dv/d\epsilon$: 체적변형률 함수

상기의 적분식이 $dv/d\epsilon$가 변형률의 간단한 함수인 많은 경우에 대해서는 Leibniz의 법칙을 이용하여 풀어 왔다. 대표적인 예로 Lazan은 봉상시편의 비틀림 진동의 경우에 대해 다음 식으로 표현하였다.

$$Q_I^{-1}(\epsilon_s) = Q_s^{-1}(\epsilon_s) + (\epsilon_s/4)[dQ_s^{-1}(\epsilon_s)/d\epsilon_s] \tag{7}$$

또한 간단한 외팔보의 1차 진동모드의 경우에는 다음 식으로 표현된다.

$$Q_I^{-1}(\epsilon_s) = Q_s^{-1}(\epsilon_s) + (7/9)\epsilon_s [dQ_s^{-1}(\epsilon_s)/d\epsilon_s]$$
$$+ (1/9)\epsilon_s^2 [d^2 Q_s^{-1}(\epsilon_s)/d\epsilon_s^2]$$

2.12.3 감쇠기구

방진 합금이란 기계적 진동에너지를 다른 형태 대개는 열에너지로 변환하는 능력을 갖는 합금으로, 에너지를 전환하는 기구에 따라 편의상 2그룹으로 나눌 수 있다. 첫 번째 그룹은 시편에 진동응력이 가해진 후 제거되었을 때 변형률이 천천히 그러나 완전히 회복되는 특징을 갖는데, 이것을 동적이력기구(dynamic hysteretic mechanism)라 부르며 대개 확산율속 반응이다. 이때 감쇠능은 가해준 진폭에는 의존하지 않고, 주파수나 시험온도에 의존한다. 두 번째 그룹은 약간의 영구변형률을 남기는데 이 잔류변형률은 역방향의 응력에 의해서만 제거될 수 있다. 이것을 정적이력기구(static hysteretic mechanism)라 부른다. 이때 감쇠능은 가해준 진폭에 크게 의존하며, 주파수 의존성은 매우 작은 것으로 알려져 있다. 이러한 관점에서 표에 지금까지 알려진 여러 가지 방진기구들을 정리하여 나타내었다.

1) 진폭에 의존하지 않는 감쇠능

(1) 공진형

격자진동이나 전자의 상호작용으로 인해 전위운동이 저항을 받게 되는 것에 기인된다. 이 경우는 온도나 주파수의 의존성도 적으며, 보통 MHz 정도의 공진주파수에서만 나타난다.

(2) 완화형

외력과 변형은 선형적이지만, 시간적인 차이가 발생한다. 이 경우는 보통 온도의존성과 주파수 의존성을 가지며 감쇠기구에 따라 감쇠가 크게 나타나는 온도가 달라지는데, 그 온도위치에 따라 각각 이름이 달리 붙여져 있다.

① 점결함에 기인된 완화
   ㉮ Snoek peak
   침입형 용질원자의 확산 점프 때문에 생기는 것으로써 이 피크의 높이로부터 고용탄소량이나, 고용질소량을 구할 수 있다. 철강회사의 내부마찰 이용은 대부분 이러한 원소의 분석을 위한 것이다. 이것은 체심입방정에서만 나타난다.
   ㉯ Zener peak
   치환형 원자의 확산에 의해 생기는 것으로써 체심, 면심, 조밀육방정 등 어느 금속에서나 나타난다.
② 선결함에 기인된 완화
   ㉮ Bordoni peak
   금속을 소성변형시켰을 때 비교적 저온에서 생기는 것으로 전위가 kink band를 형성하면서 Peierls potential을 넘었을 때 생긴다. 따라서 이 피크로부터 활성화에너지를 구하면 Peierls potential을 구할 수 있으며, 체심, 면심, 조밀육방정의 가공재에서 생긴다.
   ㉯ 가공 peak
   금속을 소성변형시켰을 때 Bordoni peak보다도 고온측에서 나타나는 피크로써 전위와 원자공공 및 격자간 원자와의 상호작용에 기인된 것이다.
   ㉰ Köster peak
   전위와 용질원자의 상호작용에 따른 것으로써 Snoek peak보다도 고온측에서 생긴다. 이것은 체심입방정의 가공재에서 나타난다.

2) 진폭에 의존하는 감쇠능

외력과 그것에 대응하는 응답이 비례하지 않는 비선형응답의 경우로써 이론적으로는 거시적인 탄성영역 내에서의 미소 소성변형과 관련된다. 극단적인 경우 정적인 응력-변형 곡선을 구해 그 이력곡선으로 둘러싸인 면적으로부터 내부마찰의 크기를 알 수 있다.

(1) 강자성형

이것은 자구벽의 비가역적 이동에 따른 자기-기계적 정적이력(magneto-mechanical static

hysteresis)에 의한 에너지 손실을 이용하는 감쇠기구이다. 이러한 이력현상은 강자성체, 특히 연질 자성재료와 같이 자구벽이 외부응력에 의해서 쉽게 이동하는 경우에 나타난다. 그림은 Fe-3.8%Si합금 단결정을 인장할 때 자구벽이 이동하는 모양을 보여주는 것이다. 합금에 인장응력을 점차 증가시키면, 자구벽의 이동에 의해서 자구의 합체가 일어나서 자구의 배열모양은 (a) → (b) → (c) → (d)와 같이 된다. 이번에는 (d)상태에서는 응력을 제거하면 자구의 배열 모양이 원래의 모양인 (a)상태에 접근하려는 경향은 있지만 완전히는 되돌아가지 않는다.

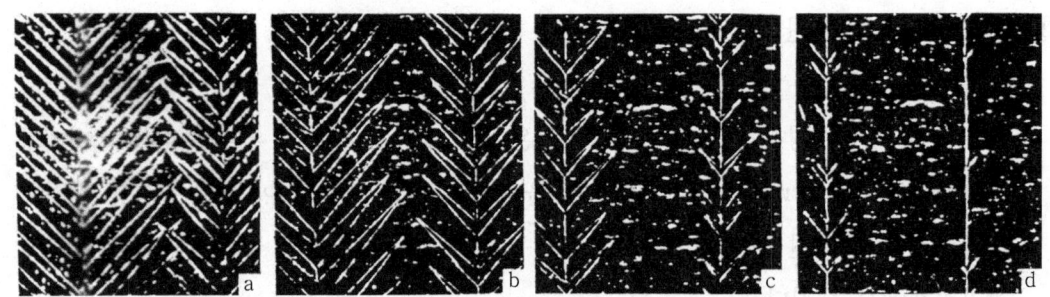

그림 2-58 현미경 사진은 적용된 응력하에서 자구의 변화를 나타내고 있다.

이때 얻어지는 응력-변형곡선은 일반적으로 다음 그림과 같다. 그림에서 ϵ_0는 탄성변형을 나타내며, ϵ_s는 포화자기변형을 나타낸다. 그리고 ϵ_m은 자구벽 이동에 동반되는 자기적 변형을 나타낸다.

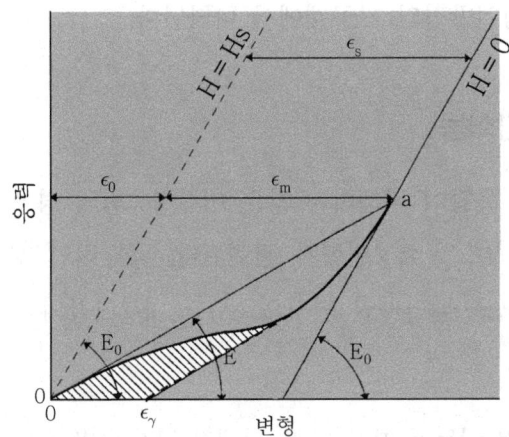

그림 2-59 자장이 있거나 없는 철자장 합금의 전형적인 유동곡선

무자장(H=0)에서 응력을 가하면, 탄성변형 외에 자구벽이동에 따른 자기적 변형이 첨가되어 응력-변형곡선은 직선에서 밑으로 벗어난 oa곡선을 따른다. 역으로 a점에서 응력을 감소해 가면 $a\epsilon_r$에 따라 응력이 감소하며, 응력이 0인 상태에서 잔류변형 ϵ_r가 존재한다. 이것은 잔류자화에 기인하는 것으로, 자구의 배열상태가 응력을 완전히 제거해도 처음 상태로 되돌아가지 않음을 의미한다. 이 때문에 응력-변형 곡선에는 사선친 부분만큼 이력현상이 생기며, 이 면적에 해당하는 에너지가 내부마찰로 소비되어 감쇠능이 나타난다. 한편 포화자장($H=H_s$)에서는 전체가 단일 자구로 되므로 응력-변형 관계는 직선으로 되며 탄성변형만 나타난다. 이때는 에너지 손실은 없으며 감쇠능은 극히 작은 값을 나타낸다.

강자성형 방진합금으로는 Fe-Cr, Fe-Cr-Al, Co-Ni 등이 있으며, 이들 합금을 냉간가공하거나 탄소나 질소 같은 불순물원자를 첨가하면 내부마찰이 현저히 감소하여 감쇠능이 작아진다. 그 이유는 전위나 침입형 용질원자가 자구벽 이동을 방해하기 때문이다. 강자성형 방진합금은 일반적으로 결정립이 조대화할수록 감쇠능이 향상되며, 자장 중 또는 정적 하중 하에서는 감쇠능이 현저히 저하되는 결점이 있다.

(2) 복합형

강도가 높고 인성이 풍부한 기지 중에 연한 제 2상이 혼재해 있는 합금조직은 진동시 제 2상과 기지와의 계면에서 소성유동(또는 점성유동)이 일어나서 진동에너지를 흡수하게 된다. 이 기구에 속하는 합금으로써는 옛날부터 널리 사용되고 있는 주철 이외에 Al-Zn합금이 있다. 이러한 합금들의 감쇠능은 조직의 형태에 매우 민감하다. 같은 조성을 갖는 주철이라도 흑연의 모양이 편상일 때가 구상일 때보다 감쇠능이 크다. 또한 Al-Zn합금의 감쇠능도 급냉해서 된 입상조직이 서냉해서 얻은 층상조직보다 감쇠능이 월등히 크다.

(3) 전위형

전위형 감쇠기구에 관해서는 Granato-Lücke의 이론이 있으며, 이 이론에 따르면 전위의 운동에 의한 내부마찰을 진폭의 크기에 의존하지 않는 부분과 의존하는 부분으로 나누어서 취급하고 있다. 전자는 주로 초음파 영역의 실험에서 중요하다. 일반적으로 방진 합금에서 문제가 되는 진동수는 가청 주파수 영역(수 Hz로부터 20kHz까지) 내에 한정되어 있기 때문에 후자의 경우가 실제면에서 더 중요하다. 이 기구는 결정 중의 슬립전위와 불순물원자와의 상호작용에 의해서 기계적 정적 이력현상이 생김에 의해서 에너지 손실이 나타나게 되는 것이다.

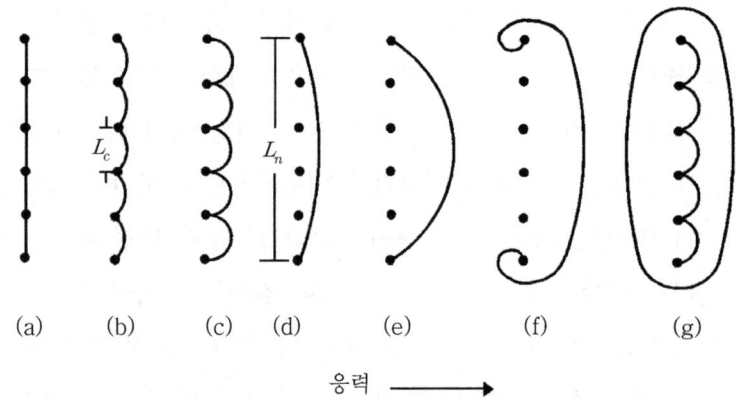

그림 2-60 전위 댐핑 합금의 전형적인 유동곡선

지금 다음 그림과 같이 한 개의 슬립면상에 있는 어떤 길이 L_n을 갖는 전위선의 운동을 생각하자. 외부응력이 작용하지 않을 때에는 전위선은 (a)와 같이 그 양단에서 강하게 고착되어 있다. 이러한 양단을 연결하는 전위선의 중간부분은 불순물원자에 의하여 L_c간격으로 약하게 고착되어 있다. 이러한 상태의 전위선에 외부응력이 작용하면 전위선은 (b) → (c)와 같이 길이 L_c의 작은 활모양으로 휘어진다. 불순물원자에 의한 고착점의 고착력은 일반적으로 전위선의 양단에 있어서의 고착력에 비해 훨씬 작기 때문에, 응력이 어떤 일정한 값을 넘으면 불순물에 의한 고착점으로부터 전위는 이탈하게 된다(d). 이러한 임계응력을 전위이탈응력이라 하며, 이 응력보다 크게 되면 전위선은 활모양으로 점점 크게 되며 (e, f), 드디어는 전위선의 증식이 일어난다(g).

다음 그림은 앞의 그림에 나타낸 각 과정에 대응하는 응력-변형률 관계를 도식적으로 나타낸 것이다. 단, 여기서 변형은 전위의 운동에 의한 변형만을 나타낸 것이며, 탄성변형은 포함되어 있지 않다. 그림에서 A → B → C의 경로는 불순물에 의한 고착점으로부터 전위가 이탈하지 않고 작은 활모양을 만드는 과정에 대응하는 것이다. C → D 과정은 불순물의 고착점으로부터 전위가 이탈하는 것에 대응하며, 이때는 큰 변형이 생성됨을 알 수 있다.

응력이 다시 증가하면 D → E → F → G 경로를 따르면서 변형은 증가하나, G에 이르면 소성변형이 일어난다. F상태에서 응력을 감소시키면 결국, 그림에서 사선 친 면적에 상당하는 정적이력형 에너지손실을 가져온다. 이력손실은 최대응력이 높을수록 증가하므로 내부마찰은 진폭이 커질수록 증가하며, 소위 진폭의존형의 전위에 의한 내부마찰을 발생하게 된다. 이 기구에 속하는 방진합금으로는 Mg 및 Mg-Zr합금이 있다. 이들 합금 중에는 적당량의 불순물이 함유되어 있어야 한다.

전위형 방진합금의 제조시에 주의할 점은 소성가공시 집합조직이 형성되면 슬립면상의 분해전단응력이 감소해서 전위의 이탈이 어렵게 되므로 감쇠능이 저하되는 경우가 있다.

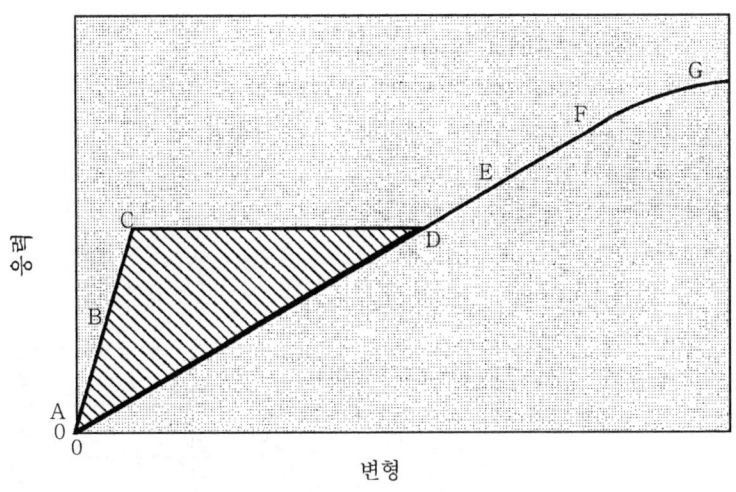

그림 2-61 전위 댐핑합금의 전형적인 유동곡선

(4) 쌍정형

일반적으로 금속의 변태는 확산변태와 무확산변태의 두 종류로 구분된다. 확산변태는 계를 구성하고 있는 원자가 각각 독립적으로 무질서하게 수백 원자간 거리 이동함에 의해서 새로운 상(phase)을 형성하는 것이다. 그러나 무확산변태는 보통 마르텐사이트변태로 통용되고 있는데, 이것은 개개 원자의 독립적 이동을 허용치 않고 계를 구성하고 있는 수많은 원자집단이 협동적으로 전단변형함에 의해서 새로운 상이 형성되는 것이다. 이때 해빗면(불변면)에서 멀리 떨어져 있는 원자일수록 원자의 이동거리가 크지만 최대 원자이동거리가 한 원자간 거리 이내이다. 이 변태의 특징으로는 모상과 생성상의 조성이 동일하고 변태 후 표면에 기복이 생기며 생성물 내부에는 무수히 많은 결정격자결함이 존재한다.

마르텐사이트 변태기구를 도식적으로 나타내면 그림과 같다. 즉, 마르텐사이트 변태는 격자변형과 격자불변변형으로 이루어져 있다. 모상격자(a)가 특정면을 불변면으로 하여 특정방향으로 격자변형(b)을 하게 되면 형상 변화가 생기는데, 이 형상변화에 동반되는 응력을 완화하기 위하여 슬립변형(c)이나 쌍정변형(d)을 하게 된다. 2차 변형이 슬립변형을 한 마르텐사이트 내부에는 무수히 많은 전위가 존재하고, 2차 변형이 쌍정변형을 한 마르텐사이트 내부에는 무수히 많은 내부 쌍정이 존재한다. 이러한 마르텐사이트 중 모상보다 경도가 높은 마르텐사이트를 비열탄성 마르텐사이트, 모상보다 경도가 낮은 마르텐사이트를 열탄성 마르테사이트라 부르는데, 열탄성 마르텐사이트의 하부조직은 반드시 미세한 변태쌍정으로 이루어져 있다. 비열탄성 마르텐사이트의 내부에 존재하는 변태쌍정의 경계는 외부의 미소한 응력에 의해서도 쉽게 이동한다. 이러한 쌍정경계의 이동은 비가역적으로 일어나기 때문에 진동에너지를 흡수하여 감쇠능을 나타낸다. 쌍정형 방진합금으로는 Mn-Cu, Cu-Al-Ni, Ni-Ti 등이 있으며, 이들의 대부분은 형상기억효과를 나타내는 것이 특징이다.

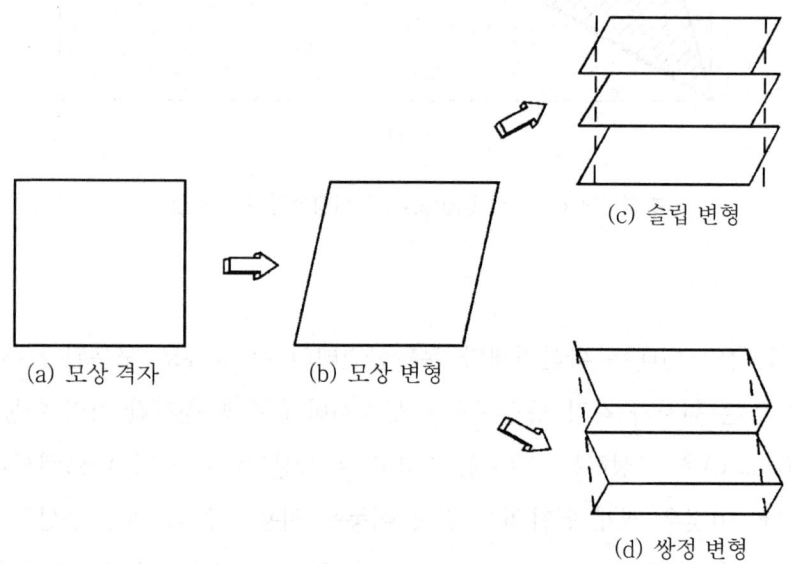

그림 2-62 마르텐사이트 변태기구

(5) 결정립계 부식형

이 형태의 방진합금의 감쇠기구는 금속표면에 노출된 결정립계를 부식시켜 홈을 만들면 진동시 홈 양측벽이 서로 마찰되면서 진동에너지를 흡수하게 되는 것이다. 경우에 따라서는 점탄성 수지를 침투시켜 감쇠능을 더욱 향상시키기도 한다. 이러한 감쇠기구에 의해서 실용화되고 있는 방진 합금으로는 오스테나이트계 스테인리스강이 있다. 이 강의 방진 처리공정은 용체화처리(보통은 생략) → 예민화 열처리 → 가공 → 부식처리 → 수세 등의 과정을 밟는다. 이때 부식액은 황산-황산동 수용액이며 부식시간은 대개 0.1~0.5시간이 적당하다.

감쇠능은 진폭이 클수록 그리고 부식 깊이가 깊을수록 커진다. 그러나 실용적인 부식층의 체적률이 재료 전체에 대해 약 20%가 적당하기 때문에 두꺼운 재료는 이 방법을 적용할 수 없다.

(6) 응력유기 변태형

일반적으로 마르텐사이트 변태는 고온상을 급냉하면 M_s점에서부터 마르텐사이트가 생성되기 시작하여 M_f점에서 변태가 거의 완료된다. 그러나 $M_s > T > M_f$인 온도 T에 급냉하면, 이 온도에서 발생되는 양 상의 화학적 자유에너지차와 마르텐사이트 생성에 동반되는 비화학적 자유에너지가 같을 때까지 마르텐사이트가 생성되어 양 상의 혼합조직이 평형으로 존재하게 된다. 이러한 상태에 반복적으로 응력을 가하면, 양 상의 계면에서 모상↔마르텐사이트의 가역적인 변태가 일어남에 의해서 외부에서 가한 에너지를 소모하게 된다. 이 감쇠기구에 의해서 감쇠능을 나타내는 합금은 Fe-Mn합금이 있다.

그림은 일반적으로 널리 사용되는 구조용 탄소강과 Fe-Mn 방진합금의 자유진동감쇠곡선을 서로 비교한 것이다. 이로부터 Fe-Mn 방진합금의 진폭감쇠속도가 저탄소강에 비해 월등히 크다는 것을 직시할 수 있다. Fe-Mn 방진합금은 탄소와 같은 침입형 용질원자가 어느 한도 이상으로 함유되면, 상계면이 고착되므로 감쇠능이 저하된다. 또한 용체화처리 후 급냉하는 열처리를 행하는데 있어서, 용체화처리 온도가 너무 낮으면 가공 중에 도입된 전위가 용체화처리시 충분히 소멸되지 않고 남아 있기 때문에, 이들 전위와 계면의 상호작용으로 인하여 감쇠능이 떨어지는 경향이 있다.

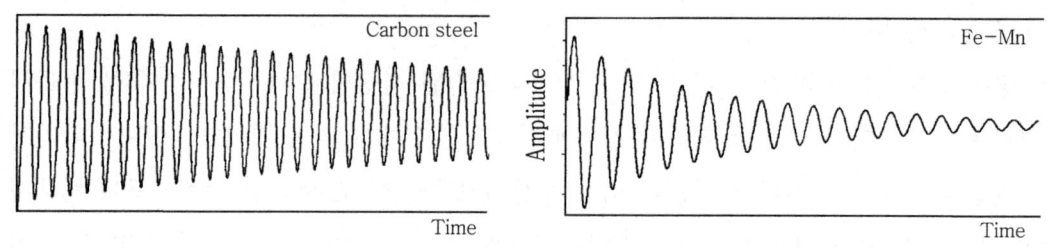

그림 2-63 탄소강과 Fe-Mn 강 사이의 자유진동곡선의 비교

2.12.4 방진합금의 응용

방진 합금을 사용목적에 따라 분류하면, 다음과 같이 세 가지로 나누어 볼 수 있다.
① 진동과 충격의 방지 : 유도미사일의 제어반이나 정밀기기의 발사시 발생하는 심한 충격을 줄여준다.
② 소음의 방지 : 자동차의 경우에는 엔진룸의 소음이 운전실에 전달되지 않도록 하는데 사용된다. 또 잠수함이나 어뢰의 스크류 등에 이용해 적의 소나 등에 잡히는 것을 방지한다.
③ 피로수명의 증대 : 터빈블레이드 등에 이용해 재료의 피로수명을 늘린다.

한편, 방진합금의 용도를 구체적인 산업분야별로 나누어 생각하면 다음과 같은 것들을 들 수 있다.
① 항공우주분야 : 로켓, 미사일, 제트기 등에 사용되고 있는 제어반, 자이로콘파스 등의 정밀기기 및 엔진커버, 터빈 블레이드 등의 엔진관련 부품
② 자동차분야 : 차체, 디스크브레이크, 엔진 주변의 재료, 변속장치, 에어클리너, 오일팬 등이 있다.
③ 기계분야 : 프레스, 체인컨베이어용 체인가이드, 각종 치차 등
④ 철도분야 : 차륜, 레일 등
⑤ 선박분야 : 엔진주변의 재료, 스크류, 침실의 벽과 바닥 등
⑥ 토목, 건축분야 : 교량, 착암기, 강구조물계단 등
⑦ 가전분야 : 에어컨, 세탁기, 냉장고, 변압기용 방음카버, 대전력직류개폐기 및 오디오

장치의 스피커부품, 레코드 플레이어의 턴테이블의 축심 및 각종 나사 등
⑧ 사무용기기분야 : 타이프라이터, 프린터 등

이상 언급한 용도 외에도 방진합금의 용도는 앞으로 수요자의 요구에 따라 다방면으로 확대될 것으로 기대된다.

2.13 극고진공용기용 재료

2.13.1 초고진공

진공으로는 보통 대기압보다 낮은 압력의 기체로 충만된 공간 내의 상태로 정의되고 있다. 이 진공을 발생시킨 기술은 옛날에는 전자관제조로 시작하여, 진공야금, 진공증류 등 각각의 시대의 첨단적인 기술에 관계를 지속하였다.

그래서 현재로는 진공발생기술은 반도체 프로세스를 비롯하여 입자가속기, 핵융합, 우주, 신재료개발 등, 많은 첨단과학기술분야를 지탱하는 기본적인 기술의 한 가지로 되어 있다.

우주시대의 막과 함께 10^{-5}Pa(1Pa는 1기압의 약 10의 5승분의 1) 이하라고 하는 초고진공의 중요성이 인식되어, 초고진공을 발생하는 것이 가능하다. 진공펌퍼로써 스파트이온펌퍼가 개발되었다. 이와 같이 초고진공기술이 실용화되어 핵융합의 개발과 입자가속기의 건설이 가능하게 되었다.

핵융합의 경우 진공용기 내에 플라즈마를 밀폐하여 넣지만 이때에 진공용기 내의 불순물량을 가능한 한 감소시키지 않으면 플라즈마가 고온으로 되지 않는다. 또한 입자가속기의 경우도 가속기 내의 진공이 좋지 않으면, 입자빔이 가속기 내의 잔류기체와 충돌하여 빔의 직경이 확대되기도 하고 또는 출력이 감소되기도 한다. 더욱 더 반도체 제조 프로세스에서도 순도가 좋은 재료를 제조하는 데는 초고진공이 불가결하며, 현재의 컴퓨터시대는 초고진공기술로 지탱하고 있다고 해도 과언이 아니다. 한편 기반적인 연구분야에서도 초고진공을 이용하여 각종의 표면분석기기가 개발되고, 표면의 조성과 구조를 관찰할 수 있게 되었다.

그러나 표면의 조성과 구조가 이해되도록 하여, 현재와 같은 원자레벨에서 물성을 제어하려고 할 때에는, 이와 같은 초고진공에서도 아주 충분하지 않다는 것이 명확하게 되었다. 막상 진공발생기술이 아마도 중요한 것은 고체를 재료의 압력용기에 넣었을 때에 그 표면이 흡착기체에서 몹시 분산되어 끝날 때까지의 시간을 계산하는 것으로 이해할 수 있다. 표면이 흡착기체에서 몹시 분산되는 시간 t는 분자운동론으로부터 계산이 가능하지만 그 결과를 부착확률 β(표면에 충돌한 분자가 거기에 부착하는 확률)를 파라미터(수치정보)로 하면 그림 2-64와 같이 나타낼 수 있다.

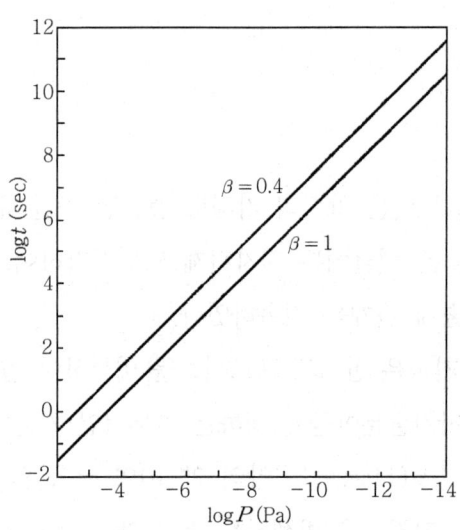

그림 2-64 부착률의 2가지 값에 대한 압력 P와, 표면에 단분자층이 형성될 때까지의 시간 t의 관계

금속표면에서는 보통 β는 0.1과 1의 사이의 값이 된다. 지금 압력이 10^{-4}Pa, 부착확률이 1일 때에는 수 초에 전표면이 기체로 몹시 분산되어 끝난다고 해도, 직접 표면을 보고 있는 것은 아니며, 이와 같은 표면상에 다른 것을 증착시켜도 순도 등은 문제 삼을 일이 못된다. 그러나 여기서 압력이 10^{-8}Pa로 되려면 전표면이 기체로 몹시 분산되는데 수 시간이 걸리고, 10^{-11}Pa로 되려면 수 개월은 걸린다. 이와 같이 표면분석과 반도체 제조 등 증착을 취급하는 분야에서는, 어떻게 고도의 진공을 얻는 것이 중요한가를 이해할 수 있을 것이다. 또한 핵융합이나 입자가속기 등의 첨단기술도 진공도가 상승하는 것으로부터, 더욱더 고도화할 수 있다.

2.13.2 극고진공

초고진공이란 10^{-5}Pa 이하의 진공으로 정의되고 있다. 현재는 10^{-9}Pa 정도의 진공까지는 실용화되어 있지만 10^{-10}Pa로 되면 실용적으로 사용되지 않는다. 그래서 10^{-10}Pa 이하를 아직 도달하지 못한다.

진공영역이라고 하는 의미에서 10^{-10}Pa 이하를 극고진공이라 부른다. 극고진공을 발생시키고 그것을 이용하기 위해서는 우수한 진공펌프, 압력측정 시스템 및 극고진공을 유지할 수 있는 용기가 필요하다. 진공펌프에 관해서는 '0K에 가깝게 냉각한 면은, 그것에 접한 기체분자를 동결시킨다.'라고 하는 현상과 저온 흡착현상을 이용한 크라이오(극저온)펌프의 이용이 고려되고, 압력측정도 원자 1개씩을 계산하는 방식을 사용해야 할 것이다. 이와 같은 기술개발도 충분하게 대처해야 하는 문제가 있지만 여기에서 주목하고 싶은 것은 진공용기용재료이다. 진공용기용재료로써 중요한 것은 용기벽에서의 기체방출속도를 충분히 낮게 해서 필요한 백그라운드의 압력조건을 얻을 수 있을지 어떨지를 말하는 것이다. 용기벽에서의 방출기체의 근원은 3가지이다. 표면에 흡착해 있는 기체, 고체 내에 용입되어 있는 기체 및 벽을 통과해서 대기중에서 침입한 기체이다. 흡착해 있는 기체가 탈리할 때에는 탈리의 활성화 에너지가 문제로 된다. 탈리의 활성화 에너지가 대단히 크면 탈리속도는 충분히 작게 되어 문제가 없고 또한 역으로 대단히 작게 되면 간단히 탈리해서 또한 문제가 없어진다.

일반적으로는 탈리의 활성화 에너지가 약 5~10KJmol 정도의 것이 대단히 좋지 않게 되고, 이것들을 제거하기 위해서는 용기를 150℃~400℃정도로 가열하면서 진공에 가깝게 하는 베이킹 조작을 행한다. 다음에 고체 내에 용입되어 있는 기체가 벽을 통과해서 대기중에서 침입한 기체에 대하여 생각해 보자. 스테인리스강은 현재 가장 많이 이용되고 있는 진공용기이므로 스테인리스강을 통해서 확산된 양자를 계산한 것이 그림 2-57이다.

그림 2-65는 스테인리스강제로 벽의 두께 1.5mm, 체적 1ℓ, 벽의 표면적 500cm^{2}의 구형의 진공용기를 대기중에서 10ℓ/sec의 속도로 진공에 가까울 때 용기 내의 수소의 압력변화를 나타내고 있다. 처음부터 10시간과 20시간 사이에서 500℃로 베이킹하면 용기벽 내에 용존해 있는 수소가 방출되어 진공이 나빠진다.

그후 상온에 냉각해도 대기에서 수소 침입이 있고 4×10^{-11}Pa에 달하여 그 이하로 안

된다. 여기에서 보아도 10^{-10} Pa 이하로 하는 것이 상당히 곤란하다. 또한 극고진공을 실현하기에 앞서 재료가 왜 중요한지를 이해해야 한다.

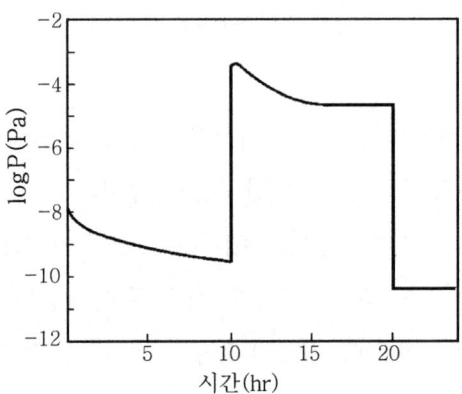

그림 2-65 스테인리스 강제의 벽을 가진 진공계를 대기중에 설치하고, 수소에 대하여 10 ℓ/sec 의 속도로 배기시킨 경우의 수소분압의 변화. 10시간 후로부터 20시간 후까지 500℃ 에서 베이킹하는 것으로부터, 스테인리스강 중에 용존하고 있는 수소가 방출된다.

2.13.3 극고진공용기용 재료

종래 초고진공기술의 발달과 함께 진공장치의 주요 구성재료는 방출 기체량의 점에서 연강에서 스테인리스강으로 변하고 작은 것도 현재 초고진공용이라는 진공장치에서는 스테인리스강을 중심으로 만들어져 왔다. 보통 입자가속기의 경우 입자빔이 진공장치벽에 충돌하는 것으로부터 벽재가 핵반응을 일으키고 방사능을 발생시키거나 또는 다량의 열을 발생하는 것이다. 따라서 이와 같은 재료의 방사화 대책 및 냉각효과의 관점에서 알루미늄합금을 진공용기용 재료로써 사용하는 것이 고려되고 있다. 여기에서는 알루미늄합금을 이용한 진공용기의 개발과 스테인리스강을 극고진공용기용 재료로써 적응하여 얻을 수 있는 시험을 소개한다.

1) 알루미늄합금

알루미늄합금을 진공장치의 기본 재료로써 사용하는 것이 고려된 것은 극히 최근의 일이다. 양자 싱크로트론을 건설할 때에 이와 같은 거대한 가속기의 경우는 가속기를 구성하는 소재가 방사화하고 실험자의 생명에도 관계된 문제로써 중대한 관심을 불러일으켰다. 그래서 유도방사능이 작은 알루미늄합금을 구성재료로써 이용하는 것이 검토되었다.

알루미늄합금을 극고진공용기의 구성재료로써 사용할 때의 문제점은 메탈 실(Metal Seal)이 가능한지, 용접을 할 수 있는지, 그것에 방출기체량은 적은지를 말하는 것이다.

현재는 알루미늄합금으로 Al-Cu계, Al-Si-Cu계, Al-Si-Mg계의 합금 등이 사용되고 있다. 이들의 합금으로 이루어진 같은 부재를 연결시킨 것을 그림 2-66에 나타낸 것처럼 부재의 선단에 에지(edge)를 둔 플랜지(flange)면을 마련하고 금속으로 된 링(Gasket)을 펀치, 그것을 볼트로 꽉 조이는 수단이 된다. 그것을 메탈 실(Metal Seal)이라 한다. 따라서 플랜지 면은 충분한 경도가 있어야 한다. 그래서 플랜지 면에는 질화 크롬과 질화 티타늄과 같은 경질의 세라믹을 코팅해서 표면경도를 증가시키고 이미 시판품도 존재하고 있다. 또한 가스켓은 플랜지 사이에서 밀폐된 경우이고 플랜지를 충분한 힘으로 되밀치는 것으로부터 실(Seal) 효과를 발휘하고 있다. 따라서 지나치게 연질이면 실(Seal) 효과는 약하고 지나치게 경질이면 에지(edge)의 내구성에 악영향을 미친다. 스테인리스강의 경우에는 무산소 동이 사용되고 있지만, 알루미늄합금의 경우에는 순수한 알루미늄이 사용되고 있다. 가스방출량에 관해서는 알루미늄합금 표면을 산화처리 하거나 또는 순수한 알루미늄을 내면에 붙인 방법에 의해 방출량을 경감화하는 방법이 고려되고 있고, 이것이 성공하면 미래는 극고진공용기용 재료도 될 수 있다.

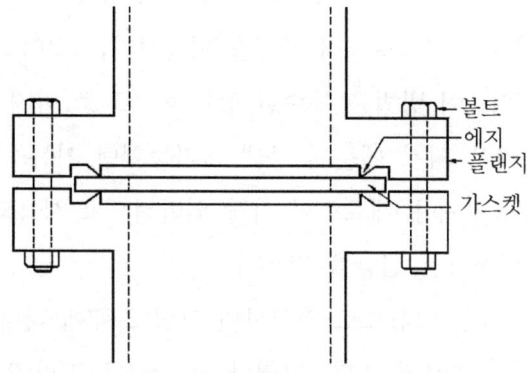

그림 2-66 진공용 부재끼리를 메탈 실로부터 접속하는 방법. 가스켓이라는 링상의 금속판을 끼워 조인다.

알루미늄합금을 극고진공용기로 사용한 경우에는 경량, 값 저렴, 비자성, 고열전도율, 저잔류방사능 등의 이점이 있다. 그러나 스테인리스강과 알루미늄합금을 혼재시킨 것은 가열 탈가스 프로세스인 경우 등 정합성이 나쁘게 되고 장치 전부를 알루미늄재료로 만들 필요가 있다.

그러나 표면분석기기 등의 정밀부품은 강도 취급이 용이하다는 점에서 현재의 경우 모두 스테인리스강으로 제작되고 있고, 진공장치를 알루미늄으로 만들든지 또는 스테인리스강으로 만들지는 제각각의 이점을 활용해서 목적에 따라 사용이 구분될 것이다.

2) 스테인리스강

스테인리스강은 현재 가장 많이 이용되고 있는 초고진공용기용 재료이다. 거의 대부분 진공용 부품이나 분석기기 등이 스테인리스강으로 제작되고 있다. 스테인리스강은 내식성, 가공성, 강도, 가격 등의 점에서 보면 진공용기의 구조재료로써 현재로서는 가장 우수하지만, 극고진공용기용 재료로써는 방출기체의 양에 문제가 있다. 현재 진공용해된 스테인리스강을 사용하는 것으로부터 재료 중에 용존해 있는 기체의 양을 줄이고 방출기체량을 경감하는 것이 시험되고 있다. 또한 스테인리스강 표면은 기체의 부착에 의해서 불활성인 질화붕소가 많고 기체가 부착하지 않는 진공용기벽을 제조하는 시험이 진행되고 있다. 지금까지 금속재료의 표면이 고온의 진공 중에서 어떻게 변화하는가를 연구해 왔다. 그 결과 스테인리스강을 진공 중에서 가열하면 강 내부에 존재하고 있는 탄화물이나 질화물이 표면에 석출해 있는 것을 볼 수 있다. 그래서 기체가 흡착하기 어렵게 되는 질화붕소를 스테인리스강 내부에서 석출시키는 것으로부터 표면을 피복시키는 것이 가능하다면 이 재료는 극고진공용기용 재료로 된다. 이 방법은 특수한 장치를 필요로 하지 않고 재료를 진공 중에서 가열만 하면 표면처리가 되기 때문에 종래 불가능했던 가는 관의 내면처리 등에도 적용하고 있다. 그래서 진공용기용 재료로써 가장 일반적으로 사용되고 있는 304 스테인리스강으로 질소와 붕소를 첨가한 합금을 만든다.

이 합금을 진공 중 약 700℃ 이상으로 가열하면 그림 2-67에 나타낸 것과 같이 질화붕소가 합금내부에서 표면에 석출하고 있다. 그러나 이 합금은 그림 2-67에서도 알 수 있듯이 전면을 질화붕소로 덮어서는 안 된다. 질화붕소가 확대되는 것을 방해하고 있는 것은 표면에 황도 농축하기 때문이므로 황과의 결합력이 큰 세륨을 합금 중에 첨가한 결과, 황의 표면에서 농축이 억제되고 석출한 질화붕소 피막에서 합금표면의 거의 대부분이 전면을 가릴 수 있기 때문이다. 이 합금에서 방출된 수분의 양은 시판되는 304 스테인리스강의 1/4 이하이며, 극고진공용기용 재료로써 우수한 것으로 생각된다.

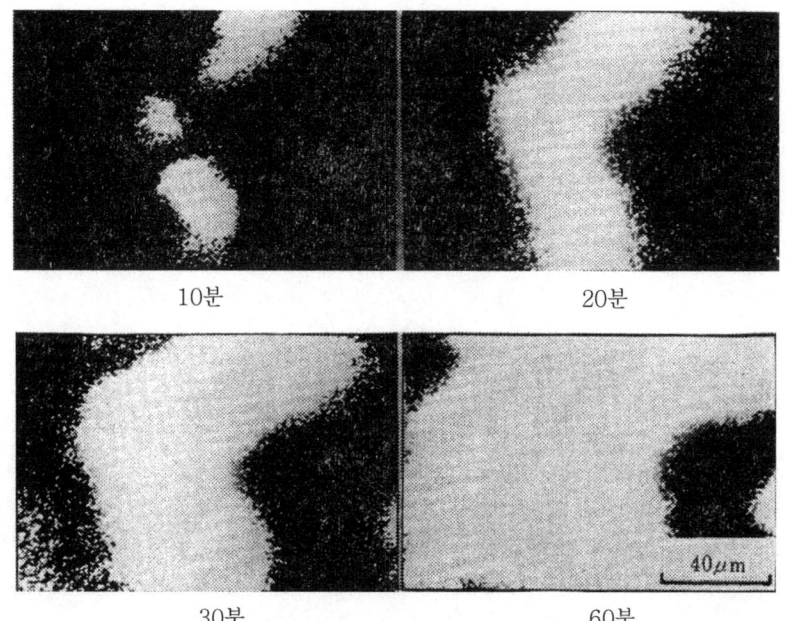

그림 2-67 304 스테인리스강에 질소와 붕소를 첨가한 합금을, 진공중 800℃에서 가열할 때 표면에 질화붕소가 석출해 가는 거동을 주사형 오제전자분광장치로 관찰한 결과 흰 부분에 질화붕소가 석출되어 있다.

진공기술은 과학이나 산업을 지탱하는 기초 기술이다. 그렇기 때문에 요구되는 조건의 진공을 확실하게 제공하여야 한다. 현재 극고진공에 대한 요구는 더욱 더 크게 되어, 재료 연구자도 극고진공용기용 재료를 개발해야 한다. 여기에서 극고진공용기 재료의 개발시험으로써 스테인리스강의 표면에 내부에서 질화붕소를 석출시키는 것으로부터 강표면을 기체의 흡착에 대해 불활성으로 된 예를 소개하였다. 이와 같은 시험으로부터 극고진공의 실용화가 진행될 날도 멀지 않았다.

제3장

고강도 재료

3.1 고비강도 재료
3.2 구조재료용 금속간 화합물
3.3 섬유강화 복합재료
3.4 초내열합금
3.5 입자분산복합재료
3.6 세라믹 피복재료
3.7 극저온용 구조재료

CHAPTER 03 고강도 재료

3.1 고비강도 재료

3.1.1 고비강도 재료

　기계, 구조물 등에 사용되는 금속재료의 강도는 시대에 따라 착실하게 증가되고 있다. 그 변천을 철강재료에서 보면 그림 3-1에 나타낸 바와 같이 1980년에는 2,600 MPa에 이르고 있고 급격한 고강도화로 되었다. 항공기, 로켓 등 그 시대의 첨단 기술분야에서 사용되는 재료의 최고 강도의 추이를 나타낸 것이다. 본 절에서 '고비강도 재료'의 비강도란, 강도를 비중으로 나눈 값이다. 단위 중량에 대한 강도를 나타내고 있다. 따라서 고비강도 재료란 단지 강도가 높은 재료가 아니라 경하고 강한 재료를 의미하고 위에서 언급한 항공기나 로켓 등의 고속비상체, 우라늄 농축용 원심분리기처럼 초고속회전체에 필요불가결한 재료이다. 여기서 왜 불가결한가를 구체적으로 설명하고자 한다.

　각종 기계, 구조물의 성능향상을 위해서는 재료의 고강도화가 유효한 것은 당연하다. 특히 구조물이 대형화하면 자중(어떤 물건 자체의 무게)과 두께가 대단히 크게 되므로 재료강도를 높인 것은 특히 유리하다. 그 때문에 초고층빌딩이나 원자로 압력용기 등에 사용되는 두꺼운 재료에서는 적극적인 고강도화가 계획되고는 있지만, 이것들의 용도에는 저강도재를 사용하고 두께를 두껍게 해도 필요한 성능을 얻는 것은 가능하다.

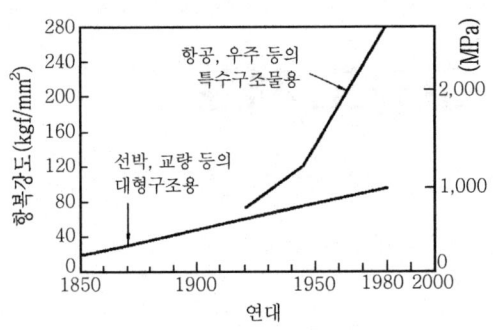

그림 3-1 철강재료의 고강도화의 변천

    그 때문에 고강도화는 전체로 하여 경제적으로 유리한 경우와 피로강도를 중심으로 한 신뢰성의 향상을 얻는 경우에 한정된다. 거기에 대해서 고체연료 로켓에서는 골격을 이루고 있는 챔버는 압력용기의 역할도 하고 있으므로 저강도재로 제조하면 챔버 벽을 두껍게 해도 득이 없고 로켓, 자체 무게가 증가한다. 거기에 따라서 발사에 필요한 연료중량을 증가시킬 필요가 있다. 연료중량의 증가는 내압을 높게 하고, 또한 챔버 벽을 두껍게 할 필요가 있다. 그 때문에 로켓 자체 무게가 증가하면 연료중량이 증가하여 악순환에 빠진다.

    그 결과 로켓 본래의 역할을 달성할 수 없게 된다. 이 사정은 항공기에서도 동일하다. 또한 우라늄 농축용 원심분리기는 필요한 분리성능을 얻기 위해 일정속도 이상으로 회전시킬 필요가 있다. 그때 회전동에 큰 원심력이 생기므로 그것에 견디는 재료이어야 한다. 그 원심력은 일정용적에 대해서 속도의 2승에 비례하여 작용하므로 저비강도 재료를 사용해서 용기벽을 두껍게 해서 임시변통하는 것은 불가능하다.

    상기와 같이 고속비상체나 회전체에 고비강도 재료를 사용하는 것은 단지 성능향상이나 경량화 때문이 아니라, 그것을 사용하지 않으면 그 본래의 기능을 달성할 수 없기 때문이다. 이 사정이 고비강도 재료가 불가결한 이유이다. 더욱 더 그것들의 용도는 경하고 강성이 높은 특성도 필요하고 비탄성률(탄성률/비중)로도 평가된다.

    고비강도 금속재료에는 초강력강, 티탄합금과 알루미늄합금 3종류의 합금이 있다. 표 3.1은 상온에서 3합금의 역학적 특성을 비교한 것이다. 비탄성률은 3합금 사이에서 대부분 차이가 없고 재료 선택이 유리한 것은 비강도의 대소에 따라서 결정된다. 비강도를 높게 하기 위해서는 강도를 증가, 비중을 낮추면 좋다.

표 3.1 고비강도 재료의 상온에서의 역학적 특성

재료명	비중 ρ	인장강도 σ (MPa)	탄성률 E (GPa)	비강도 σ/ρ (MPa)	비탄성률 E/ρ (GPa)
알루미늄 합금	2.7	400~600	70	148~222	25.4
티탄 합금	4.5	700~1,400	105	155~311	23.3
초강력강	7.9	1,200~2,600	200	151~323	25.3

그러나 비중은 바탕 금속의 종류에 따라서 대부분 결정되고, 합금원소의 첨가에 의해서 대부분 변화하지 않는 특성이 있다. 그 때문에 비강도를 높이는 것은 인장강도를 높이는 것과 같다.

금속재료의 고강도변화에는 ① 고용강화 ② 입계강화 ③ 석출강화 ④ 가공강화의 4가지 기본 기구가 사용된다. 이것들은 기본적으로는 격자결함의 이동성을 방해하는 것으로부터 고강도화를 도모하고 그 내용을 간단히 설명하면 다음과 같다. ①은 원자반경이 다른 합금원소, ②는 결정입계 등의 상계면, ③은 석출물 등의 제2상 입자, ④는 가공에 의해 증가된 전위끼리의 간섭에 의해서 제각기 전이의 운동을 강하게 방해해서 강화한 기구이다. 고비강도 재료는 고강도와 함께 나중에 언급하는 것처럼 인성 저하를 최대로 억제할 필요가 있으므로 주로 석출강화와 입계강화를 이용해서 강화시킨 재료이다.

다음에 고비강도화에 따라 문제점에 관해 설명한다. 최대의 문제점은 파괴에 대한 저항력, 즉 인성이 저하해서 신뢰성이 떨어지는 것이다. 이때는 전술의 '고강도화는 신뢰성 향상이 한 가지의 목적'이라고 기술한 것과 모순이므로 설명을 보충한다. 즉 저강도측에서는 고강도화에 비례해서 신뢰성도 향상된다. 그것에 대해서 어떤 한도 이상의 고강도영역에서는 강도상승에 따라 인성이 저하하고 신뢰성이 급격히 떨어진다. 그래서 고비강도 재료는 후자의 강도 레벨의 재료이기 때문이다. 더욱 더 고강도로는 소성변형을 곤란하게 하며, 한편 인성이 큰 것은 소성변형에 의한 응력집중의 완화능력이 우수하고 파괴저항력이 높은 것이다. 이와 같이 강도와 인성과는 기본적으로 상반된 특성이 있으며, 이것이 고강도구역에서 인성 저하가 현재화하는 이유이다. 이 자성 저하는 물이나 해수 등의 부식환경 중에서 사용할 경우는 더욱 더 가속되고 시간의존형의 파괴(어느 시간 경과 후 일어나는 파괴)가 일어나기 쉽게 된다. 이 파괴현상은 응력부식균열 또는 지연파괴라 부르고 고비강도화를 제한하는 최대의 요인이다. 그 때문에 고비강도 재료는 인성 향상에 특별한 배려가 요구되는 재료이다. 인성 향상의 기본으로서 ① 불순물원소의 제거, ② 비금속개재물이나 조대석출물의 저감, ③ 결정립 미세화의 3가지 방책이 취해지고 있다.

그림 3-2는 고비강도 금속재료의 앞으로의 가능성을 전망하기 위해 FRP와 FRM 복합재료의 특성을 비교한 것이다. 금속재료는 FRP에 대해서는 특히 비강도의 점에서 FRM에 대해서는 비탄성률의 점에서 낮다. 복합재료는 이것들의 특성을 설계할 수 있는 재료이며, 금속재료가 양 특성에서 복합재료에 비견되는 것은 불가능할 것이다. 그 의미에서 고비강도 금속재료는 무한의 가능성을 가진 재료는 아니다. 그 반면 금속재료는 복합재료에 비해서 내열성, 내충격성이나 접합성이 우수하고 신뢰성과 종합 성능이 뛰어난 성숙도가 높은 재료이다. 따라서 고비강도 재료에 대해서 쉽게 비약적인 성능향상을 기대할 만한 것은 아니며, 착실히 성능향상을 도모하고 가능성의 확대를 지속적으로 추구할 필요가 있다. 지금까지 고비강도 재료의 개요를 기술하였다. 다음에 초강력강, 티탄합금, 알루미늄합금으로 구분해서 최근의 연구성과를 조금 상세하게 소개한다.

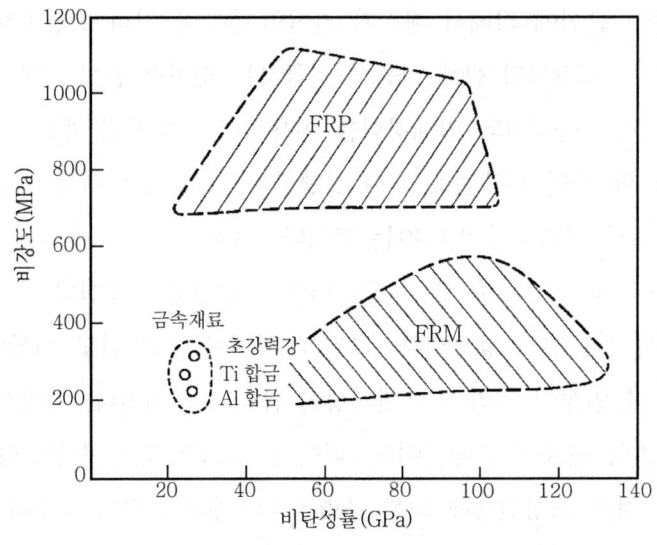

그림 3-2 금속재료, FRP와 FRM의 비강도, 비탄성률의 비교

3.1.2 초강력강

초강력강은 비중이 큰 불리한 조건을 가진 고비강도화를 꾀하지 않으면서 고강도화를 최대로 추구하여 달성한 재료이다. 초강력강은 50가지가 넘는 강종이 개발되어 있지만, 이것들을 합금원소량에 따라 분류하면 표 3.2와 같다. 이와 같이 초강력강은 많은 합금원소를 광범위하게 더욱 치밀히 조합해서 강화한 강, 또한 진공 아크 2중 용해법이 사용되고 불순물 원소를 극히 저감한 강 그리고 담금질한 것도 같은 처리에 의해 조직제어가 된 강이다.

표 3.2 초강력강의 합금원소량에 의한 분류

합금량	중탄소	저탄소 (0.2~0.1%)	극저탄소 (0.03% 이하)
저합금 (~5% 이하)	Ni-Cr-Mo강		
중합금 (5~10%)	5Cr-Mo-V강	5Ni-Cr-Mo강 5~7Ni-Cr-Mo-V 베이나이트강	
고합금 (10% 이상)	기지 강 9Ni-4Co 강	10Ni-8Co 강 PH스테인리스강	마르에이징강 마르에이징 스테인리스강
조 직	뜨임 마르텐사이트 조직	2차 경화조직	금속간 화합물 석출경화 조직

최초에 사용된 초강력강은 상당한 탄소를 함유한 Ni-Cr-Mo계 강이다. 이 계열 강종은 인장강도가 1,000MPa 정도에서 현재의 2,100MPa까지 높아지고 항공기 이착륙장치에 사용되고 있다.

이착륙장치는 이착륙시는 비행기의 전중량을 지탱하는 중요한 역할을 하지만, 비행 중에는 아무 쓸모없는 물건으로 Compact에 수납될 필요가 있다. 초강력강은 높은 비강도와 용적강도를 가지고 있으므로 필수재료로써 사용되고 있다. 더욱이 고강도화를 꾀하려면 자성 저하를 극력압제하기 때문에 탄소를 저하하기 위해 Ni, Mo 등 합금원소의 첨가량을 증가시키는 방향으로 진행되고 있다. 그 극한으로 낮춘 강종이 마르에이징강이다. 이 강에서는 탄소도 불순물 원소로써 극히 저하하고 상당히 다량의 Ni, Co, Mo, Ti을 첨가하여 마르텐사이트 조직으로부터 금속간 화합물을 석출시켜 강화한 강이다. 현재 조성을 미세조정해서 강도를 제어한 일련의 강종이 개발되어, 최고강도 2,400MPa의 강종까지가 실용화되어 있다. 더욱 더 고강도인 강종을 개발하기 위해 먼저 조성의 영향을 계통적으로 검토한 마르에이징강에서는 Mo, Ti 등 석출경화 원소의 첨가량을 증가시켜 시효경화의 정도를 높이는 것은 그렇게 어려운 것은 아니다.

더구나 시효경화란 시효 중의 석출로부터 강화되는 것을 말한다. 그 때문에 마르에이징강의 고강도화에서는 시효경도에 맞는 인장강도를 얻을 수 있는지 또는 필요한 인성을 얻을 수 있는지 아닌지가 문제이다. 그 검토의 결과 현용 강종의 단순한 연장상 조성에서는 조직을 이상적으로 조정하여도 인성 저하가 현저한 것, 한편 미국 INCO사가 제안한 고Mo계 조성에서는 종래의 열처리에서는 이상조직으로 조정할 수 없는 것이 판명되었다. 더구나 이상조직이란 파괴의 기점으로 된 조대한 석출물을 함유하지 않고 미세한 결정립 조성을 나타내고 강화 석출물이 균일 미세하게 분포한 조직이다. 그래서 그러한 조직으로 조정하기 위해 다음의 가공열처리법을 개발하였다. 우선, 1,100℃ 이하의 고온에서 용체화 처리를 하지 않고 조대석출물을 완전히 고용화한 후에 그 온도에서의 냉각과정으로 열간가공을 해서 결정립을 미세화하고 바로 소입한다. 그 후 시효에 의한 석출물을 미세하게 석출시킨다. 이 가공 열처리를 13Ni-15Co-10Mo강에 적용하고 2,750MPa의 인장강도로 우수한 인성을 얻는데 성공했다. 그러나 이와 같은 고강도 레벨에서는 전술한 지연파괴에 의한 취화가 당연히 문제가 된다. 그 외에 조성과 조직의 조정만으로는 개선할 수 없는 정도로 그 감수성은 높다. 거기서 지연 파괴감수성이 낮은 물질을 표면피복해서 그 개선을 꾀하였다. 또한 용접성에 대해서도 검토하였다.

이와 같이 2,750MPa강급 마르에이징강에 대해서 인화의 기초에서 환경취화와 용접성 개선까지 광범위한 연구와 최고강도의 초강력강으로써 실용화가 되고 있다. 또한 고강도화 연구의 "꿈"에 도전하는 시점에서 마르에이징강의 극한 강도를 추구하였다. 이 연구에서는 우선 고강도화에 따라 결정립을 미세화하지 않으면 시효경화에 걸맞은 인장강도를 얻지 못한다. 다음에 그 필요한 결정립경을 정량적으로 제출하여 고강도화를 위한 기본지침을 확립하였다. 그리고 현재의 결정립미세화기술의 한계로부터 달성 가능한 극한강도를 예측하고 더욱 그 값에 해당하는 4,300MPa 인장강도의 실현에 성공하였다.

이 정도의 강도는 철강재료에서는 수십 μm의 세선이나 박판에서 실현된 예는 있지만 mm 치수의 bulk 재에서 얻은 강도로써는 세계 최고 수준이다. 그리고 그 강도는 철의 이론강도의 약 1/3에 해당하고 티탄합금이나 알루미늄합금에 비해서 그 달성률은 가장 높다. 물론 이 강도는 인성이 낮게 되어 바로 실용화할 수 있는 강도는 아니지만, 고강도화의 가능성과 한계를 실증적으로 확인한 것의 의의는 크다. 그러나 티탄합금 등 많은 경합재료를 발전시키고 있으므로 초강력강의 결점인 내환경 특성을 개선하고, 비강도와 동시에 용적강도가 높은 특징을 활용한 용도의 확대를 도모하는 것이 앞으로의 과제이다. 즉, 환경강도의 개선에 관해서는 파괴의 기점으로 된 표면의 성능향상이 가장 중요하고 레이저 등을 이용한 고성능의 표면개질기술의 적용이 앞으로의 과제이다.

3.1.3 티탄합금

티탄은 불완전한 금속이다. 또한 가볍고 강해서 내식성이 우수한 금속이다. 그 때문에 티탄합금은 고비강도로써 이상적인 특성을 지니고, 또한 가능성이 큰 재료이다. 티탄합금인 경우 합금원소는 고온상의 β상을 안정하게 하는 β 안정화 원소와 저온상의 α상 영역을 넓히는 α 안정화 원소로 구별된다.

티탄합금으로는 이것들의 원소를 조합해서 첨가된 상온조직에 의해 α, α-β, β형의 3종류 합금으로 대별된다. 이 합금의 종류와 제성질과의 관계는 표 3.3과 같이 나타내었다. 지금까지 명확하게 고온용과 극저온용에는 α형 합금, 상온 근방에서 사용된 고강도 고자성 합금에는 β형 합금이 유리하다. α-β형 합금은 제각기 중용의 특성을 가진 만능형 합금이다.

티타늄합금은 현재 항공기 재료에 주류를 이루고 있다. 알루미늄합금에 비해서 비강도, 내환경성과 내열성이 우수하고 항공기에서 특히 피로강도와 내열성이 요구되는 부분에 사용되고 있다. 또한 개발이 진행되고 있는 6,000m급 심해잠수 조사선의 내압각에는 티탄합금의 사용이 결정되어 있다. 그러나 티탄합금의 사용량은 아직도 적다. 그 때문에 사용목적에 따라 합금을 다품종화 할 수 없고, 조성은 소수의 합금에 한정해서 열처리나 가공열처리의 조건을 변화시켜 특성에 폭을 갖도록 하는 방법을 택하고 있다. 그 특정합금이 Ti-6Al-4V α-β형 합금이며 티탄합금 사용량의 약 75%를 차지하고 있다.

표 3.3 티탄합금의 종류와 성질과의 관계

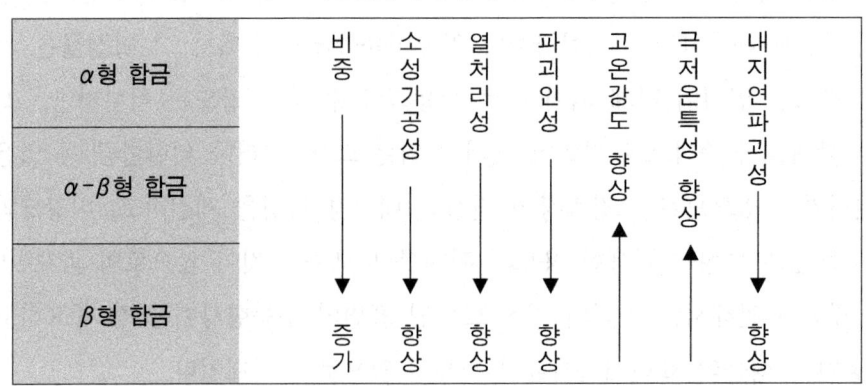

Ti-6Al-4V 합금은 앞에 설명한 것처럼 만능형 합금이고, 또한 많은 사용 실적으로 신뢰성이 높은 합금이지만 가공성능이 뒤떨어지는 결점이 있다.

그 가운데에서도 소성가공성이 나쁘고 냉간가공을 거의 할 수 없는 합금이다. 그 때문에 티탄합금제품은 주로 절삭가공에 의해 제작되고, 재료에 대한 제품의 비율은 보통 10~20% 정도이다. 이 낮은 재료수율과 높은 가공비가 제품가격을 올려 용도를 한정하고 있다. 여기서 티탄합금의 연구는 단지 비강도의 향상을 추구하는 것으로는 충분하지 않고, 동시에 가공성능의 개선을 꾀하는 시점에서의 연구개발이 필요하다. 그래서 다음 2가지의 고강도화 연구를 진행하고 있다.

한 가지는 초소성가공성이 우수한 고온고비강도합금의 개발이다. 이 연구는 900℃ 근방의 온도에서 초소성가공이 가능하고, 300℃에서 비강도 280MPa 이상으로 신장한 10%이상을 함유한 합금개발을 목표로 하고 있다. 고온에서 초소성가공성을 갖도록 하기 위해서는 가공온도에서 α상과 β상의 비를 1 : 1로 하는 것이 필요하다. Ti-6Al-4V 합금은 이 조건을 만족시켜 소성가공성을 나타내지만, 비강도가 목표치보다 상당히 낮다. 그래서 α상과 β상을 1 : 1로 하고 다종류의 합금원소를 될 수 있는 한 다량첨가해서 강화를 꾀하는 합금설계법을 개발하였다.

이 방법으로부터 복수의 합금조성을 선택하여 그 특성을 확인한 결과, 개발 목표치에 근접한 신합금의 개발에 성공하였다. 이 합금조성의 일례를 나타내면 Ti-6.5Al-1.4V-1.4Sn-1.0Zr-2.9Mo-2.1Cr-1.7Fe이다. 이와 같은 복잡한 조성은 종래의 합금학에서는 얻을 수 없고 합금설계법의 위력을 단적으로 나타내고 있다.

다른 한 가지는 냉간가공법이 우수한 β형 합금의 개발이다. 냉간가공이 가능한 것은 세선이나 박판을 제조할 수 있는 직접적 효과 이외에도 치수 불량을 보정할 수 있다. 표면 변질층의 형성을 억제하는 등 제조공정의 간략화를 가능하게 하여 공업재료로써의 자질은 점차 향상된다. 더욱이 β형 합금은 소입성, 시효경화성, 파괴인성, 내지연파괴성이 우수하고 상온 근방에서 사용되는 고강도 고인성합금으로써 큰 기대가 되고 있다.

β형 합금에는 Ti-6Al-4V 합금과 거의 동시대에 개발되어 당초 꽤 사용된 합금도 있지만 품질의 안정성이 부족하고 또한 시효경화에 따라 취화가 현저하기 때문에 그 사용량이 감소된 경위가 있다. 그 후 제2세대의 β형 합금 개발이 미국을 중심으로 활발히 진행되어 단조가공성이 좋은 Ti-10V-2Fe-3Al 합금, 냉간가공성이 우수한 Ti-15V-3Cr-3Al-3Sn 합금 등이 개발되었다. 양 합금의 비강도는 Ti-6Al-4V 합금의 상한비강도와 동시에 더욱 더 비강도의 향상을 목적으로 한 합금개발이 필요하다.

종래의 티탄합금은 기본적으로는 고용강화형 합금이다. 여기서 고강도화를 위해 시효경화(석출강화)를 적극적으로 이용한 β형 합금의 연구는 고강도화에 새로운 돌파구를 열게 될 것으로 기대하고 있다. 이 연구개발은 지금부터가 집중해야 할 때이다. β형 합금의 용접성과 환경강도가 우수한 점도 중시하고, 고비강도 용접 구조용 재료로써 위치를 차지하여 그 연구개발을 강력하게 진행하고 있다.

반복해서 기술한 것과 같이 티탄합금은 고비강도 재료로써 이상적 특성을 지니고 있지만 반면 고가이며 큰 결함이 있다. 그 때문에 티탄합금인 경우 최고 중요과제는 원가절감이며, 상기와 같이 가공성을 함유한 합금성능의 향상을 꾀하는 것은 중요하지만 동시에 신가공기술의 개발과 새로운 용도의 개척도 불가결한 것을 강조하며 티탄합금의 가능성에 기대하고 싶다.

3.1.4 알루미늄합금

알루미늄합금은 두랄루민을 항공기 기체재료에 사용한 이래 그 주류를 차지하고, 민간 항공기의 알루미늄합금 사용 비율은 현재도 75~80%이다. 알루미늄합금의 비강도는 표 3.1에 나타낸 것과 같이 초강력강이나 티탄합금보다 떨어지지만 가격과 가공성이 우수한 이점을 활용하여 여전히 기체 재료의 주류를 차지하고 있다. 그러나 최근 FRP에 의한 치환이 증가하는 경향이 있으며, 알루미늄합금이 고비강도 재료로써 사용되기 위해 이 분야의 총력을 결집해서 재료개발에 도전하고 있다. 그 재료개발은 종래 합금의 개량과 신합금의 개발이라는 양면에서 진행되고 있다.

현재 항공기 기체에 이용되고 있는 알루미늄합금은 2000(Al-Cu-Mg)계와 7000(Al-Zn-Mg-Cu)계의 시효경화형 합금이다. 즉 석출강화를 이용해서 고강도화를 도모하고 있지만 이 합금에서도 인성저하가 문제로 되었다. 특히 항공기의 강도부재가 큰 단조품으로부터 깎아내는 공법이 채용되어 후육재의 두꺼운 두께방향의 인성과 내응력 부식균열성의 저하가 큰 문제로 되어 있다. 그 때문에 과시효 상태에서 사용하고 있다. 즉 강도를 희생하여 인성값을 확보하는 대책을 택하고 있다. 그 애로를 타계하고 인성과 동시에 강도를 높이기 위해 종래 합금의 개량이 적극적으로 진행되고 있다. 인성의 향상에는 다음의 방법이 이용되고 있다.

① 바탕금속의 순도를 높이고 Fe, Si 등 불순물 원소량을 제한한다.
② 용탕처리에 의해 비금속개재물과 가스성분을 제거한다.
③ 조대석출물의 생성을 억제한다.
④ 가공열처리에 의해 조직을 미세화한다.

이 중에서 조대석출물의 생성억제를 추구하여 개발된 기술이 급냉응고 분말야금법이다. 알루미늄합금은 일반적으로 응고시에 조대석출물의 형성을 회피할 수 없는 조성이다. 그래서 애토마이즈(atomizer)법 등으로부터 급냉 응고시켜 합금분말을 제조하고, HIP(Hot Isostatic Pressing, 열간정수압프레스)로부터 치밀화하는 처리가 개발되었다. 이 처리를 이용하면 조대석출물의 생성은 억제되고, 합금 원소의 고용한계는 확대되며 더구나 분말야금 특유의 분산입자에 의한 결정립성장억제와 강화의 효과도 기대할 수 있다. 급냉응고 분말야금합금은 보통 주괴를 사용하는 방법에 비해서 공정이 복잡하고 비용은 증가하지만 강도, 자성과 내응력 부식균열성의 어떤 특성도 향상된 합금을 얻을 수 있다. 그 성능은 상당히 우수한 것으로서 이것들의 개량합금은 민간 항공기의 실용화에 이미 사용되고 있다.

신합금의 개발에 대해서는 비강도와 비탄성률의 향상을 목적으로 한 Al-Li합금이 주목된다. 최초에 금속재료의 비중은 재료고유의 성질로 대부분 조정할 수 없는 것을 기술하였지만 그 수가 적은 예외의 합금이 Al-Li합금이다.

리듐은 0.53g/cm³으로 금속원소 중에서 가장 가벼운 원소이다. 합금의 비중은 첨가원소의 비중과 양에 의존하고 혼합법칙에 따르므로 리튬 첨가 1중량 %당 합금비중은 약 3% 저하된다. 더구나 리튬은 알루미늄합금의 탄성률을 높이는 원소이다.

알루미늄합금에서는 융점이 높은 원소일수록 탄성률을 높이는 경우가 크고 융점이 낮은 원소는 탄성률을 저하시키는 것이 일반적이다. 그런데 리튬은 융점이 186℃로 대단히 낮은데도 상관없이, 탄성률을 높이는 원소이다. 그 증가율도 1중량 %당 약 6%로 크다. 더욱이 Al-Li합금은 시효경화에 의한 고강도화가 가능한 합금이다. 이와 같이 Al-Li합금은 종래의 금속재료에서는 거의 기대할 수 없었던 비강도와 비탄성률을 동시에 개선하는 것을 가능하게 하고 이것이 본 합금을 주목시키는 가장 큰 이유이다.

현재 개발이 진행되고 있는 합금은 Al-Cu-Li계, Al-Mg-Li계, Al-Cu-Mg-Li계 등 Li를 2% 정도 함유한 합금이다. 인장강도는 400~600MPa로 비탄성률은 종래 합금에 비해서 20% 정도 증가가 되었다. 상기에서처럼 Al-Li계 합금은 뛰어난 가능성을 가진 합금이지만 현시점에서의 합금은 아직 시효경화에 따라 인성이 크게 낮아지는 결점이 있다. 이 인성저하는 주로 물질에 정합하여 석출하는 중간상 δ'상보다 강화되기 때문이며, 파괴기구도 특이하다. 이와 같이 강화기구가 파괴거동에 밀접하게 관련돼 있으므로 인성의 개선을 도모하는 것은 용이하지 않지만 이 결함을 극복하지 않는 한 본 합금의 실용화는 어렵다. Al-Li계 합금에서는 종래합금의 결점인 내열성도 개량된 것으로, 알루미늄합금이 고비강도 재료로써 사용하기 위한 최후의 방법이며, 그 개발에 뜨거운 기대를 모아 실용화되고 있다.

알루미늄합금은 내열성의 점에서는 티탄합금에, 비용과 비강도의 점에서는 FRP의 협공을 받고 있다. 그러나 상기와 같이 비강도와 신뢰성의 향상을 서둘러 추구하고 항공기 기체재료로서 당분간 우위에 있지만은 않을 것이다. 앞으로는 알루미늄을 바탕으로 하는 복합재료로 이어져 발전할 것으로 기대된다.

3.2 구조재료용 금속간 화합물

금속간 화합물은 초전도체, 자성체 등으로써의 우수한 성질이 주목되며, 기능재로써 적극적인 이용을 도모하고 있다. 한편 구조재료에 있어서는 오래 전부터 항공기의 기체재료에 사용되고 있는 두랄루민 중에서 미세하게 분산된 석출물로써 고강도화에 유용하게 쓰이고 있다. 또한 니켈기의 내열합금에서는 Ni_3Al계의 금속간 화합물이 체적률에서 60% 이상 높은 비율로 포함되어 내열성의 향상에 기여하고 있다. 절삭공구로써 사용되고 있는 초경합금은 단단하지만 약한 탄화텅스텐이나 탄화티탄을, 연성을 가진 코발트에 따라서 인위적으로 접착하고, 단체에서는 얻을 수 없는 성질을 가지고 있다. 이와 같은 복합조직으로써의 이용과는 달리 금속간 화합물을 구조재료에 적용하는 시험을 하고 있다.

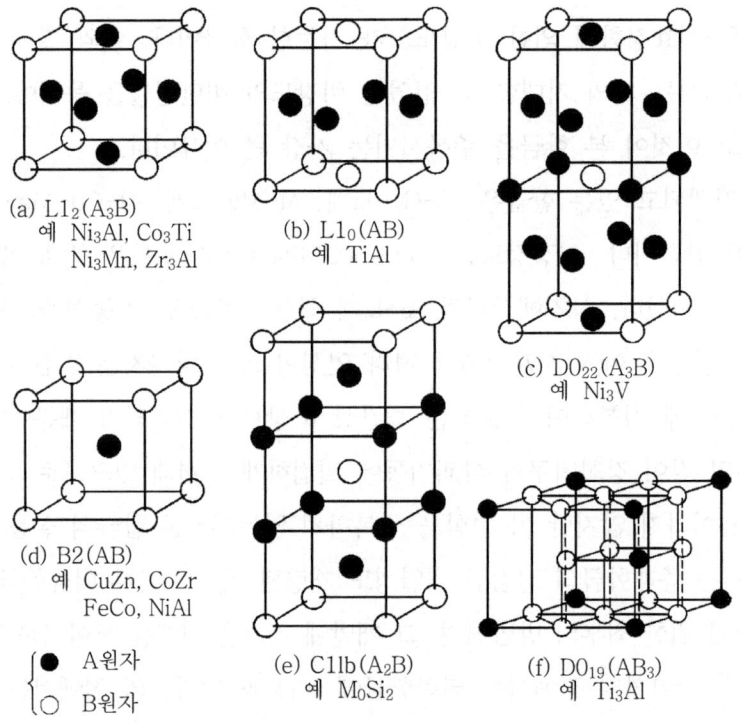

그림 3-3 금속간 화합물의 결정구조의 예

이 목적에 따라 화합물의 한 가지는 Ni_3Al로 대표되는 것처럼 면심입방격자 구조를 갖고, 강도가 온도 상승에 따라 증가하는 특성을 나타낸 것이다. 금속간 화합물의 이와 같은 특이한 성질은 종래의 금속·합금에서는 기대하기 어려우며, 고온용 구조재료로써 앞으로 더욱 더 발전되리라 기대된다. 그림 3-3에 금속간 화합물의 결정구조의 예를 나타내었다.

3.2.1 탄성계수

금속간 화합물의 기계적 성질의 특이성은 먼저 탄성률로 나타낸다. 그림 3-4에 알루미늄합금, 티탄합금 및 티탄과 알루미늄의 금속간 화합물, TiAl, Ti_3Al의 영률을 나타낸다. 티탄과 알루미늄을 화합물로 하여 알루미늄합금, 티탄합금에서는 얻을 수 없는 높은 탄성률을 얻게 된다. 최근 재료의 고강도화에 따라서 고응력에서 사용이 가능하게 되면 탄성적인 변형이 크게 되기 때문에 고탄성률의 재료를 원하게 된다. 철합금, 티탄합금, 알루미늄합금과 보통 합금에서는 비중이 작게 되면 탄성률도 낮게 되고 구조물의 경량화로 비교의 대상으로 되어 비탄성률(탄성률/비중)이 그다지 변하지 않는 것을 고려하면 금속간 화합물의 고탄성률은 귀중하다.

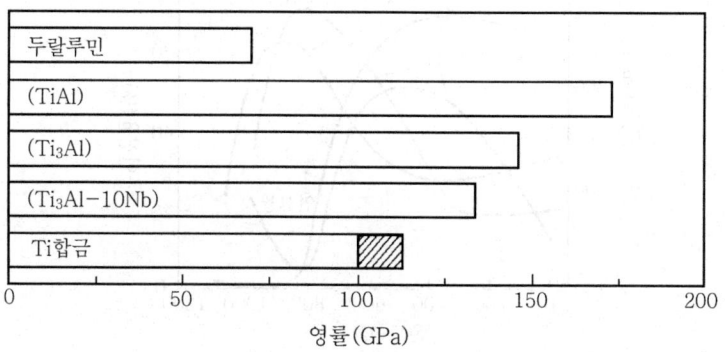

그림 3-4 18℃에서 영률의 비교

3.2.2 강도와 연성

금속간 화합물은 일반적으로 상온 부근에서는 약하고 특히 다결정에서는 인장변형을 할 수 없는 것이 많다. Co_3Ti, Ni_3Mn 등은 인장변형을 할 수 있는 예이다.

그림 3-5에 $L1_2$형 면심입방격자구조를 가진 Co_3Ti 다결정의 인장항복강도 및 연신율의 온도의존성을 나타낸다. 강도는 온도상승에 따라 약 800℃까지 증가하고 Peak를 만든다. 한편 연신율은 강도의 Peak 온도에서 극소로 된다. 일반적인 합금에서는 강도는 온도상승과 동시에 저하되기 때문에 강도의 이러한 거동은 금속간 화합물의 소성변형, 즉 전위운동의 특이성에 따라 생긴다고 생각된다. 이러한 특이성은 슬립면인 {111}면에서 역위상경계(APB) 에너지 차가 크고 슬립면이 아닌 {100}면에서 APB 에너지 차가 작은 것에 의해 설명된다. 즉 저온에서는 변형된 초격자전위는 {111}면을 움직이지만 온도가 높게 되면 열활성화 과정으로부터 APB 에너지가 낮은 {100}면상에 교차슬립을 일으킨다. 이 면상에서는 전위는 움직이기 어렵기 때문에 {111}면상의 초격자전위의 운동 저항이 되어 변형응력을 증가시킨다.

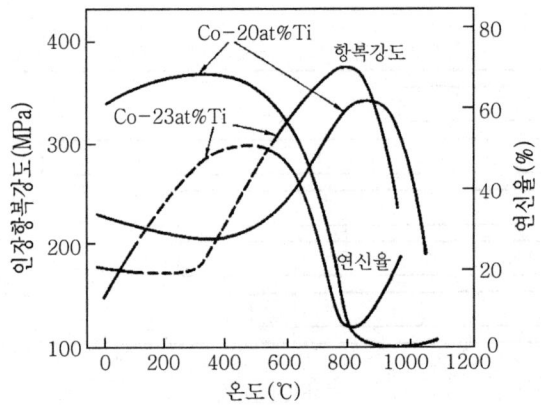

그림 3-5 Co_3Ti 다결정의 강도와 연신율의 온도의존성

{100}면상에서의 교차슬립은 온도 상승과 동시에 많아지고, 초격자전위의 운동 저항을 증가시켜 강도의 상승을 초래한다. 더욱 더 온도가 상승하면 {100}면상의 슬립이 활동하기 때문에 강도가 저하된다고 생각된다. Co_3Ti와 같은 $L1_2$형 구조를 가진 Ni_3Al은 같은 모양

으로 강도가 온도상승과 동시에 증가하면서 니켈기 내열합금인 경우 대단히 높은 체적률로 되어 고온강도를 초래한다.

그림 3-6에 Ni$_3$Al 다결정의 압축항복강도의 온도의존성을 나타내었다. 미세한 결정립으로 된 재료에서는 비틀림속도에 의한 강도의 변화가 크고 느린 비틀림속도에서는 강도의 Peak는 소실된다.

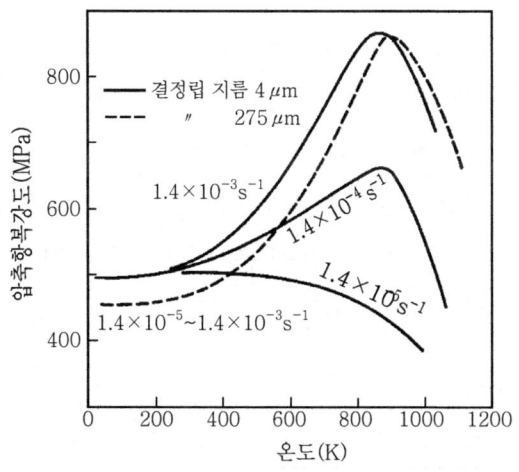

그림 3-6 Ni$_3$Al 다결정의 압축항복강도의 온도의존성

한편 조대결정립의 재료에서는 비틀림속도에 의한 강도의 변화는 나타나지 않는다. 미세립 재료에서는 크리프변형에서 문제가 되는 입계 슬립이 생긴 결과, 강도의 Peak가 없어진다고 생각되고, 크리프강도의 향상에는 결정립지름을 크게 할 필요가 있는 것은 보통 내열합금과 같다. Ni$_3$Al 다결정은 결정입계에서 파괴하기 때문에 인장연성을 나타내었지만, 최근 미량의 보론을 첨가한 것에 따라서 상온에서 현저히 연신율을 나타내고 냉간압연도 가능하게 되었다. 또한 알루미늄을 적당량의 망간으로 치환한 것에 따라서도 연성을 얻을 수 있다. L1$_2$형 면심입방격자구조를 가진 그 외의 많은 화합물에서도 온도 상승에 따라 강도의 증가를 볼 수 있지만 인장변형이 곤란하기 때문에 보통 압축변형으로 조사하고 있다.

강도의 ⊕ 온도의존성은 L1$_0$ 면심정방격자구조를 가진 TiAl 단결정에서도 볼 수 있다. 티탄알루미늄은 구성원소로부터 기대된 것처럼 가볍고 고온에서 높은 비강도(강도/비중)를 갖는다.

다결정의 인장강도는 600℃ 이상의 온도에서 낮아지지만 800℃에서도 약 350MPa이다.

인장연신율은 700℃ 이상에서 급격히 증가하지만 상온에서 인장변형이 곤란한 것이 재료로써의 문제점이다. 그러나 최근에는 바나듐, 망간 등의 소량첨가에 의해 상온에서 연성을 개선하였다.

그림 3-7에 각종 내열합금의 크리프강도의 온도의존성을 나타낸다. 경량 고강도의 목표인 비강도를 고려하지 않으면 티탄·알루미늄계 화합물이 종래의 합금과 비교해서 우수한 내열성을 갖는 것을 나타낸다. 마찬가지로 티탄과 알루미늄을 구성원소로 하는 DO_{19}형 육방격자구조를 가진 Ti_3Al 다결정의 강도도 700℃까지 상승하고 경량내열재료로써 기대되지만 상온에서는 인장변형을 할 수 없다. B2형 체심입방격자구조를 가진 화합물에서도 강도가 온도상승과 동시에 증가하는 것이다.

형상기억합금에서 볼 수 있듯이 마르텐사이트 변태하는 것이나 규칙-불규칙 변태하는 화합물에서는 변태온도 부근에서 강도에 Peak를 볼 수 있는 것은 알 수 있지만, CuZn, CoZr과 같이 변태와는 무관한 것으로 생각되는 강도의 ⊕ 온도의존성을 나타내는 화합물도 존재한다.

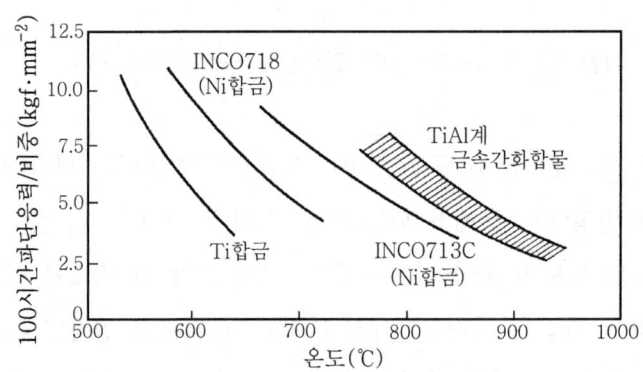

그림 3-7 비강도(강도/비중)로 나타낸 각종 합금의 크리프 파단응력의 비교

3.2.3 가공과 연성개선

일반적으로 금속간 화합물은 가공성이 나쁘고 보통 합금처럼 단조, 압연 등에 의해서는 용이하게 가공할 수 없다. 따라서 합금의 조직제어에 이용되는 가공·열처리를 적용할 수 없어 다결정 재료의 특성개선을 곤란하게 하고 있다. 그러나 최근 각종 방법에 따라서 난

가공성재료의 가공이 검토되어 착착 성과를 거두고 있다. B2형 화합물 NiAl은 용해 후 연강에 canning(통, 연강의 용기 중에 밀봉)한 후 고온에서 압출하는 것이 가능하고, 결정립을 미세화하여 상온에서도 인장연성이 있는 재료로 된다.

$L1_0$형 화합물 TiAl, DO_{19}형 화합물 Ti_3Al을 합금분말로 한 후 티탄합금의 관에 canning하여 1,200~1,400℃에서 압출하면 봉상재료를 얻는다. 또한 측압부가 압출에 따라서 또는 가공온도와 변형속도를 제어하는 것에 따라서 TiAl의 용해재의 가공이 가능할 뿐만 아니라 더욱 더 약한 자성재료 센더스트(sendust)의 가공도 가능하다. 전자는 정수압하에서 변형거동을, 후자는 고온·저변형 속도에서 변형 중에 동적회복, 또는 동적재결정을 이용하고 있다.

더욱 더 가공이 곤란한 V_3Si에서도 온도가 충분히 높으면 압축변형, 압축 크리프를 일으키고 대전류직접 통전가열에 따라서 변형이 용이하게 된다. 상온 연성개선법의 한 가지는 화합물에 소량의 원소 첨가에 의한 방법이다. 자성재료인 FeCo에 바나듐을 첨가하면 연성이 증가하는 것을 잘 알 수 있지만, 이미 기술한 바와 같이 최근에는 Ni_3Al에 미량의 보론을 첨가하기도 하고 알루미늄을 소량의 망간으로 치환하는 것에 따라서 또는 TiAl에 바나듐, 은(銀) 또는 망간을 첨가하여 결정입계균열, 벽개균열을 막고 상온에서도 인장연성을 가질 수 있게 되었다.

액체급냉법에 의해 만든 금속간 화합물은 결정립이 현저하게 미세하고 냉각속도가 현저히 빠르기 때문에 입계편석이 일어나기 어렵다고 생각되며, 입계균열을 억제하고 상온에서 연성이 향상되는 경우가 있다. $(Ni, Fe, Co)_3V$은 소성변형이 곤란한 결정구조를 가진 $Co_3V \cdot Ni_3V$의 코발트, 니켈을 철 등으로 치환하여 $L1_2$형 면심입방격자구조로 변화시켜 연성을 일으키는 것이다. 이것은 화합물의 고용체를 만들기 때문에 변형이 곤란한 결정구조를 소성변형하기 쉬운 구조로 바꾸어 인장연성을 얻을 수 있다. 이상과 같이 가공기술의 발달 또는 재료의 연성개선은 금속간 화합물의 실용화에 크게 기여할 것이다.

3.2.4 구조재료의 금속간 화합물

금속간 화합물에는 고온에서의 강도가 상온보다도 상승하는 것도 있으며, 고온용 구조재료로써 기대되고 있다. 이 경우 문제가 되는 점은 가공성이 나쁘고 인장연성이 부족하다. 전항에서 설명한 것과 같이 이것들의 결점을 개선하면서 현재까지는 Zr_3Al이 원자로용 구조 재료로써 연구되어 왔으며 (Fe·Ni·Co)$_3$V도 기계적 성질은 물론 방사선손상을 포함한 여러 가지 성질이 조사되었다. 이것들은 $L1_2$형 면심입방격자 구조를 갖고, 강도가 온도상승에 따라서 증가하는 금속간 화합물이다. 또한 이것들과 동시에 인장연성을 갖고 가공성도 양호하여 관상으로 형성할 수 있다. Co_3Ti도 Ni_3Al계 화합물도 인장연성을 가지므로 구조재료로써 유망하다.

앞에 설명한 것과 같이 TiAl계 화합물은 인장연성의 개선도 진행되고 또한 여러 가지 가공법의 발전에 따라서 고온에서 소성가공도 가능하게 되었다. 이 화합물은 고온 내산화성도 양호하기 때문에 더욱 더 피로특성, 크리프특성, 환경효과 등의 구조재료로써 특성의 평가를 집적하는 것에 의하여 경량인 고강도의 내열재료로써 실용화가 유망하다. 이외에 알루미늄화합물, 규소화합물에는 NiAl, $MoSi_2$를 기원으로 하는 고융점에서 고온에서의 내산화성이 양호하므로 내열재료의 표면 코팅재로 사용되고 있다. 코팅재의 균열은 모재의 손상을 초래하므로 연성·인성(점성)의 향상이 요구된다. 보론화합물, 탄화물, 규화물 등은 금속·합금에 비해서 현저하게 경하므로 내마모성으로써 표면코팅에 이용되고 있다.

Pearson의 핸드북에 의하면 2~3원소로 된 금속간 화합물의 결정구조의 종류는 120종 이상이 있고, 그 결합 형태는 금속결합성이 강한 것으로부터 공유결합성, 이온결합성이 강한 것까지 널리 분포되어 있다. 이러한 결정구조 결합형태의 다양성이 금속간 화합물의 다종다양에 따라 특성을 만들어내고 있다. 그 때문에 금속에는 없는 특성이나 금속적 특성과 다른 특성을 겸비한 재료를 기대할 수 있다. 기계적 특성을 이용한 고온재료로의 적용은 그 일례이다. 즉 세라믹만큼 고온강도는 기대할 수 없고 금속에서 얻을 수 없는 고온강도를 갖고 더욱 금속의 특성이 있는 연성·인성(점성)을 가진 금속간 화합물을 이용하는 것이다.

3.3 섬유강화 복합재료

복합재료(Composite Materials)란 일반적으로 어떤 목적에 따라 2종 또는 그 이상의 다른 재료를 합체하여 하나의 재료로 만든 것을 말한다. 따라서 복합화에 의해서 어떤 특성이 있는지 소재의 장점을 서로 활용하는 것이 조건이 된다. 이 개념에 해당하는 것에는 이전부터 자동차의 타이어, 철근 콘크리트, 초경합금, 크래드재, 입자분산강화합금 등이 있다. 이와 같은 복합재료 중에서 최근 금속재료 분야에서 주목되고 있는 것이 섬유강화금속(FRM)이다.

이 FRM의 강도는 $\sigma_c = \sigma_f V_f + \sigma_m^*(1-V_f)$로 나타낸 복합법칙에 따른다. 이 복합법칙에 따른 대표적인 것이 유리섬유강화플라스틱(GFRP)이다. GFRP의 약진으로 재료의 고성능화, 경량화에 요구되는 분야가 많으며, 금속재료 분야에서도 신소재로써 FRM의 출현이 기대되며 항공, 우주 이외의 자동차 관련 등 운송기기 관련에 관심이 높아지고 있다.

3.3.1 FRM

신소재로써 FRM에 무엇이 기대되는가. 섬유강화형 복합재료는 강하고 탄성률이 높은 섬유재로 모재금속을 강화시킨 재료인 것으로, 고강도 고탄성 재료로 되는 것은 물론이지만 금속보다 섬유의 밀도가 작은 것으로 그림 3-8과 같이 보통의 금속재료보다 비강도, 비탄성이 극히 높은 재료를 얻는다.

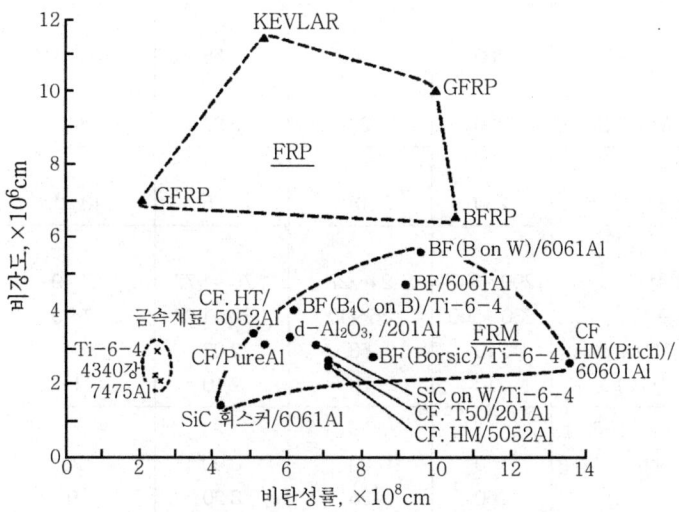

그림 3-8 각종 재료의 비강도-비탄성률의 관계

FRM은 그림과 같이 FRP에 비해서 상온의 역학특성이 오히려 낮지만 모재가 금속이므로 고온의 역학특성이 우수하고 더욱이 다음과 같은 여러 특성도 기대된다.
① 고온의 역학특성 및 열적 안정성이 뛰어나다.
② 열, 전자기특성 및 내환경성이 우수하다.
③ 층간 강도가 크고 섬유축과 직각방향의 강도가 크다.
④ 2차 성형성, 접합성을 갖는다.

그러나 FRM이 지금까지의 금속재료와 대단히 다른 것은 재료설계에서 요구된 것과 같이 역학특성을 가진 재료를 만드는 재료제조, 즉 구조설계인 Tailored Design을 할 수 있다. 즉 강화섬유는 여러 가지가 개발되어 있지만 FRM용으로 고려된 것을 표 3.4, 표 3.5에 나타내었다. 섬유재는 어느 것이나 보통 금속에 비해서 고강도, 고탄성으로 더구나 저밀도인 것이 특색이다.

표 3.4 금속강화용으로서의 대표적 섬유

	섬 유(메이커)	인장강도 (kg/mm^2)	탄성률 (10^3kg/mm^2)	밀 도 (g/cm^3)	직 경 (μm)	비 고
C V C 섬 유	B on W(AVCO, CTI)	350	40	2.46	100, 140, 200	monofilament
	SiC on C(CVD 법) (AVCO)	330	40	3.07	100, 140	〃
	Borsic(SiC coated B/W) (CTI)	300	40	2.58	100, 145	〃
	B$_4$C coated B/W(AVCO)	400	37	2.27	145	〃
전 구 체 섬 유	탄화규소계 SiC(폴리머소성법)	250	18	2.55	10~15	multifilament
	탄소계 PAN계 고강도 형	290~330	24~27	1.70~1.77	7~9	multifilament
	고탄성률 형	230~260	35~40	1.82~1.87	7~9	〃
	Pitch계 P75 (U.C.C)	210	53	2.06	5~10	〃
	P100(U.C.C)	210	70	2.10	11	〃
	알루미늄계 Fiber FP(Du Pont)	150	39	3.90	20	multifilament
	알루미나	260	25	3.20	9	〃

표 3.5 SiC 휘스커의 성상

	Exxon	Tokai
직경의 범위(μm)	0.2~1.0	0.1~1.0
평균 직경(μm)	0.5~0.7	0.2~0.5
섬유 길이(μm)	40~60	50~200
aspect(모양)비	75	50~300
밀도(g/cm^3)	3.2	3.17

3.3.2 FRM 제조법

FRM 제조상의 기본은 상기의 복합측으로부터 고려된 것같이 강화섬유의 특성을 손상하지 않고 금속과 복합화하는 것이다. 그러나 일반적으로 섬유재와 금속은 고온에서 반응하기 때문에 복합법칙에서 예측한 강도를 얻는 것이 어렵다. 성형법으로는 표 3.6에 나타낸 것과 같이 비교적 저온, 고압하에서의 고상법이나 고온, 단시간에서의 액상법이다.

표 3.6 복합화 성형법

고상법	① hot-press법 ② hot-roll법 ③ 분말야금법(포함한 HIP) ④ 고온 인발 · 압출법
액상법	① 용침법 ② 가압주조법 ③ 진공주조법 ④ 다이캐스팅법 ⑤ 혼합캐스팅법

그림 3-9에는 복합화의 공정개요를 내었다. 그림에서 볼 수 있는 중간 복합소재는 섬유의 배향, 분포, 양 등의 제어를 용이하게 하거나, 섬유와 모재금속의 계면상태의 제어를 용이하게 하기 때문에 공정상 중요한 중간재이다. 즉 고상법이 채용되고 있는 것이 CVD섬유/Al, Ti계, C, SiC$_{p,c}$/Al계이며, 액상법은 C, SiC$_{p,c}$/Al, Mg 및 SiC$_w$/Al계에 많이 이용되고

있다. 이 액상법으로 현재 피스톤의 동적부분을 만들거나 지름이 150mm 정도의 인고트 (ingot)를 만들고 있다.

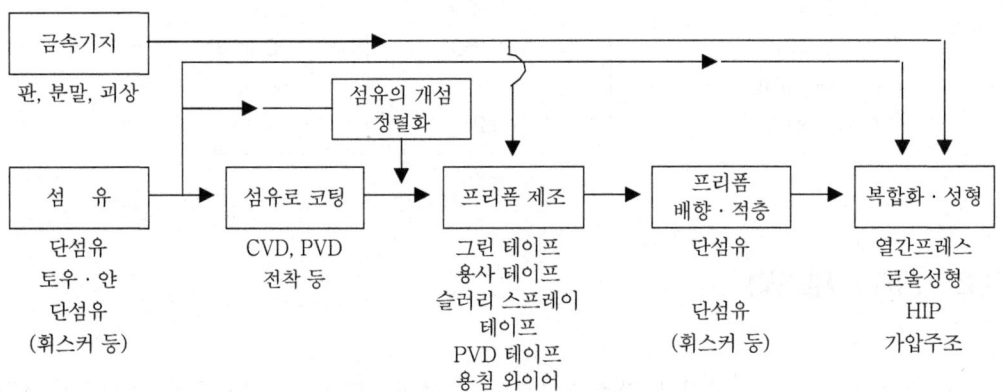

그림 3-9 FRM의 제조공정 개요

3.3.3 FRM의 특성

중간복합소재인 용침 와이어의 C/Al 합금계, $SiC_{p.c}$/Al계로 현재 고강도를 얻고 있다. 전자에서는 섬유에 Ti-B 피복 전처리에 의해서, 그림 3-10과 같이 고탄성 탄소섬유 (M40)/ 6061Al 와이어의 인장강도로써 1.5GPa 이상의 고강도를 얻고 있다.

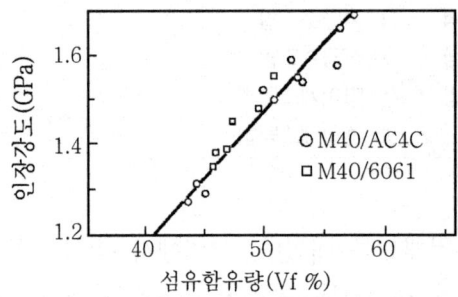

그림 3-10 C/Al 합금 프리와이어의 강도

또한 후자의 $SiC_{p,c}$/Al의 용침 와이어에서는 섬유의 표면처리 없이 표 3.7과 같이 1.0 GPa의 강도를 얻었다. 조밀성형체의 역학특성의 경우, CVD 섬유강화의 Al, Ti 합금복합재에서는 Al계로 표 3.8과 같이 플라즈마 용사의 중간복합시트의 hot-press법으로 1.5GPa 이상, Ti합금으로 1.8GPa의 고강도를 얻고 있다.

표 3.7 $SiC_{p,c}$Al prewire의 특성

항 목		내 용
단면형상		대부분 원형
외경		0.5mm
섬도		550g/1,000m
인장강도		980MPa
인장탄성률	E_1	130GPa
	E_2	80GPa
V_f		40Vol %
최소굴곡경		30mm

모재(matrix)···A-1050

표 3.8 $SiC_{(CVD)}$/Al 합금복합재의 역학특성

구분	내용 방식	성형조건					인장강도			탄성률 (GPa)	시료수
		T_1/T_2 (K)	t_1/t_2 (min)	P (MPa)	V_f (%)	ρ (g/cm³)	평균	최대	최소		
SiC/6061 플라즈마 용사	열간 프레스	883	20	1.96	50	2.58	1.63	1.76	1.50	224	7
		823	30	29.4	48	2.63	1.39	1.56	1.08	199	10
SiC/6061 /4343 플라즈마 용사	열간 프레스	853~873	20	1.96	37	2.76	1.38	1.52	1.25	182	6
	온간 편편가공	853/823	3/30	4.90	37	2.79	1.34	1.39	1.30	176	7
		853/773	3/30	4.90	39	2.76	1.42	1.57	1.28	193	6
		853/723	3/30	4.90	36	2.67	1.48	1.62	1.37	203	6

이것에 대해 C, $SiC_{p.c}$, Al_2O_3와 같이 섬유속을 이용한 Al계 복합재에서는 종래 국내외 동시에 0.7~0.8GPa를 넘지 못하였다. 그러나 최근 $SiC_{p.c}$/Al의 용침와이어를 사용하여 열간프레스법이나 열간로울법으로 얻은 성형체는 0.9GPa의 강도를 갖도록 되어 있다. 또한 탄소섬유의 경우도 중간복합시트의 열간프레스법으로 성형체의 강도로써 1.3GPa 이상의 것을 얻고 있다. 또한 최근 주목되고 있는 SiC_w 강화 Al합금에서도 650~700MPa의 고강도를 만들고 있으며 앞으로 발전이 크게 주목되고 있다.

FRM이 FRP에 비해서 우수한 특성으로써 고온강도를 높인 것이지만, 어떤 복합계에서도 모재금속보다 현저히 높은 것으로 알려져 있다. 특히 $SiC_{p.c}$/Al계에서는 그림 3-11의 고온내구성의 결과로부터 673K 이상에서 사용도 기대할 수 있다. 또한 C/Al계에서는 종래 573K 이상에서 강도가 저하하는 것으로 되어 있지만, 최근의 결과에서는 723K까지는 상온강도가 변화하지 않는 것을 볼 수 있다. 이것에 대해서 CVD 섬유강화재의 경우는 현재까지의 경우 C/Al, $SiC_{p.c}$/Al계보다 고온강도의 저하가 크다. 즉 SiC_w/Al계 복합재에서도 모재금속보다 상당히 고온강도가 높은 것을 볼 수 있다.

FRM을 구조재로써 이용할 경우 정적인 역학특성과 동시에 동적특성이 중요하지만, 현재까지의 경우 데이터는 여기저기서 볼 수 있는 정도로 앞으로의 연구결과에 기대해야만 한다.

이상은 역학 특성이지만 FRM의 광범위한 이용을 고려할 때 그 기능특성에도 주목된다. 그것에는 내마모성, 진동감쇠능, 저열팽창성능 등이 조사되고 있으며 유망한 결과를 얻고 있다.

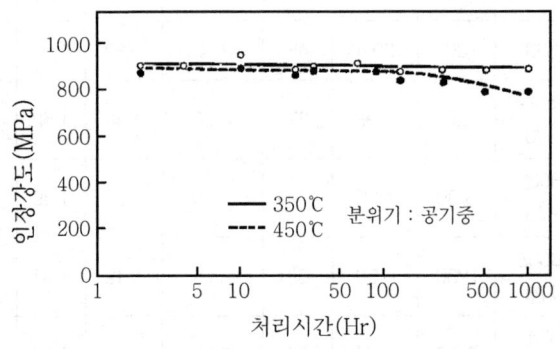

그림 3-11 $Si \cdot C_{p.c}$/Al 프리와이어의 고온내구성

특히 내마모성에서는 그림 3-12에 나타난 것과 같이 C/Babbitt계에서는 모재금속보다 현저하게 향상된 것을 볼 수 있다. FRM은 FRP와 같은 공업재료로써의 신재료이다. 따라서 자동차용의 컨로드나 피스톤에 적용이 고려되고 있다. FRM의 발전은 복합계와 같이 품질이 안정한 공업적 제조법의 확립과 시장성을 높이기 위해 비용의 절감이 중요하다.

그러나 FRP에 비해서 내열성, 내후성, 열·전기전도성에 뛰어나고 또한 동시에 강도 강성이 높은 재료이므로, 경량 고강도 구조재로써 뿐만 아니라 기능성 재료로써의 적용 확대도 꾀할 필요가 있다고 생각한다. 현재 연구개발이 진행되고 있으므로 미래 발전에 크게 기대할 수 있는 신소재이다.

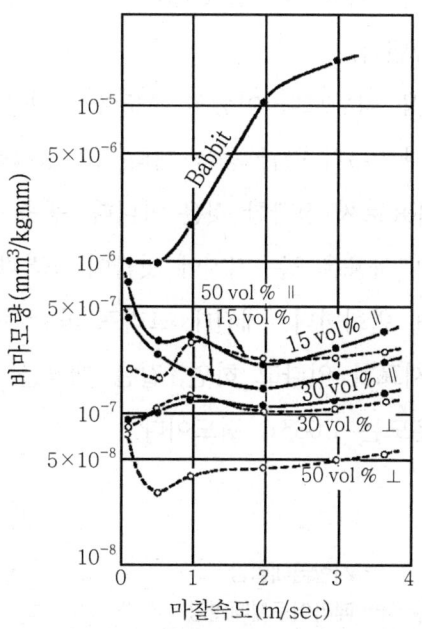

그림 3-12 베비트 합금 및 탄소섬유(15~50vol%)/
베비트 복합재료의 마모특성(최종하중 6.4kg)

3.4 초내열합금

3.4.1 초내열합금

고온에서 사용하는 금속재료. 결국, 다시 말하면 내열금속재료를 분류하면 그림 3-13과 같다. 그림에서 내열강은 철을 기초로 하는 합금이며 그 위에 저합금 내열강은 탄소강에서 발전하고, 페라이트계 내열강은 페라이트계 스테인리스의 개량이다. 오스테나이트계 내열강은 오스테나이트계 스테인리스강에서 발전한 것이다. 페라이트란 보통 철이나 동과 같은 결정구조를 가진 금속조직을 나타낸다. 오스테나이트란 18-8 스테인리스와 같은 결정구조를 가진 금속조직을 나타낸다.

초내열합금은 내열강의 사용 범위보다 이상의 온도에서 사용하는 것이지만, 좁은 의미로는 공정일방향 응고합금이나 Mo기 합금 등을 제외하고 생각하는 것도 있다. 그림 3-13의 우측의 사용온도범위는 목표로써 정확한 것은 아니다. 종종 그 합금은 몇 도까지 사용하는지 질문을 받는다. 합금의 사용온도는 거기에 덧붙여 응력과 예정된 수명 또는 허용하는 크리프 변형속도보다 크게 변화한다. 예컨대 크리프 파단수명이 10,000시간인 온도가 응력 147MPa로 1,123K의 재료가 있다고 하면, 같은 재료를 응력 196MPa로 사용하면 10,000시간의 수명을 갖는 온도는 1,083K 정도이다.

그림 3-13 초내열합금의 간단한 분류

3.4.2 초내열합금에 필요한 성질

초내열합금에 한정되지는 않지만 재료에서는 여러 가지 특성이 동시에 요구된다. 표 3.9는 초내열합금에서 요구되는 성질을 나타내었다. 표 3.9 A의 2. 열피로강도로는 부재에 주어진 불균일한 온도분포의 반복에 의한 피로강도. A의 3. 고온피로강도는 외부로부터의 응력의 반복에 의한 피로강도를 의미한다. A의 4. 고온부식으로는 주로 연료 중의 황(S)분과 대기중의 미량의 NaCl(해수비말에서 온다)과의 온도반응에서 생긴 Na_2SO_4로 부터 일어난다. 고온, 황화부식이 문제이다. A의 5. 연성은 그것을 크게 하면 열균열강도가 크게 되는 것, 흠의 약화가 생기는 경향이 작기 때문에 그 값이 어떤 크기 이상의 것이 요구된다. 표 3.9의 제성질을 동시에 전부 염두에 두고 재료를 개발하는 것은 대단히 곤란하며 대부분은 나중에 측정하는 것으로 한다.

표 3.9 초내열합금에 필요한 성질

A. 중요특성	B. 상당히 중요한 특성	C. 물리적 특성	D. 제조성	E. 경제성
1. 크리프강도	1. 내력과 인장강도	1. 열전도성	1. 주조성	1. 가격
2. 열피로강도	2. 자성	2. 열팽창성	2. 주조성	2. 자원성
3. 고온피로강도	3. 내산화성	3. 탄성률, 비중	3. 용접성	3. 리사이클성
4. 내고온부식	4. 내부식성	4. 감쇠 특성	4. 피코팅성	4. 유통성
5. 연성	5. 응력 완화성	5. 피조사특성	5. 피삭성	
6. 융점	6. 열 라쳇	6. 유도방사 특성		

〈추가보충설명〉

B4 내부식성	: 먼지를 포함한 고온가스의 흐름 등으로부터 재료가 마모되는 것에 견디는 특성
B5 응력완화법	: 어떤 일정의 변형을 유지하는 응력이 차제에 저하하는 성질, 볼트가 조여지는 힘이 차제에 저하되는 경우에 해당
B6 열 라쳇	: 복잡한 구조물 전체에 가열냉각을 반복해 주면 부분적으로 변형이 진행하는 현상
C4 감쇠특성	: 진동을 흡수하는 특성

3.4.3 Ni기 초내열합금

초내열합금의 주류는 세계적으로 볼 때 Ni기의 합금으로 되어 있다. 왜 Ni기 합금이 많이 이용되느냐 하면, Ni기의 합금에서는 뒤에 설명한 γ'상이라고 부르는 고온강도의 높은 결정을 생성하여 얻기 때문이다. Co기 초내열합금에서는 이와 같이 유용한 결정의 상이 목적한 대로 생성되지 않을 뿐이지 자원적으로 Ni보다 입수하기 어려운 결점도 있다. 그러나 전술의 고온황화부식의 점에서는 일반적으로 Co기 합금 쪽이 Ni기 합금보다 유리하므로 가스터빈의 일단정적회전으로 이용되는 것이 있다. 이것은 일단정적회전에서는 대단히 고온이지만 증가하는 응력이 작기 때문이다.

그림 3-14는 Ni기 초내열합금의 주요한 구성상이다. γ상과 γ'상의 결정구조를 나타내고 있다. γ라 부르는 이유는 특별히 없다, 단순한 기호라고 생각된다. γ'쪽은 γ와 비슷하기 때문에 dash(')을 붙이고 이와 같이 부른다. 그림 3-14에서 γ상은 Ni과 동일한 결정구조를 하고 있고 Ni원자의 위치에 여러 가지 원자가 무질서하게 치환되어 있다. γ'상은 Ni_3Al이라는 금속간 화합물을 기본으로 하고 γ상을 주사위라 생각하면 그 면의 중심에 Ni, 주사위의 각에 Al이 존재하고 여러 가지 원소를 첨가하면 Ni의 위치 Al의 위치에서 각 원소가 치환하고 있다. 이 γ'상은 불가사의한 성질을 가지고 있으며 변형저항이 온도의 상승과 함께 증가한다.

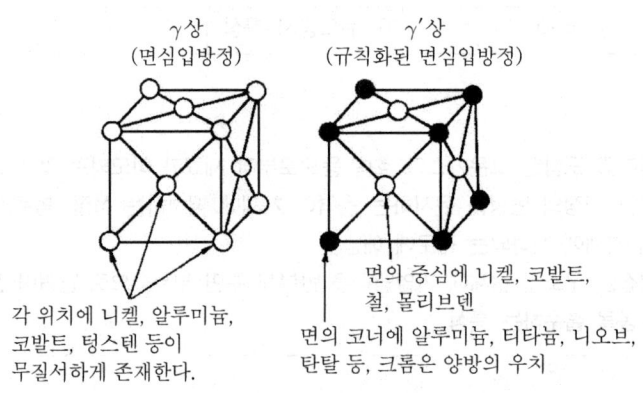

그림 3-14 Ni기 초내열합금의 주구성상. γ상과 γ'상

물론 대단히 고온으로 되면 연화하지만 700~800℃ 정도에서 강도가 최고치가 된다. 이 현상은 정상적으로는 γ'상의 변형기구에서 설명되고 있다.

그림 3-15는 후에 기술한 보통 주조법에 의해 제조한다. Ni기 초내열합금의 금속조직의 스케치이다. 배율은 2~3,000배로 생각된다. 합금이 응고한 직후의 고온에서는 대부분 γ상으로 보이지만 냉각 도중 또는 그 후의 시효로부터 다량의 γ'상이 생성(석출이라 한다.)되고 있고 γ'상과 잔류 γ상의 양이 거의 같은 양으로 되어 있다. 합금에서는 γ와 γ'상의 경계 다시 말하면 입계가 되고 거기에 탄화물이 생성하고 있다.

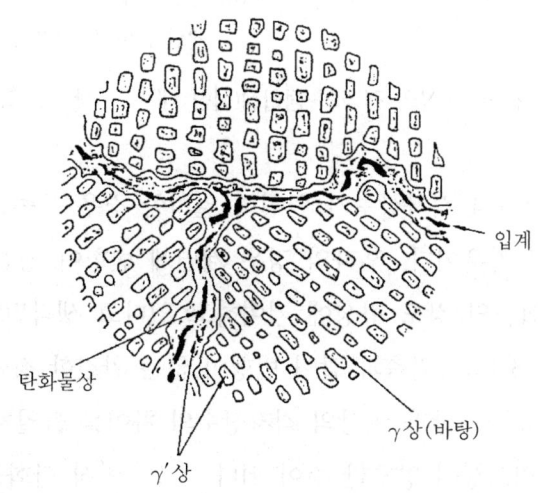

그림 3-15 보통 주조법에서 응고한 Ni기 초내열합금 조직의 스케치(수천 배)

이것은 입계를 강화하기 때문에 첨가된 탄소와 Ti 등의 원소가 화합하는 것이다. γ상에서 γ'상이 석출된 상황을 조금 더 자세하게 설명한 것이 그림 3-16이다. γ상과 γ'상의 결정구조는 전술한 것과 같이 대단히 유사하고 동시에 격자상수도 거의 동일하다. 거기서 γ상에서 γ'상이 석출될 때 그림에서 나타낸 것처럼 결정이 나란히 연속된다(엄밀하게 연속된다고 생각되고 있다). 이 상태를 석출이 정합한다고 한다.

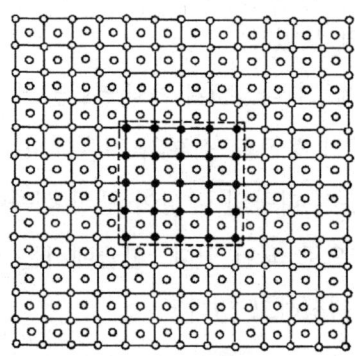 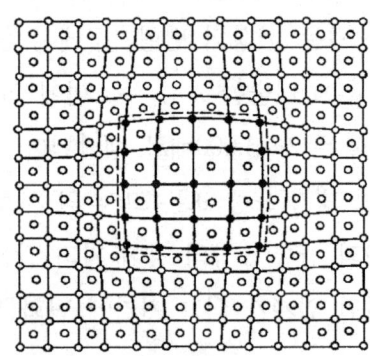

(a) 완전 정합　　　　　　(b) 정합이지만, mismatch가 있는
　　　　　　　　　　　　　　　계면에 변형이 있다.

그림 3-16 γ상과 γ'상의 결정의 정합성(점선 내는 γ'상, 그 외측은 γ상)

그림 3-16의 좌측은 양상의 격자상수가 완전히 일치한 경우 우측은 γ'상의 격자상수가 γ상의 그것보다 조금 큰 경우이다. 후자의 경우 계면에 변형이 생긴다. 정합한 석출계면의 존재가 Ni기 초내열합금의 강도 향상에 기여하고 있다고 생각된다. 비교적 고온(거의 800℃ 이상)에서는 그림 3-16의 좌측과 같이 변형이 없는 완전한 정합석출이, 크리프 강도의 향상에 좋다고 생각된다. γ상과 γ'상의 격자상수의 차이를 불일치라 부르지만 이 불일치가 작은 쪽이 고온 크리프성이 양호한 것이 된다. γ상, γ'상 탄화물은 Ni기 초내열합금에 대단히 필요한 상이다. 이것들을 적당한 조성과 양이 되도록 하면 바람직한 특성을 얻는다.

한편, 유해한 상도 있다. 그 대표가 σ상이다. σ상은 현미경으로 보면 조대한 침상(입체적으로는 판상)으로 석출하는 것으로 합금을 취약화하는 것이 알려져 있으므로 합금설계에서는 이것을 제거하도록 한다. σ상은 대단히 복잡한 결정구조를 가진 전자 화합물이다. 이 상이 생기지 않도록 합금조성을 조절하기 위해서 PHACOMP라 부르는 방법이 있다. 다음 항에서는 초내열합금의 주류인 Ni기 초내열합금의 각종제조법과 그것으로부터 제조된 합금의 특성에 관하여 설명한다.

3.4.4 보통주조 합금

엄밀하게는 보통 정밀주조합금이라 해야 할 것이다. Ni기 초내열합금은 γ량이 20~30%까지는 단조 가능하지만, 그것보다 γ'량을 많게 해서 강력하게 사용하면 소성가공이 곤란하게 된다. 그래서 주조법이 적용된다.

그림 3-17은 보통주조의 Ni기 초내열합금(대표 예는 표 3.10과 표 3.11의 No.3)의 특성(백환)을 상용합금(대표 예 : 표 3.10과 표 3.11의 No.2)의 그것과 비교한 것이다. 횡축은 초내열합금의 중요한 성질의 한 가지이다. 고온황화 부식성을 나타내고 있다. 좌측은 내식성이 좋고 종축은 크리프 파단수명을 나타낸다. 첫 대면해서 알 수 있듯이 내식성을 향상시키려고 하면 크리프 파단수명이 저하하는 경향을 볼 수 있다. 이와 같은 경향 중에서도 백환에서 나타낸 개발합금은 같은 고온내식성 수준과 비교하여 크리프 파단수명이 큰 것을 알 수 있다.

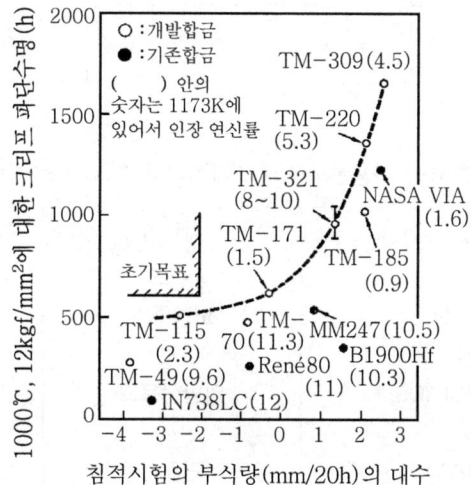

그림 3-17 보통주조 Ni기 초내열합금의 크리프파 단수명과 고온황화 부식속도의 관계. 크리프시험은 대기중, 부식시험은 NaCl 25% 900℃의 용융염에 20시간 침적에 의한다. 횡축의 예로 1은 20시간 후에 10^1=10mm 부식하는 것을 나타낸다.

표 3.10 Ni기 초내열합금의 조성(중량 %)

No	합금	Ni	Cr	Co	Mo	W	Ta	Nb	Al	Ti	Fe	C	B	Zr	그외
1	U 500	잔	19.0	18.0	4.0	-	-	-	3.0	3.0	[0.5]	0.08	0.005	-	
2	Mar-M247	잔	8.4	10.0	0.7	10.0	3.05	-	5.5	1.05	-	0.15	0.015	0.05	1.4H$_f$
3	TM-321	잔	8.1	8.2	-	12.6	4.7	-	5.0	0.8	-	0.11	0.01	0.05	0.9H$_f$
4	Mar-M247(DS)	잔	8.0	9.5	-	9.5	3.0	-	5.6	0.8	-	0.07	0.015	0.015	1.4H$_f$
5	TMD-5	잔	5.8	9.5	-	13.7	3.3	-	4.6	0.9	-	0.07	0.015	0.015	1.4H$_f$
6	PWA 1480	잔	10.0	5.0	-	4.0	12.0	-	5.0	1.5	-	-	-	-	-
7	TMS-12	잔	6.6	-	-	12.8	7.7	-	5.2	-	-	-	-	-	-
8	TM 6000	잔	15.0	-	2.0	4.0	2.0	-	4.5	2.5	-	0.05	0.01	0.15	1.1Y$_2$O$_3$
9	TMO-2	잔	5.9	9.7	2.0	12.4	4.7	-	4.2	0.8	-	0.05	0.01	0.05	1.1Y$_2$O$_3$

표 3.11 Ni기 초내열합금의 사용온도(137.3MPa에서 1,000h의 수명을 갖는 온도)

No.	합금	제조법	사용온도(K)
1	U 500	주조	1,133
2	Mar-M247	보통주조	1,230
3	TM-321	〃	1,246
4	Mar-M247(DS)	일방향응고	1,254
5	TMD-5	〃	1,273
6	PWA 1480	단결정	1,283
7	TMS-12	〃	1,323
8	TM 6000	입자분산강화	1,341
9	TMO-2	〃	1,443

3.4.5 일방향응고합금

이것은 정확하게는 일방향응고 주상정합금이고, 그 제조법이 그림 3-18의 (b)에 표시되어 있다. 즉 (a)는 전 항의 보통주조합금의 제조 프로세스를 나타내고 있다.

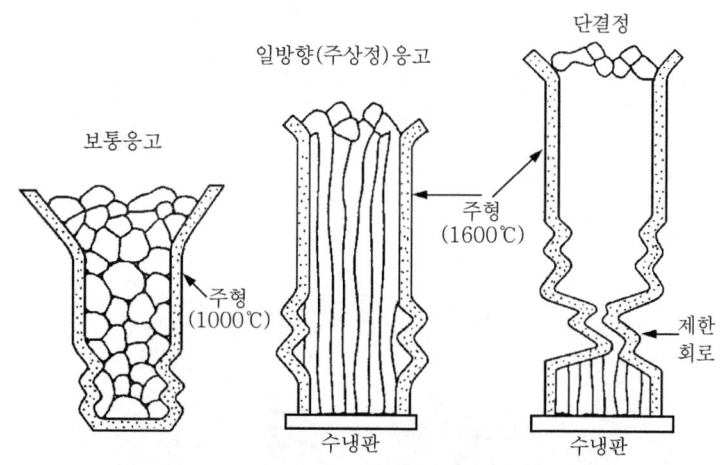

그림 3-18 초내열합금의 3종류의 주조방법

그림 3-18의 (b)에서는 주형(실리콘 등을 주성분으로 하는 로스트왁스법으로 제조)은 진공 중에서 주조된 합금의 용융온도보다 고온으로 가열되어 있다. 용융합금을 이 안에 주입하면 주형의 저부 이외에서는 합금은 용융상태로 보존된다. 다음에 주형을 가열하고 있는 로에서 주형을 서서히 인발(200mm/h 정도)하면 아래방향에서 일방향으로 응고하고, 가늘고 긴 r′상의 결정이 어느 정도 생성된다. 이것들은 기둥과 같으므로 주상정이라 한다. 왜 이와 같이 되는지는 다음과 같다. 고온에서 합금에 힘이 가해질 때 생기는 균열은 많은 경우 결정과 결정의 계면에서 생긴다.

그림 3-18의 (a)와 같이 보통주조합금에서는 그림에 나타낸 것처럼 많은 수의 구상에 가까운 결정(r상)의 집합체로써 응고한다. 이것으로 가스터빈 블레이드를 만들면 응력방향에 직각인 결정계면을 따라서 고온균열이 일어난다. 그런데 (b)와 같이 결정이 일방향으로 늘어나고 동시에 이 방향에 응력을 지나치게 증가시키면 결정계면균열은 일어나지 않고, 그 때문에 일방향응고합금은 보통주철합금보다 고온강도가 향상된다.

표 3.10과 표 3.11의 No.5가 개발되어 현재 고효율 가스터빈의 실용화연구가 진행되고

있는 합금이다. 이 TMD-5합금은 No.4의 Mar-M247(DS)합금과 비교되는 합금이다. 개발합금은 약 20℃ 사용온도가 향상되었다. 20℃의 온도상승은 작지만 냉각공기량의 감소 등을 통해서 상당히 큰 효과를 갖는다. 그림 3-19는 개발합금 TMD-5의 가스터빈 블레이드이다.

그림 3-19 개발된 Ni기 초내열합금(TMD-5)으로 제조한 일방향응고 가스터빈 블레이드(합금설계)

3.4.6 단결정합금

그림 3-18의 (c)에 단결정화주조의 방법을 나타내었다. 일방향응고 주상정응고와 매우 비슷하지만, 일방향응고 도중에 제한회로를 설계한다. 이것은 가늘게 꺾어진 부분으로 여기에 들어 있는 주상정의 몇 개 중 한 개를 위쪽 방향으로 빼내는 작용을 한다. 꺾어질 때 내측 결정이 먼저 성장하는 효과를 이용하고 있다. 제한회로에서 1개로 된 결정은 그 후 위쪽 방향으로 성장하고 횡방향으로도 성장해서 터빈블레이드 전체가 단결정화된다. 단결

정에 있어서도 최초의 융액에서 발생하는 r상이 단결정으로 되어 있고 이 r상에서 미세한 r'상을 많이 석출한다. 이 단결정화의 의의는 일방향응고 주상결정합금과 비교해서 결정의 계면을 포함하지 않기 때문에 고온 균열의 걱정이 대단히 작게 되는 것이다. 일방향응고 주상정합금에서 문제되는 것은 사용 중의 균열보다 응고 직후에 일어난다. 중자(내부)에 의한 균열이 있다.

중자란 주형의 공동부 안에 넣은 세라믹제의 부품으로 응고 후에 제거하고 주물 중에 공간을 만든다. 이 공간은 가스터빈 날개 아래로부터 공기를 불어넣고 측면 등에서 분출시켜 터빈날개를 냉각하기 위한 것이다. 이 중자의 열팽창률(이 경우 수축률)이 합금의 그것보다 작으므로 응고 후의 냉각 중에 중자에서 주위의 합금에 응력이 증가하고 주상정과 주상정 계면에 고온균열이 일어난다. 이 균열을 일으키지 않기 위해서는 합금의 r'량을 너무 증가시키지 말아야 한다. 그 때문에 크리프 강도의 증가가 제한된다. 단결정으로 하면 이와 같은 제한이 있고 강력한 합금을 만든다. 표 3.10과 표 3.11의 No.7의 TMS-12라는 합금은 차세대 개발 합금의 한 가지이다. 이것은 No.6의 PWA1480 합금과 비교된다.

3.4.7 입자분산강화합금

r'을 포함한 합금으로 더욱 미세한 산화물입자를 분산시키면 강력하게 되는 것은 오래 전부터 예상되었다. 그러나 적당한 프로세스는 아니다. INCO사가 개발한 기계적 합금화법으로 문제가 해결되었다. 차세대 개발 합금이 표 3.10과 표 3.11의 No.9의 TMO-2라는 합금이다.

이것은 No.8의 MA6000이라는 합금과 비교되는 것이다. TMO-2를 현재 사용하고 있는 보통주철합금 Mar-M247(표 3.10과 표 3.11의 No.2)과 비교하면 실제로 200℃에 가까운 사용온도의 상승을 얻는다. TMO-2는 세계 최강의 초내열합금이다. Ni기 초내열합금인 경우 그 여러 가지 제조법의 특징에 대하여 기술하였지만 중요한 점은 제각각의 제조법 특징에 적용된 합금조성이다. 요컨대 단지 같은 조성의 합금에 여러 가지 제조법을 적용하는 것이 아니고, 어떤 제조법에 적용한 합금을 설계하는 것으로부터 위에서 언급한 것과 같이 성과를 얻는다. 또한 반대로 어떤 합금조성에 적합한 프로세스 조건의 연구도 당연하다. 요컨대 어떤 프로세스에 적합한 합금, 어떤 합금에 적합한 프로세스 조건의 연구라는 양방향의 연구로부터 초내열합금의 연구가 진행되고 있다. 당연한 것이지만 완전한 새로운 프로세스, 완전한 새로운 합금계의 연구도 크게 기대된다. 예를 들면 단결정화된 입자분산강화합금 등이 생각된다.

초내열합금의 연구는 세계 각국에서 열심히 연구되고 있다. 내열재료로써의 세라믹과 초내열합금이 잘 비교된다. 세라믹은 자성이 작고 부품 전체를 대부분 무결함으로 할 필요가 있다. 그 때문에 대형부품의 제조는 대단히 곤란하다. 대형의 부품을 아주 영원히 무결함으로 하는 것은 불가능에 가깝다. 재료에도 프로세스가 필요하고 합금의 연성, 인성은 그것을 보장하는 것이다. 프로세스에서 제조된 제트엔진이라도 그것으로부터 항공기에는 맞지 않는다.

표 3.9에 나타낸 것과 같이 재료에는 여러 가지 특성이 동시에 요구된다. 어떤 한 가지의 특성이 그 이외의 특성을 희생시켜 크게 향상되는 것처럼 재료는 긴 안목에서 보면 실용화되지 못한 것은 과거의 예에서 알 수 있다. 세라믹은 그 특성을 활용한 특수한 용도에 사용되는 편이지만 초내열합금을 추구하여 내열재료가 전부 세라믹화되는 것처럼 완전히 그대로 되는 것은 아니다. 즉 Ni기 초내열합금의 합금설계법인 경우는 제5장 1절에서 설명하기로 한다.

3.5 입자분산복합재료

입자분산복합재료는 합금 중에 산화물 등의 내열입자를 분산시킨 재료이다. 이 내열입자의 분산화를 위해 종래의 내열합금보다 대단히 높은 내열성이 있으며, 또한 기지는 금속이므로 세라믹보다 연성이 있는 우수한 성질을 나타낸다. 이를 위해 에너지 개발·에너지 절약 극한기술 등 향후의 기술개발이 기대되는 분야로 금속재료 및 세라믹재료에서는 충분하지 않은 내열성과 연성의 양방향을 겸비한 우수한 특성을 발휘하는 것과 동시에 그 외의 분야에서 파급효과가 큰 재료이다. 이 분야에 속한 재료는 Cu계 및 Al계 입자분산복합재료도 있지만 현재까지 개발되어 실용화의 영역에 도달해 있는 재료는 다음의 3종류이다.

MA956(Cr : 20, Al : 4.5, Ti : 0.5, Y_2O_3 : 0.5%, Fe : Bal)은 Fe기로 융점이 높고, 저밀도에서 열팽창이 작다. MA754(Cr : 20, Al : 0.3, Ti : 0.5, C : 0.05, Fe : 1.0, Y_2O_3 : 0.6

%, Ni : Bal)은 고용강화형 Ni기 합금이다. MA6000(Cr : 15, Mo : 2.0, Co : 4.0, Al : 4.5, Ti : 2.5, Ta : 2.0, B : 0.01, Zr : 0.15, C : 0.05, Y_2O_3 : 1.1%, Ni : Bal)은 r′강화형 Ni기 합금이며 모든 내열합금 중에서 현재 최고의 고온강도를 나타내는 재료이다. 본 절에서는 이 Ni계 내열입자분산복합재료를 중심으로 기술한다.

3.5.1 입자분산복합재료의 제조법

1) 기계적 합금법

Ni기 내열입자분산복합재료의 제조에서 최초의 프로세스이다. 기계적 합금법에서는 보통 원료로써 카보닐 Ni분, 금속 Cr분, Ni-Al-Ti 모합금분 및 산화물 미립자로써 Y_2O_3분 등을 사용한다. 또한 최초에 수종류의 합금분과 Y_2O_3분을 사용하는 방법도 개발되었다. 이것들의 원료분을 고에너지, 볼밀의 수냉탱크 내에 강구와 함께 투입하고 고속으로 회전시켜 건조상태의 Ar 가스 중에서 장시간 분쇄 혼합시킨다. 이 기계적 합금처리의 초기에는 높은 에너지를 가진 볼의 충돌로 원자분이 분쇄되어 새로운 표면이 되고 후기에는 원자분은 볼의 충돌에 의해 소성변형된다. 이 변형이 진행하면 표면의 오염피막이 파괴되어 새로운 표면이 노출되고 원자분끼리의 냉간접합을 일으켜 동시에 접합에 의해 지나치게 크게 된 분말은 소성변형에 견딜 수 없게 되어 분쇄를 일으킨다. 이것들의 과정을 그림 3-20에 나타내었다.

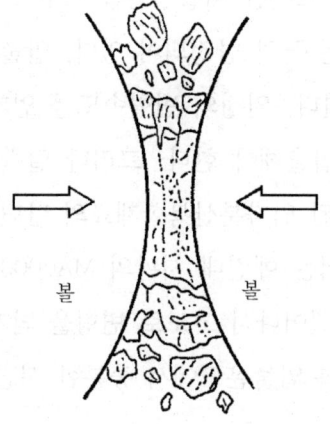

그림 3-20 볼에 의해서 기계적 합금화되는 원료분

이 분쇄와 접합의 반복에 의해 다른 종류의 원료분끼리 미세하게 되어 복합입자로 되어 간다. 소성변형되지 않은 Y_2O_3분도 이 복합입자 중에 싸여 있어서, 그림 3-21에 나타낸 과정으로 분말의 층간거리가 좁기 때문에 시간의 경과와 함께 균일한 분산상태로 되어 간다. 이와 같이 해서 된 복합입자를 금속제의 컨테이너(container)에 넣고 다음의 과정으로 성형한다.

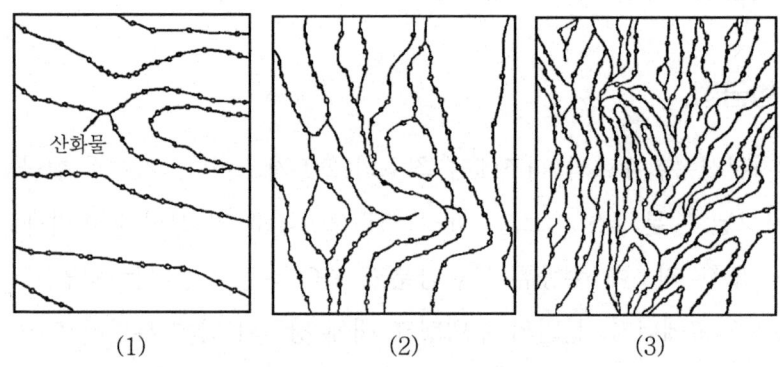

그림 3-21 시간의 경과와 함께 좁게 되는 분말의 층간거리

2) 압출

현재 사용되고 있는 성형기술은 압출이다. 압출온도와 압출비(압출시 전후의 단면적비)는 재결정의 거동에 중요한 영향을 미친다.

그림 3-22에 나타낸 바와 같이 조대한 재결정입을 얻고 크리프 파단강도를 높이기 위해서는 압출온도와 압출비의 관계는 극히 한정되어 있다. 압출비와 변형속도는 압출 프레스의 크기에 의해 그 관계가 변화한다. 일정의 변형속도를 얻기 위해서는 큰 빌렛일수록 빠른 램 스피드(압출봉의 속도)로 압출해야 한다. 그러나 일반적으로 압출시기의 램 스피드에는 한계가 있으므로 보통 압출된 입자분산복합재료의 단면적은 20~30 cm² 정도가 한도이다. 영국의 Wiggin Alloy사에서는 예컨대 시판의 MA6000인 경우는 분체의 중심부까지 온도가 올라가고 충분한 확산이 일어나서 고도로 변형을 받게 된 분말의 화학성분이 균일화하고, 순수한 합금분으로 되도록 압출온도에서 충분한 시간으로 균질 열처리한 후 1,233 K, 압출비 20으로 압출하고 있다.

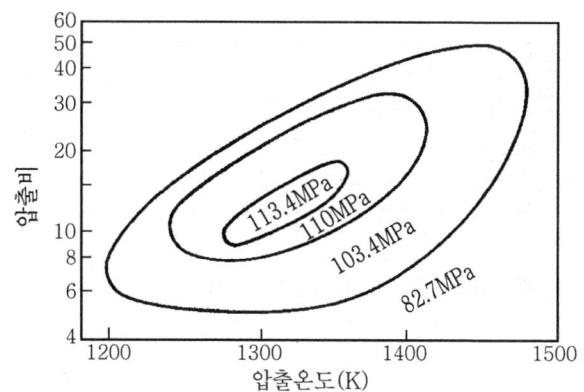

그림 3-22 MA753(Nimonic 80A+Y_2O_3, Cr : 20, Al : 1.5, Ti : 2.3, B : 0.01, Zr : 0.07, C : 0.06, Y_2O_3 : 1.4%, Ni : Bal.)의 1,311K에 있어서 1,000시간 크리프 파단강도에 미치는 압출조건의 영향

3) 열간등방압축(HIP)

위에서 기술한 바와 같이 압출 방법으로는 그 치수에 한계가 있으므로 큰 치수의 입자 분산복합재료를 얻으려면 HIP가 유용하다. MA738(IN738+Y_2O_3)의 예에 의하면 압출재보 다도 큰 결정립을 얻고 있다.

4) 일방향성 재결정

기계적 합금화된 재료는 일방향으로 재결정시키면 큰 aspect비(길이 : 폭)의 결정립을 얻을 수 있다. 이것으로부터 인장축방향으로 직각의 결정입계가 감소하고 크리프 특성이 좋다. 이 재결정을 일으키려면 다음에 기술한 3가지의 방법이 있다.

(1) 등온소둔

소둔전의 가공법에 따라서는, 즉 압출온도, 압출비, 램, 스피드 등에 의해서는, 등온소둔 으로 일방향재결정을 일으킬 수 있다. 그러나 그 거동은 재료에 따라서 크게 다르다.

(2) 온도구배 소둔

온도구배를 가진 로에서 소둔하면 어떤 온도 이상의 장소에서 재결정을 일으킨다. MA 6000을 소둔한 예를 그림 3-23에 나타낸다.

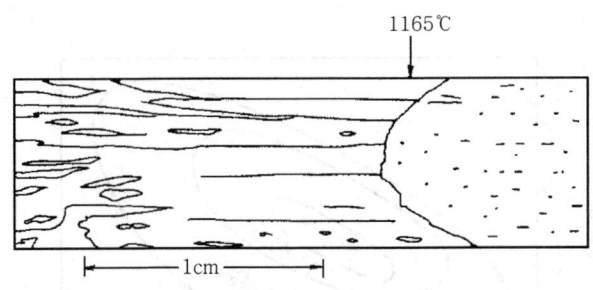

그림 3-23 온도구배 소둔한 MA6000의 조직

(3) 이동소둔

시료를 급격한 온도구배가 있는 장소로 이동시켜 소둔하는 것으로, 그림 3-24에 이동속도와 aspect비의 관계를 나타내었다. 이것에 의하면 10cm/h 정도의 속도로 소둔하는 것이 좋다.

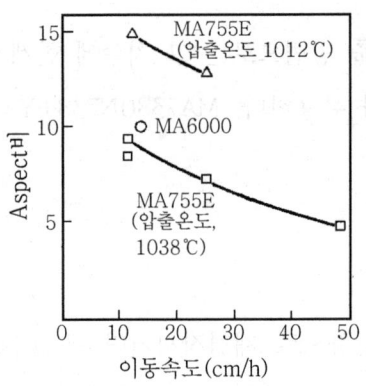

그림 3-24 소둔시의 이동속도와 aspect비, MA755E(Cr : 15, Mo : 3.5, W : 5.5, Al : 4.5, Ti : 3.0, Ta : 2.5, Y$_2$O$_3$: 1.1%, Nl : Bal.)

3.5.2 입자분산복합재료의 성질

1) 구조

입자분산복합재료의 그 외의 내열합금과 다른 특징적인 구조는 다음의 3가지 점이다.

(1) 균일 분산된 산화물입자

입자분산복합재료의 분산입자 직경은 대부분 15nm~30nm, 분산거리는 대부분 10nm 이다.

(2) 길게 연신된 결정립

입자분산복합재료는 가공열처리에 의해 조대결정립으로 할 수 있다. 결정립은 수 mm의 길이로 되고 aspect비는 5~10 이상으로 된다.

(3) 집합조직

입자분산복합재료는 일반적으로 재결정열처리에 의해서 집합조직이 발달한다. 이 집합조직은 물론 초기 변형조건과 열처리조건에 따라서 크게 변화된다. 또한 일방향재결정 중의 온도구배나 분산입자의 치수와 분산거리에 의해서도 변화된다. 현재까지의 경우 무엇이 중요한 변수인지는 잘 모른다. 상기의 3가지 특징범위 내에서 길게 연신된 결정립과 집합조직은 입자분산복합재료에만 나타나는 것은 아니며 일방향응고합금에서도 볼 수 있다.

2) 항복응력

(1) 항복응력에 미치는 분산입자의 영향

분산입자는 슬립면에서 전위의 장해물로써 활동하고 만약 슬립되어 있는 전위가 장해물의 줄에 걸리면 장해물을 통과하기 전에 어떤 각도를 이룬 활모양을 그린다(그림 3-25). 그리고 전위는 장해물 주위에 전위루프를 남기고 전진한다(그림 3-26). 이 때문에 항복응력은 상승한다.

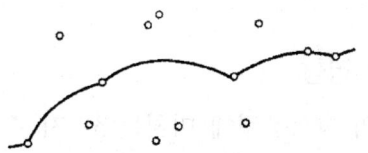

그림 3-25 장해물에 걸린 전위

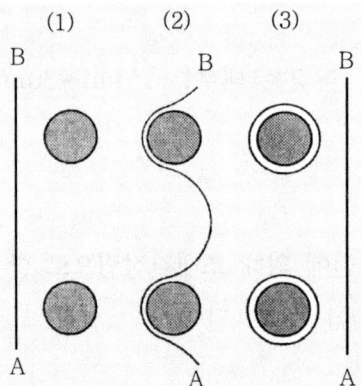

그림 3-26 전위 $\overline{AB}$가 전진하여, Orowan의 활을 만들고, 전위루프를 남기고 전진하여 간다.

(2) 항복응력에 미치는 결정입도의 영향

결정립 지름이 작게 되면 항복응력이 증가하는 것은 잘 알려져 있다. 입자분산복합재료는 소결한 그대로의 상태에서는 약 $1\mu m$ 지름 정도의 미세한 결정립이지만, 고온에서의 크리프강도를 증가시키기 위해서 0.5mm 이상의 조대한 결정립 지름으로 사용한다. 결국 재결정에 의해 항복응력이 저하하게 된다. 이 재결정에 의한 항복응력의 저하는 대단히 크다.

(3) 항복응력에 미치는 집합조직의 영향

입자분산복합재료는 강한 집합조직을 가지고 있지만 단결정의 강도는 그 인장축 방향에 따라서 결정된다. 단결정은 그 방위에 의해서 다결정보다 강하게 되기도 하고 약하게 되기도 하지만 입자분산복합재료의 경우는 집합조직에 의해서 강화되기보다도 약하게 된다. 그러나 이것은 저온에서의 항복응력에 대한 영향이 있으며 고온에서의 크리프 강도에 대한 영향은 없다.

(4) 강화에 미치는 제인자의 영향

이제까지 입자분산복합재료의 항복응력에 미치는 3가지 주요 인자에 대해서 기술하였지만, 이것들은 독립으로 활동하지는 않는다. 입자분산복합재료를 동시에 강화시키고 있는 그 이외의 인자 Mo, W, Cr 등의 용질원자에 의한 고용강화 r′상[$Ni_3(Al, Ti)$]의 석출에 의한 석출강화 전위가 관계하는 가공강화 그것이 입계강화이다. 이것의 강화기구 동시에 작용하므로 각각의 분담은 완전히 명백하게는 구분되지 않는다.

(5) 항복응력의 온도의존성

입자분산강화 그것은 약한 온도의존성만 나타나지 않는다. 그러나 탄성계수의 온도의존성 정도의 의존이 있을 뿐이다. 또한 장해물간의 거리는 단시간 고온으로는 변화하지 않는다. 이것이 종래의 내열합금에 비해서 입자분산복합재료의 항복응력의 온도의존성이 작은 이유이다.

3) 크리프강도

융점의 1/2 이상의 고온에서는 크리프 현상을 일으키기에 충분한 공공의 이동도가 있다. 크리프란 일정응력하인 경우 연속적인 소성변형을 말한다. 금속의 경우는 대체로 3종류의 원인으로 크리프가 일어난다.

① 전위의 슬립과 상승에 의해서 일어나는 전위 크리프
② 결정립 내에서의 확산에 의하여 일어나는 나바로(Nabarro)·헤링(Herring)·크리프
③ 입계에서의 확산에 의해서 일어나는 코블(Coble)·크리프이다.

입자분산복합재료와 그렇지 않은 합금의 크리프강도 비교시험 결과에서는 입자분산복합재료 쪽이 크리프강도가 높은 것은 당연하지만, 분자분산복합재료는 그 기본합금에 비해서 온도의존성과 시간의존성이 적다. 또한 결정입지름이 클수록 크리프강도가 크게 된다. 내열입자분산복합재료와 분산강화하지 않는 기존의 내열재료 중에서 제일 강한 일방향응고 Mar-M200과의 크리프강도를 비교한 예를 그림 3-27에 나타내었다.

입자분산복합재료는 기존의 유사조성의 재료에 비해서 매우 우수하지만 5배 정도 고가이다. 앞으로는 평가시험을 더욱 진행시켜 신뢰성을 증가함과 동시에 제조원가를 낮추는 노력도 해야 할 것이다. 또한 이 입자분산복합재료 제조를 위해 신기술(기계적 합금, 일방향성 재결정 등)을 구사해서 더욱 더 성능이 우수한 내열재료를 개발해 가고 있는 것은 물론, 새로운 분야의 재료에도 응용해야 할 것이다. 예를 들면 내팽창성에 우수하지만 내열성이 약간 떨어지는 페라이트계 스테인리스 재료로 이트리아를 분산시켜 내열성을 증가시키고 SUS 316보다 뛰어난 성능의 원자력재료를 개발한 것 등은 그 일례이다.

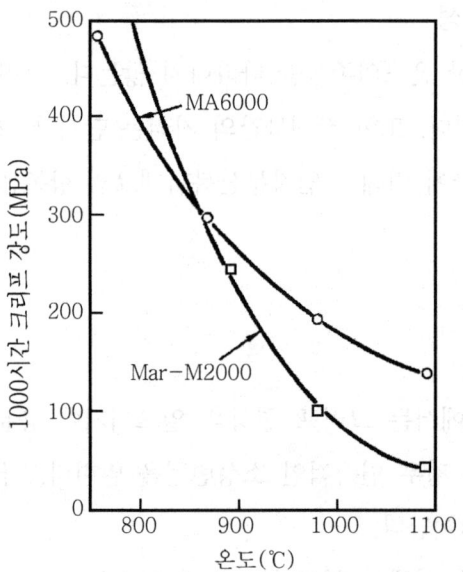

그림 3-27 입자분산복합재료 MA6000과 일방향응고 Mar-M200(Cr : 9.0, Co : 10.0, W : 12.0, Nb : 1.0, Al : 5.0, Ti : 2.0, C : 0.13, B : 0.015, Zr : 0.05%, Ni : Bal.)과의 1,000시간 크리프강도의 비교

3.6 세라믹 피복재료

원자력, 우주 등 첨단산업의 발전에 따른 내열, 내식, 내마모성 등에 우수한 재료 개발이 긴요한 과제로 되어 있다. 세라믹 피복은 이와 같은 요구에 부응해 얻은 기술로써 주목된 연구가 진행되어 왔다. 최근에는 재료 수요의 다양화로부터 대상이 되는 피복물질도 유리계에서 알루미늄 등 순산화물, 탄화물로 된 새로운 세라믹에 광범위하게 미치고 있다. 피복법에서도 진공, 이온공학 등 관련기술의 진전이 이온플레이팅, 플라즈마, CVD 등 많은 신기술을 발전시키고 있다. 다음에 최근 이러한 새로운 세라믹 피복기술, 피복재료의 현황을 대략 설명하고 아울러 이 분야의 미래를 전망하고자 한다.

3.6.1 세라믹의 기상증착

기상반응을 이용해서 각종 세라믹을 합성피복하는 방법에 CVD(화학증착)법과 PVD(물리증착)법이 있다. 동시에 재료의 부가가치를 높이는 표면개질기술로써 급속히 진전되고 넓은 분야에 용도확대가 진행되고 있다.

1) CVD법(Chemical Vapor Deposition)

CVD는 화학반응을 이용해서 가열된 모재에 여러 가지 물질을 피복하는 방법이다. 예를 들면 탄화티탄피복은 수소기류 중에서

$$TiCl_4 + CH_4 \rightarrow TiC + 4HCl$$

의 반응이 이용되고 있다. CVD법은
① 세라믹을 비교적 저온으로 피복할 수 있다.
② 일반적으로 모재와의 밀착성이 뛰어나다.
③ 분체, 섬유 등에서의 피복이 가능하다.
④ 원료가스 농도, 모재온도를 제어하는 것

에 의하여 여러 가지의 형태(epitaxy, 휘스커, 다결정, 비정질 등)를 가진 석출층을 얻게 된다. 그래서 재료를 만드는데 이점이 많다. CVD의 응용면에서는 공구의 내마모성 세라믹 피복이 공업적으로 널리 실용화되고 있다. 텅스텐 카바이드(WC)계 초경합금의(바이트의 사용을 않는 칼날)에서는 전제품의 40~50%가 초경세라믹을 피복시킨 것이다. 현 상태에서는 TiC 특수 세라믹[Ti(B.N)] 등, Al_2O_3를 공구모재에서 이 순서에 삼중피복된 팁의 범용성, 내마모성에 가장 우수하기 때문에 피복팁의 주력 재료종류로 되어 있다.

CVD에 의한 내열, 내식용 세라믹 피복에 있어서는 표 3.12에 최근의 연구 예를 종합해서 나타내었다. 용도는 우주항공기기, 에너지 변환기기, 고온화학관련 플랜트재료, 생체재료 또는 복합재료로 여러 갈래로 구분되어 있다. CVD피막은 그 형상에 따라 오버레이(Overlay)막(모재상에서 세라믹층을 겹친 형)과 확산침투막(예컨대 알루미나 아연 등 모재에 확산침투층을 만든 것)으로 대별된다.

내열, 내식재료로써 실용화되고 있는 것은 대부분이 후자의 타입에 속한다. 화학플랜트 기기 등에서 사용되는 대형의 오버레이(Overlay)형 세라믹 피복재는 현재도 내열이고, 글라스라이닝 등이 주류이다. 그러나 CVD의 특징은 세라믹피막을 기상에서 용이하게 석출시켜 얻는 것이다. 이 이점을 활용하기 위해서도 고성능, 고신뢰성의 오버레이(Overlay)형 CVD 피막기술의 확립이 요구된다.

표 3.12 CVD에 의한 내열 내식성 세라믹 피복제

피 막 재 료		기 판(목적, 용도)
금속/비금속 화합물	Al_2O_3	UO_2, UC_2(핵연료입자), Cu 합금(내식)
	ZrC	흑연(내산화)
	HfC	흑연(Space Shuttle, 가스터빈)
	TiC	흑연, Mo(핵용합로제1벽) 탄소섬유(복합재료)
	Ti-(Si,Ge)-C	Ni기 초합금(고온내식)
	NbC	흑연(로켓 Nozzle)
	TaC	W 필라멘트(Co기 복합재료)
	Cr_7C_3	Ni기 초합금(가스터빈)
	$MoSi_2$	Mo 합금(내산화)
	$TiSi_2$	Ni기 초합금(내산화)
비금속/비금속 화합물	SiO_2	스테인리스, 초합금(화학 Plant, 발전 Plant)
	SiC	UO_2, UC_2(핵연료입자), 흑연(로켓 Nozzle), W Mo 섬유(복합재료)
	B_4C	흑연(내산화)
	Si_3N_4	탄소재료(침투, 치밀화)
	BP	WC-Co, 흑연(내산화)
금속간 화합물	NiAl	Ni기 초합금에 AlCi법으로 Al을 확산피막(내산화)
	TiAl	
단 체	탄소	UC_2(핵연료입자)

2) PVD법(Physical Vapor Deposition)

CVD에 대해서 이온플레이팅이나 스퍼터링 등 진공이나 방전을 사용하는 물리적 프로세스에 의한 피복법을 PVD라 부른다. 이온플레이팅으로 세라믹을 피복할 경우 증발시킨 금속증기를 도입한 아세틸렌 등의 활성가스를 효율이 좋게 반응시키는 것이 중요하다. 그 때문에 이온 또는 플라즈마의 발생방법을 궁리한 여러 가지 방식이 고안되고 있다. 그 위에

내마모용 등의 세라믹 피복에 잘 이용되는 것은 HCD법(Hollow Cathode Discharge), 개량형 ARE법(Modifide Activated Evaporation), 고주파법이다. 그림 3-28에 이것의 개념도를 나타내었다. 어느 경우라도 원료의 증발원자가 많은 운동에너지를 가진 전자와 충돌하여 이온화된다. 계속해서 증발물질의 활성화효율과 생성피막의 조성, 결정성 또는 열 및 기계적 특성과의 관련을 연구하고 있다.

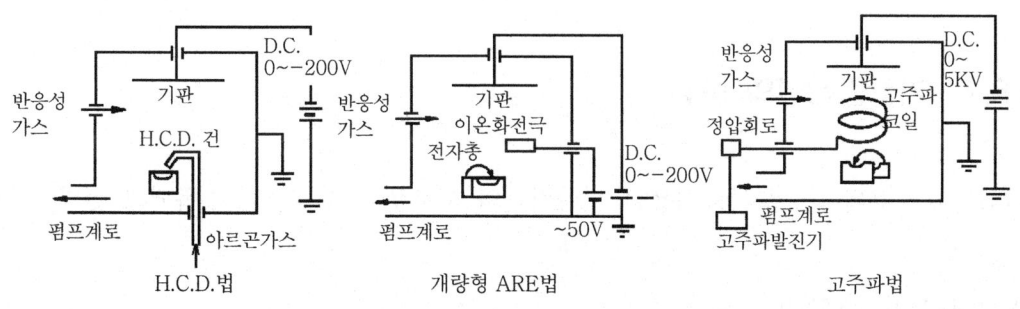

그림 3-28 주요한 이온플레이팅 방식의 개념도

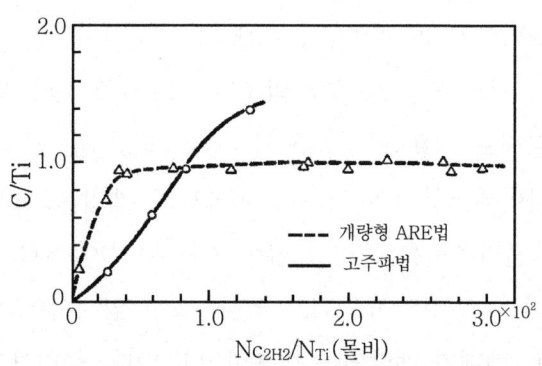

그림 3-29 Ti 증기 및 아세틸렌 가스의 공급비와 TiC 피막조성과의 관계(모재 : Mo, 석출온도 700℃)

그림 3-29는 TiC 피막을 예로 Ti 증기, 아세틸렌가스의 공급비율과 피막조성과의 관계를, 개량형 ARE와 고주파법의 경우와 비교한 것이다. 이온화효율에 뛰어난 전자에서 광범위하게 화학양론비의 TiC를 얻는 것을 알 수 있다. 이온플레이팅은 플라즈마 반응을 이용하기 위해 CVD법에 비해 증착온도를 충분히 낮게 할 수 있다. 따라서 뜨임을 550℃ 부근에서 행하고 고속도강 절삭공구를 비롯해 금형이나 펀치 등에 세라믹 피복을 실시하는 것이 가능하게 되고, 공구성능이 한층 개선되었다. 저온증착, 고밀착성을 특징으로 하는 이

온플레이팅의 용도확대는 다방면에서 급속하고 착실하게 진행되고 있다.

한편 종전의 스퍼트법은 형성되는 막 속도가 느리기 때문에 주로 전자재료의 절연성박막 등의 제조에 이용되어 왔다. 그러나 직교전자계방전을 이용한 마그네트론 스퍼트법이 개발되어, 현재에는 후막이 요구되는 내마모용 등의 세라믹 피복에도 스퍼트법의 적용이 가능하게 되었다. 이법은 조작성, 양산성이 우수하기 때문에 이온플레이팅이나 CVD의 경합기술로써 앞으로의 발전이 기대된다.

3.6.2 기상증착법의 종류

플라즈마나 고에너지입자를 이용한 세라믹막의 새로운 퇴적기술이 주목되고 있다.

1) 플라즈마 CVD법

고주파나 마이크로파로 원료가스를 여기하고 저온 플라즈마 반응으로부터 기판상에 피막을 형성하는 방법이 플라즈마 CVD이다. 본 방법은 회전하여 들어가 양호한 부착 강도가 기대되고 동시에 저온증착이 되는 등 종래의 CVD, PVD 양자의 장점을 함께 소유하여 공구 등의 표면개질기술로써도 실용화 연구가 활발하게 되고 있다. 그런데 세라믹 피복의 적용이 기대되고 있는 하이테크분야의 하나로 핵융합로 개발 프로젝트가 있다. 토카막(tokamak)로에서는 고온 플라즈마를 둘러싼 금속재료(제1벽)에 SiC, TiC 등의 낮은 원자번호 원소로 된 내열 세라믹 피복이 요구되고 있다. 또한 임계시험장치급의 로벽재에 20 μm의 TiC을 피복한 몰리브덴재가 개발되어 실용화되고 있다. 몰리브덴은 900℃ 이상에서 재결정하여 강도저하가 일어나기 때문에 저온증착이 가능한 플라즈마 CVD가 적용되었다. 현재 수 μm의 텅스텐 중간층을 이용하여 고온안정성을 현저히 개선한 TiC/W/Mo 다층피복재료를 개발하고 있다.

2) 진공아크 방전에 의한 기상증착

진공아크는 음극면상에 일어나는 아크 휘발점의 불규칙운동으로부터 방전이 유지된다. 그 경우 음극재료가 증착되고 분사되지만 증기의 이온화율이 대단히 높아 플라즈마가 형성된다. 이 현상을 기상증착에 적용하는 연구가 미국을 중심으로 진행되고 있다. 앞 항에서 두 개 이상의 아크전극을 넣은 피복장치가 고안되어 공구 등의 세라믹 피복에 높은 생산성이 기대되는 신기술로써 주목되고 있으며, 또한 진공아크를 이용한 이온총형의 증발전극을 개발하였다.

TiN 피복을 예로 들면 그림 3-30에 나타낸 것과 같이 Ti제 봉상음극에 세공이 설계되어 있고, 그로부터 고주파방전 등에 의하여 미리 활성화된 질소가스가 분출되도록 고안되었다. 본 방법의 특징은 방전이 안정되고 고속피복이 되며 더욱 음극재와 반응가스의 선택으로부터 여러 가지의 세라믹 피복이 가능한 점이다. Manipulator(조정기)를 조정해서 진공용기 내벽의 피막의 수리, 재생할 수 있는 "즉석피복"기술로써도 그 용도는 넓다.

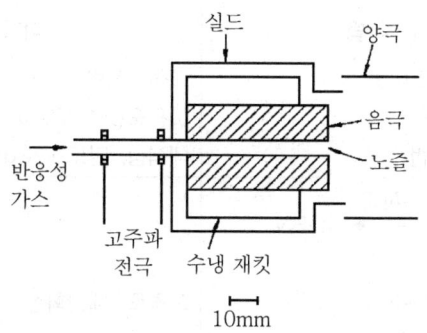

그림 3-30 이온총형 진공아크 증착원의 모식도

3) 이상구조를 갖는 세라믹 피막

플라즈마나 이온빔 등을 사용해서 일반적으로 얻을 수 없는 특이한 막질의 세라믹막(i상이라 부른다) 제조에 강한 관심이 기대되고 있다. 그림 3-31은 이와 같은 막 제조장치의 일례이다.

표 3.13에 이 분야의 최근 연구를 어느 정도 소개하였다. 중간에도 다이아몬드상탄소, 입방정질화보론(c-BN) 등의 저압기상성장막이 주목되고 있다. 그러나 이것들의 이상구조막에서는 막 성장에 따라 발생하는 강한 내부 응력막이 약하고, 막 특성의 경시변화의 문제가 있다. 이것들을 극복하려면 i-상물질은 혁신적인 내식, 내마모 세라믹 피막재로써 다방면에 적용을 기대할 수 있다.

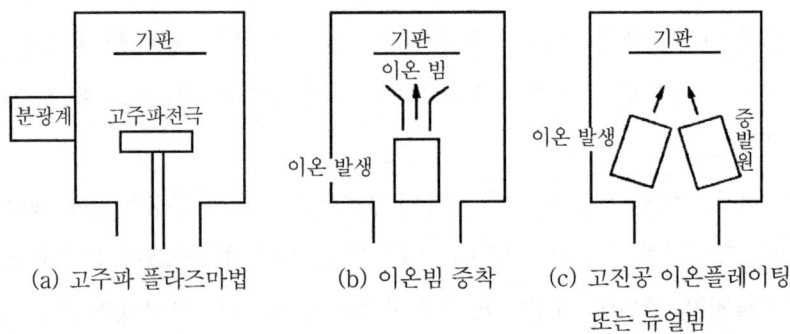

그림 3-31 i-상 물질막의 제작장치의 예

표 3.13 이상구조막(i-상)의 연구 예

i-상	피 막 법	피막의 특성
i-C	• 고주파 플라즈마법 • 이온빔법 • 듀얼 이온빔법	고전기저항($10^7 \sim 10^{14} \Omega \cdot cm$) 고경도(>1,800 이상), 저마찰계수 내식성, 밀도 ~$2g/cm^3$
i-BN (c-BN)	• B(EB)+NH$_3$ $\xrightarrow{ARE}$ a-BN • B(Al-Co-Ni)+NH$_3$ $\xrightarrow[1,000℃]{ARE}$ cBN(>75wt %)	고경도, 내산화성
i-C/Al i-C/Cr	• Al 또는 Cr(EB)+C$_6$H$_6$ 이온화 $\longrightarrow$ i-Al-C 또는 Cr-C	고경도 Al$_x$C$_{1-x}$, x~0.5 : 황금색 내습성

3.6.3 플라즈마 용사

플라즈마 용사는 아크방전으로 아르곤 등의 작업 가스를 초고온 플라즈마제트로 바꾸어 공급된 원료분말을 용융분사시켜 모재상에 피막을 형성하는 방법이다.

최근에는 장치의 고출력화(~80kw)와 동시에 컴퓨터화, 로봇화가 진행되고 각종의 고성능 세라믹 피복재를 얻는다. 또한 최근의 플라즈마 용사용 분말재의 개발도 이 방법 발전의 한 원인이다. 예컨대 금속염을 사용해서 알루미나 등의 분말입자 표면에 금속 및 그 산화물로 된 피복층을 형성한 복합분말의 개발이다. 이 분말을 사용하면 용사 중에 세라믹입자와 피복층이 일체화된 균질 결합성이 뛰어난 피복재료를 얻는다. 용사기술면에서는 감압 중에서의 플라즈마 용사(LPC)와 열응력을 완화하기 때문에 모재와 동질재료의 용사에서 출발하고 피막성장에 따라 점차 세라믹 함유량을 증가시킨다. "점변(漸變) 용사"의 실용화연구가 진행되고 있다. LPC에서는 피막 중에서 기공이 거의 없고 밀착성이 개선된 고품질 세라믹 피막을 얻는다. 플라즈마 용사 세라믹 피복재는 내열, 내식, 내마모용으로써 항공기 재료를 비롯해 전자기기, 농공구, 가전제품 등 주변에 많이 실용화되어 공급되고 있다.

3.6.4 세라믹 피복재료의 문제점과 대책

세라믹 피복재료의 최대 과제는 과혹한 환경하에서 장기간 안심하고 사용할 수 있는 신뢰성의 확보이다. 또한 피복재료에 대한 문제점을 알고 신뢰성 향상을 위해 필요한 광범위한 연구개발에 임하고 있다.

1) 피막의 결함과 밀착성의 개선

기상증착에 의한 피막의 대부분은 주상조직으로 된다. 그 결과 크랙 등의 미세한 결함이 없는 경우라도 입계에 따라 점식이 일어나기 쉽고 사용상 종종 문제가 된다. 이 주상정을 제어하는 방법으로써 유동층을 이용한 CVD 일부 액상의 반응 중간체를 석출시켜 층상피막을 얻는 CNTD법, 피막 중에서의 미립자분산기술 등 많은 방법이 연구되고 있지만, 아직 문제의 충분한 해결은 되지 않았다. 한편, 모재와 세라믹의 계면조성이나 구조를 제어해서 피막의 밀착성을 개선하는 새로운 시험을 하고 있다. 예컨대 Ti, C를 적당량 함유시킨 금속모재는 가열하면 표면에서 TiC가 석출하고, 이것을 세라믹에 피복시킬 경우 "풀" 역할을 하고 밀착성이 향상된다. 또한 조성 천이층을 계면이 되도록 고안한 이온플레이팅에서도 대단한 밀착성의 개선을 알 수 있다.

2) 피막의 장수명화와 자기수복

고온내식성 피복재료에는 최표면 세라믹층과 모재간에 설치된 중간계면층이 중요한 역할을 한다. 이 경우 중간층의 소멸을 억제하는 확산장벽층이 필요한 경우도 있다. 즉 사용환경에 따라 모재/확산장벽층/중간층/세라믹층으로 된 다층막구조의 고안이 긴요하다. 중간층에는 세라믹층에 크랙이 있는 경우 자기수복기능, 크랙이 모재에까지 전파되는 것을 억제하는 적당한 연성 등이 요구된다. 이와 같은 다기능 중간계면층의 연구개발은 앞으로의 과제이다.

3) 피막으로 생기는 응력

특히 후막 세라믹 피복재에서는 금속세라믹 양자의 열팽창 차이에 유래하는 열응력의 완화가 불가결하다. 앞서 이야기한 점변(漸變)용사는 그 한 가지 방법이다. 최근 이온 주입기술을 이용하여 사전에 모재표면을 비정질화하고 비정질구조 특유의 응력완화기구로부터 접합계면의 열변형을 저감시키는 시험으로 좋은 결과를 얻고 있다. 한편 피막성장에 따른 잔류응력에 있어서는 학문적으로 해명되지 않은 점이 많고 그 효과적인 해결책은 얻을 수 없다. 최근 피막시에 이온빔을 동시 조사하는 것보다 응력상태를 제어해 얻는다는 보고도 있지만 더욱 자세한 연구가 기대되고 있다.

세라믹 피복재료·기술은 대단한 매력을 가지고 있고 최근에는 다이아몬드 피복도 출현하고 있다. 앞으로의 피복기술은 플라즈마, 레이저, 대전류 이온빔 등의 고도기술을 바탕으로 한 복합 프로세스화가 더욱 더 진행될 것으로 생각된다. 얻을 수 있는 재료도 열, 부식, 마모에 강할 뿐만 아니라 세라믹을 지닌 다종다양한 기능을 부여한 고성능의 표면복합화 신소재로도 넓은 분야에 적용될 것이다. 그러나 전부 기술한 것처럼 세라믹 피복재료가 실용화되기 위해서는 여러 가지 많은 문제를 안고 있다. 그것들이 해결되면 신재료로써 발전하기 위해서는 표면, 계면의 재료과학적 기초연구와 실환경하에서의 피막의 밀착성, 강도, 응력의 정량측정, 열적, 기계적 특성평가, 피막의 균열, 박리기구의 해명, 더욱 더 결함의 비파괴검사 등 재료의 평가기술에 관한 연구가 필요하다.

3.7 극저온용 구조재료

3.7.1 극저온기술과 새로운 구조재료의 필요성

극저온용 구조재료란 초전도이용 기술을 중심으로 한 액체의 헬륨 온도(4K) 근처에서 기구의 구성재료로써 사용되는 것을 말한다.

표 3.14 극저온기기에 요구되는 구조재료의 특성 및 후보재료

특성	응용	초전도 회전기		핵융합로용 초전도자석		자기 부상차	고에너지 물리관련기기		우주 관련
		회전자	자기 차폐판	자석용기	지지재	초저온 용기	초전도 기기	수소 포상	액수산 용기
기계적특성	강도	◎	◎	◎	◎	○	○	◎	○
	연성	○	○	○		○	○	○	○
	인성	◎	◎	◎	◎	○	◎	◎	◎
	비강도	○				◎			◎
	피로	◎	○	◎	◎	◎		◎	◎
	용접성	◎		◎		◎	○	◎	◎
물리적특성	강성				○	○	○		○
	자성	○				◎	◎	◎	
	열전도율					○			
	열팽창	○				○	○		
	전기저항		◎	○					
후보재료		STS강 티탄합금 초합금	동합금 Al합금	STS강 고망간강 티탄합금 Al합금	STS강 고망간강 초합금 FRP	STS강 티탄합금 Al합금 FRP	STS강 고망간강 초합금	STS강 고망간강 Al합금	STS강 Al합금 티탄합금
적용 예		A286, 304L Inconel718 Ti-6Al-4V Ti-5Al-2.5Sn	Cu-Ni	304 LN 316 LN 2219	316 LN 304 LN A286	304 L 순 Ti	CF-8M 304L	Kromac 58 316L	301 2219 2014

◎ : 필요불가결한 특성, ○ : 중시되는 특성

재료의 종류로써는 금속재료, 유기재료로 대별되어 있지만 실적, 경제성 등에서 현재의 경우 금속재료가 대부분을 차지하고 있다. 극저온용 구조재료로써는 현재 SUS304L, 316L 등 오스테나이트 스테인리스강이 주체이고 이들 구재료의 실적은 신재료를 따라가지 못하는 것이다. 그러나 극저온기기 특유한 기계적 특성뿐만 아니라 다양한 기능에 대응하는 특성으로의 요구를 달성하기 위해 극저온용 신재료의 개발도 진행되고 있다.

초전도기기 등에 사용되는 구조부재로써는 극저온 환경을 유지하는 용기재, 대형초전도 자석 등의 지지재, 자기차폐재 등이 주요한 것이다. 그것들을 정리해서 표 3.14에 나타내었다.

3.7.2 극저온에서의 재료특성

극저온에서 사용되는 구조재료도, 상온이상의 고온에서의 것과 똑같이, 설계의 기본이 강도인 것은 상위하지 않다. 환경온도가 극저온으로 되면 오스테나이트 스테인리스강의 제특성은 그림 3-32에 나타낸 것과 같이 변화한다.

물리적 특성은 온도와 함께 변화하지만 동일 재료간의 변동은 적다. 그러나 기계적 특성은 물리적 특성에 비해 온도에 의한 변화는 작지만 동일재료로써 변동이 크다고 하는 특징이 있다. 극저온기기의 재료의 선택에 따라서 항복응력의 온도의존성이 중요한 경우가 있다. 극저온 가동부의 재료에 있어서는 사용 환경하에서 가장 강한 것이 요구되지만 극저온부와 상온부를 연결한 지지재에서는 폭이 넓은 온도역에 따라 높은 강도가 요구된다. 이와 같은 관점에서 4K와 300K의 항복응력 σ_y와 제각각의 영률 E의 비를 나타낸 것이 표 3.15이다. 비가 작고 강도가 높은 재료일수록 지지재에 적합하다.

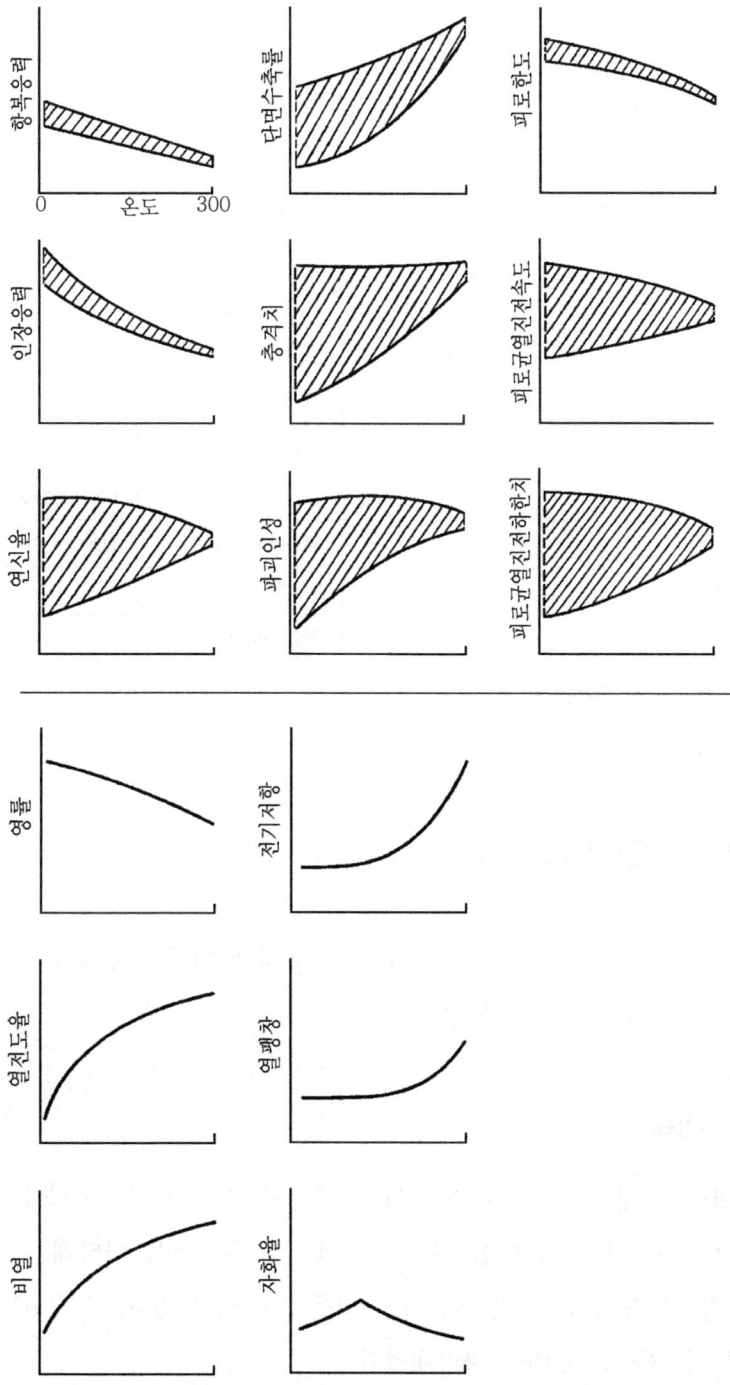

그림 3-32 오스테나이트 스테인리스강의 저온영역에 있어서 기계적 및 물리적 특성의 변화와 재료간의 변동

표 3.15 상온(300K)에 대한 극저온(4K)의 항복응력의 증가비

$\dfrac{\sigma_y^4}{E^4} \Big/ \dfrac{\sigma_y^{300}}{E^{300}}$	~ 3	~ 2	~ 1.5	~
재료명	SUS316LN	SUS304LN	SUS304	SUS304L
	Nitronic 33	Nitronic 50	SUS316L	A286
	Nitronic 40	SUS310	Ti-5Al-2.5Sn (ELI)	2014
		SUS310S		2219
		Fe-19Cr-9Ni -2Mn-N	Ti-6Al-4V (ELI)	5083
				Inconel 718
			Ni	Gl-Epoxy*
			70Cu-30Ni	B-Epoxy**
			Cu-Al	Gr-Epoxy***
			18Ni Marage	Boron-Al
			13Ni Steel	
			9Ni Steel	

* <u>Glassfiber-epoxy</u>, ** <u>Boronfiber-epoxy</u>, *** <u>Graphitefiber-epoxy</u>
(유리섬유 에폭시)   (브론섬유 에폭시)   (그라파이트섬유 에폭시)

3.7.3 고강도, 고인성재료

극저온에서 취화하지 않는 것은 필수조건인 것과 동시에 기기의 성능상, 안정상으로 부터도 고강도, 고인성이 있는 것이 요구된다.

1) 페라이트계 재료

페라이트계 철합금의 대표는 Ni강이다. 페라이트강의 저온취성은 Ni량에 의해 제어할 수 있다. Ni을 13% 이상 함유한 철합금은 4K에서도 저온취성을 나타내는 것은 아니다. 파면의 미세한 관찰에서도 완전한 연성이 있는 것을 나타내고 있다. 현재 4K에서 고온강도와 인성을 가진 재료를 표 3.16에 나타내었다.

표 3.16 대표적인 극저온용 Ni강의 조성과 극저온 특성

강종	조 성(%)							
	Ni	Mo	Ti	C	P	S	N	Al
12Ni강	12.1	-	0.26	0.001	0.003	0.004	0.014	-
13Ni강	13.4	3.17	0.21	0.003	0.004	0.005	0.0016	0.063

온도	77K						4K					
특성 \ 강종	내력 MPa	인장강도 MPa	신율 %	단면수축률%	충격치 J	파괴인성 $MPa\sqrt{m}$	내력 MPa	인장강도 MPa	신율 %	단면수축률%	충격치 J	파괴인성 $MPa\sqrt{m}$
12Ni강	923	978	31	73	209	203	1,253	1,426	23	72	75	81
13Ni강	919	1,211	22	75	199	123	1,223	1,510	15	68	130	114

페라이트강은 극저온의 강도에서는 문제는 없고, 용접성도 9Ni강과 같은 고Ni계의 용접봉을 사용하는 것이 양호하다. 그러나 강자성체인 것으로부터 강자계 중에 사용되는 때에는 큰 전자력을 받는 것, 더욱 더 구조물이 자화하는 것 등의 난점이 있다. Ni의 대체로서 Mn을 사용한 극저온재료의 연구도 진행되고 있지만, Ni과 Mn의 본질적인 차이가 명료하게 인식되고 있으며, 13Ni강에 상당하는 재료의 개발에는 지극하지 않다.

2) 질소강화 Mn강

오스테나이트 스테인리스강의 강도를 향상시키는 방법으로 Mn량을 높인 질소로 강화시킨 Nitronic계 합금이 미국에서 개발되었다. 이들 중에는 극저온에서도 사용 가능한 것이 존재한다. 한편 Mn의 특징을 이용한 비자성 고Mn강의 연구개발이 핵융합로용 초전도 자석의 개발로 촉발되어, 적극적으로 진행되어 큰 성과를 얻고 있다. 질소에 의한 강화는 극저온에 있어서만큼 현저하다. 또한 Mn은 오스테나이트상의 마텐사이트변태에 의한 페라이트상의 출현을 억제하는 효과와 극저온에서 비자성화에 효과가 있다. 비자성 고Mn강은 본래 스테인리스강과는 다른 용도를 위한 내수성(耐銹性)의 배려는 되어 있지 않지만, 극저온용기에 사용하기 위해 결로(물건의 표면에 작은 물방울이 서려 붙음)에 의한 문제가 일어나고 내수성을 증가시킬 필요로부터 Cr을 증가시킨 재료도 개발되어 있다. 고Mn강은 오스테나이트 스테인리스강과 다르며, 극저온적용을 의식하여 개발된 신재료이다.

3) 석출강화 비자성강

표 3.17에 대표적인 합금의 조성과 특성 및 특징을 나타내었다. 큰 온도구배를 가진 상온강도도 요구되는 재료, 또는 열처리성을 요구하는 경우에 적합한 재료이다. 이 때문에 초전도회전기의 모터, 핵융합로용 초전도자석의 지지재 등을 주요 용도로 하고 있다. 이 특성은 금속간 화합물 $r'-Ni_3(Ti, Al)$에 의한 석출강화에 기인하지만, 다음과 같은 문제점을 가지고 있다.

① Ni농도가 높기 때문에 극저온에서 강자성성분을 함유한다.
② 극저온에서 충격치가 질소강화 고Mn강에 비해 낮다.
③ 용접성이 낮고 용착금속이나 열영향부에서의 균열, 더욱 더 재가열 균열에 대해서 감수성이 높다.

이것들을 해결할 합금으로써 Mn을 첨가하고 미량불순물의 저감을 꾀한 Fe-Ni-Cr-Mn-Ti계가 있다.

표 3.17 석출강화형 오스테나이트합금의 조성과 특성

	대표적 조성(mass %)		강도(MPa)		특 징
	기본조성	미량원소	300K $\sigma_{0.2}/\sigma_B$	4K $\sigma_{0.2}/\sigma_B$	
A 286 (용체화-시효재)	Fe-26Ni-15Cr-2.3Ti-0.2Al	0.05C-1.4Mo-0.3V-1.5Mn-0.5Si-0.006B	740/1066	962/1520	• 질소강화강에 비해 상온 강도가 높다. • 연성 및 인성의 온도의존성이 작다. • 4K에서 변형해도 α'상이 생기지 않고 오스테나이트상이 안정 • 피로균열전파특성은 고력 Al, Ti합금, 질소강화강과 동등 이상
JBK 75 (용체화-15%냉연-시효재)	Fe-29Ni-14Cr-2.1Ti-0.3Al	0.015C-1.2Mo-0.3V Mn≤0.05 Si<0.1 B<20ppm	1024/1243	1245/1574	• JBK75에서는 냉간가공+시효처리로부터 연성, 인성을 유지하고, 내력을 1,200MPa(4K) 이상으로 향상시켜 얻는다. • 시효처리온도(973~1,023K)가 Nb_3Sn 초전도선재의 열처리온도영역과 일치한다. • r'석출형 합금 중, 가장 가격이 낮은 편에 속한다.

그림 3-33에 나타낸 것과 같이 Mo 이외의 미량원소를 저감시킨 합금은 열영향부나 용착금속부에도 균열을 일으키는 것 없이, 동시에 용접 후의 열처리에 의해서도 재가열균열이 인지되지 않는다. 이 종류의 합금도 고Mn강과 같으며, 극저온용도를 대상으로 하여 연구개발이 진행된 것이며, 신소재라 말한다. 고Mn강과 용도가 공존하는 것이며, 또한 후술하는 티탄합금과도 경합하는 영역이 있으며, 실용단계에 있어서는 경제성 등을 고려한 종합평가가 앞으로 발전의 열쇠를 쥐고 있다.

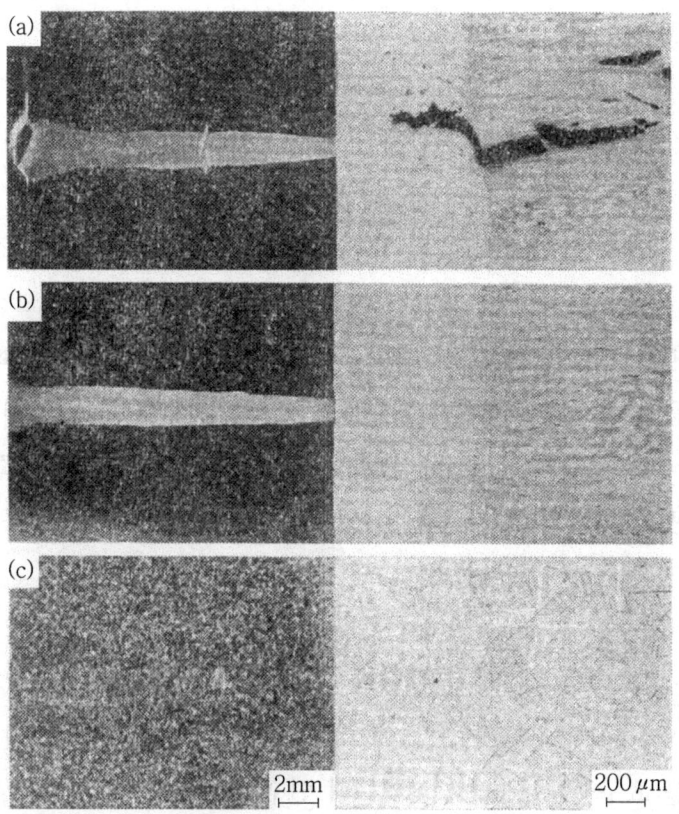

그림 3-33 전자빔 용접한 석출형 합금의 조직[어느 것도 용체화시효(330Hv)한
(a) A286, (b) Fe-28Ni-14Cr-8Mn-2.4Ti, (c) (b)를 1,373K에서 재용체화 후 973K에서 14ks 시효]

3.7.4 신재료의 적용

극저온 기술은 종래 기술의 연장상에서는 고려되지 않은 영역이지만, 구조재료와 같이 설계상 보수적인 사상이 지배하고 있는 분야인 경우는 신소재를 대담하게 적극적으로 채용하고 있는 기운은 오히려 적다. 따라서 기존재료 중에서 또는 개량에 의해서 재료를 선택해 온 것은 부정하지 않는다. 그러나 초전도 기술과 같이 이제까지의 시스템과 다른 기기의 개발인 경우는 기존재에서도 극저온 데이터가 거의 없기 때문에 신소재라는 관점에서 재료연구를 진행시킬 필요가 있다. 그 중에서도 티탄합금은 유력한 극저온용 구조재료이다. 그 가운데에서도 α단상의 Ti-5Al-2.5Sn과 $\alpha+\beta$ 2상의 Ti-6Al-4V합금이 대표적인 것으로 동시에 침입형 불순물원소를 저감시킨 ELI재는 극저온에서 인성, 더욱 더 용접성이 우수하다.

알루미늄합금과 동합금은 그 특징인 전기전도성이 양호한 것으로부터 초전도도체의 안정화재, 나아가서는 보강재로써 사용되고 있다. 요구되는 특성으로써는 고강도에 고전도성이다. 이와 같은 관점에서 이들의 합금연구는 이제까지 볼 수 없었지만 산화물 분산강화동이 시험적으로 사용되어 왔으며 양호한 결과를 얻고 있다. 알루미늄합금에서도 높은 탄성률을 갖는 Al-Li합금에 대하여 극저온에서의 특성이 조사되어 왔으며, 신소재의 극저온에서의 적용이라는 관점에서 폭넓게 시험되고 있다. 그 외에 FRM(금속계 복합재료)의 적용도 검토되고 있지만 앞으로의 과제이다.

극저온기술은 LNG 온도영역에서는 산업으로써 확립되어 있지만 초전도 기술을 중심으로 하는 액체 헬륨 온도에서는 실험실 규모의 영역에 머물고 있으며, MRI(자기공명진단)-CT가 실용화되고 있는 이유지만, 표 3.14에 나타낸 바와 같이 대형기기의 실용화에는 상당한 시간과 비용을 요구한다. 그러나 이것들의 연구개발이 자극이 되어 새로운 구조재료의 개발이 활발하게 진행되었다. 그 중에서 질소강화 고Mn강, 석출강화 비자성강을 신소재로써 하는 것이 가능하다. 양자는 동시에 현재도 연구개발이 진행되고 있고 극저온 특성의 개선과 동시에 광범위한 데이터의 취득이 행하여지고 있다. 특히 피로 특성의 극저온 데이터가 적다. 또한 초전도기기 특유의 전자력의 영향, 극저온 크리프의 평가 등 불확실한 점이 있으며 미래에 남은 과제이다. 이와 같은 요구특성을 만족하는 신소재의 개발은 종래의 구조재료에는 볼 수 없었던 새로운 분야이다.

제4장

신에너지 재료

4.1 초전도 재료
4.2 수소저장합금
4.3 에너지 – 변환소자
4.4 핵융합로 로심 구조재료
4.5 전극재료

CHAPTER 04 신에너지 재료

4.1 초전도 재료

4.1.1 초전도

동선 등 보통 금속선에는 전기저항이 있기 때문에, 전류가 흐르면 전력이 소비된다. 일반적으로 금속의 전기저항은 온도를 낮추면 감소하지만, 온도의 종점인 절대온도(0K=-273℃) 가까이로 냉각해도, 그 금속 고유의 전기저항이 잔류한다. 그러나 어떤 종류의 금속은, 일정온도에서 돌연 전기저항이 완전히 0이 되는 소위 유별난 현상을 보인다. 이 상태를 초전도라 한다. 초전도 상태의 전선으로 닫힌 코일을 만들면, 그 코일에 흐르는 전류는 전기저항이 없기 때문에 전혀 감소되지 않고, 영구히 흐름을 계속한다(영구 전력 현상).

이와 같이 초전도선은 전력의 소비 없이 대전류를 흐르게 하거나 코일로 감아서 강한 자계를 발생할 수 있다. 이 코일을 초전도 마그네트라 한다. 동선을 감은 보통의 마그네트에는 강한 자계를 발생하는데 큰 전력이 필요하고, 또한 이 소비전력이 마그네트 내에서 줄열로 변화하기 때문에 마그네트의 온도상승을 억제시키기 위하여 대량의 냉각수가 필요하다.

초전도 현상은 예로부터 고체물리에 관한 불가사의한 현상으로 생각되어지다가, 1957년에 소위 BCS이론이 발표되고서 그 본질이 이해되었다. 보통 금속에는 극저온에서도 전자가 흐르면 격자 결함이나 불순물 등의 협잡물에 의해 산란되어, 저항을 받아 전기저항이 잔류한다. 또한 2개의 전자가 쌍을 이루어 상호 에너지를 주고받으면, 예를 들어 두 사람의 축구 선수가 서로 볼을 주고받아, 상대의 저항을 받지 않고 진행하는 것과 같이 장애물에 의해 산란되지 않고 흐르는 초전도 상태가 된다.

보통 전자간에는 쿨롱 반발력이 작용해 쌍을 만드는 것이 가능하지 않고, 전자의 ⊖전하로부터 금속이온의 격자가 변형되어 국소적인 ⊕전계를 발생시키면 거기에 또 한 개의 전자를 끌어들인다. 이와 같이 금속 이온의 격자진동을 매개로 하면 두 개의 전자가 쌍을 만들 수 있고, 초전도 상태로 천이된다. 이 전자대가 만들어지든지 어떤지는 그 금속 내의 전자에너지 분포상태나 전자와 격자진동의 상호작용의 강도 등으로 결정된다.

보통 상태에서 전기저항이 작은 동이나 은 등은 오히려 초전도가 안 되며, 또한 전자대는 스핀이 반대방향의 전자 사이에 형성되기 때문에 전자 스핀의 방향이 같은 철 등의 강자성 금속은 초전도가 되기 어렵다(그림 4-1 참조).

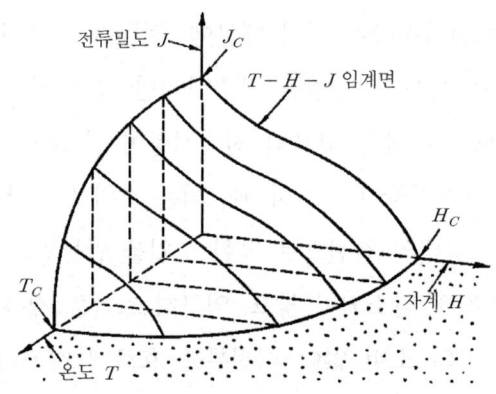

그림 4-1 초전도상태의 T-J-H 임계면. 면내는 초전도, 면외는 정상상태

4.1.2 초전도 재료의 종류와 특성

초전도상태를 얻기 위해서는 온도 T, 자계 H, 전류밀도 J가 각각 어느 임계치 T_C, H_C 및 J_C 이하가 필요하고, 그림 4-1과 같이 T-H-J좌표 공간에서 한 개의 임계면이 형성되어, 그 내측에서 초전도 상태로 된다.

T_C가 높은 쪽이 냉각이 용이하고, H_C 및 J_C가 높을수록 강한 자계를 발생할 수 있어, 기기를 소형화할 수 있고, 초전도를 이용하는 장점이 늘어난다.

초전도 현상은 1911년 Kamerlingh Onnes에 의해 수은에 대해 발견되어, 이들의 금속은 T_C나 H_C가 낮고 강자계의 발생으로 실용화될 수 없었고, 1950년대 후반에, 임계치가 높은 Nb, V의 합금이나 화합물이 발견되어 그 결과, 1960년대부터 초전도 마그네트 등의 응용이 큰 각광을 받게 되었다. 즉, 초전도현상의 응용에는, 새로운 재료발견이 선도적 역할을 하였다. 결국 이들 합금이나 화합물(제2종 초전체)에는 H_C는 상하 2가지로 나누어지고, 상부임계자계 H_{C2}까지 초전도전류를 흐르게 할 수 있다.

초전도의 3가지 임계치 이내, T_C와 H_{C2}는 주로 재료의 전자구조 등의 마이크로 물성적 인자에 의하여 결정된다. 또한 H_{C2}는 T_C 바로 위의 온도에서 전기저항 ρ_n이 클수록 높게 된다. 그 때문에 박막상으로 하거나 제3원소를 첨가하여 ρ_n을 증가시키면 H_{C2}가 높게 되는 경우가 많다. 한편, J_C는 자속선의 spin을 멈추는 중심으로 되어 재료 내의 석출입자, 전위, 결정입계 등의 분포상태, 즉 매크로 조직에 의해 결정되며, 따라서 재료의 처리조건에 크게 의존한다.

그림 4-2는 T_C와 H_{C2}의 높은 주요 초전도 재료를 나타내었다. Nb-Ti 등의 합금에서는, T_C가 약 10K, 4.2K(액체헬륨온도)에 관한 H_{C2}가 약 11T(T : 테슬라)가 된다.

이에 대해 Nb_3Sn 등의 A15형 결정구조를 갖는 화합물에서는 15~23K의 T_C와 20~40T 등의 H_{C2}(4.2K)를 갖고, 또한 chevrel형 화합물의 $PbMo_6S_8$은 50T에 달하는 H_{C2}를 나타낸다.

이와 같이 화합물계 재료는 합금계 재료에 비해 각단에 우수한 특징을 갖고 있지만, 가볍고 취약해 소성가공이 가능하지 않은 난점이 있다.

따라서 그 실용화에는 선재화기술의 개발이 관건이며, 현재까지 Nb_3Sn 및 V_3Ga 화합물이 선재화에 성공하였다.

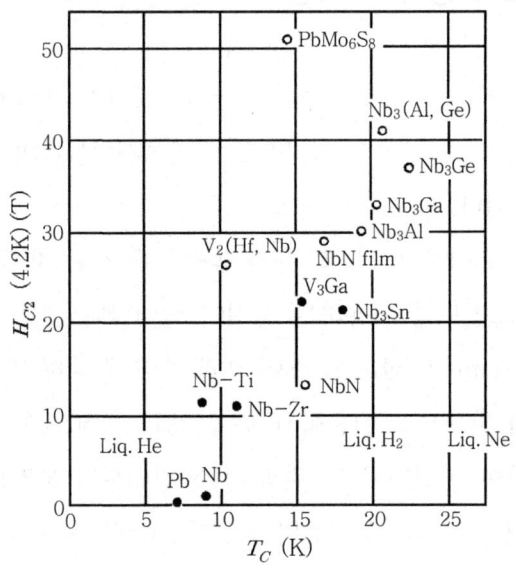

그림 4-2 중요한 초전도상태의 T_C와 H_{C2}. 흑점은 선재화된 재료

4.1.3 실용 초전도 선재

1) Nb-Ti 합금선재

Nb-Ti 합금은 저렴하고 가공이 용이하기 때문에 1965년경부터 실용화되고 있고, 현재 실용 선재의 대부분을 차지하고 있다. H_{C2}가 높은 Ti농도 50~75원자%의 Nb-Ti 합금 선으로부터 4.2K에서 8~9T까지의 자계 발생이 가능하다.

그런데 실용 초전도선재에는 초전도 부분을 아주 가는 심상으로 하여 Cu 중에 매입한, 소위 극세다심형식의 선재로 가공하고, 한편 트위스트(twist)를 가해 전류 분포를 평균화하면, 큰 전자기적 쇼크를 가해도 초전도성이 파괴되지 않고, 또한 빠른 자계 변화가 가능한 마그네트를 제작할 수 있기 때문에 실용성과 안전성이 현저히 높아진다. 극세다심선에 관한 초전도심의 굵기는 보통 10μm 정도이다. 또한 Cu는 초전도심을 전기적으로 보호하는 역할을 한다.

Nb-Ti합금은 아크용해나 전자빔 용해로부터 수 톤의 주괴가 제조된다. 이 Nb-Ti합금주괴를 가는 봉상으로 가공한 후, Cu관을 씌운 단심선을 여러 개의 직경 300mm 정도 Cu관

내에 압입하여 Nb-Ti과 Cu와의 복합체를 만든다. 이 복합체를 압출과 선인발가공으로부터 가는 봉상으로 가공하고, 이것을 다시 여러 개 Cu관 내에 복합하고, 가공을 반복하여 10만 개 정도의 극세심을 포함한 Nb-Ti 극세다심선이 만들어진다.

Nb-Ti합금선의 J_C는 단면감소률 10^6 정도의 강한 가공을 한 후, 약 650K로 열처리하여 미세한 제2상을 석출시킴으로써 현저히 높아진다. 열처리 후 재가공을 해도 J_C는 더욱 더 높아진다. 또한 일반적으로 H_{C2}는 온도가 낮아지면 상승하므로, Nb-Ti합금선을 초유동헬륨 중(1.7~2.0K)에서 사용하여, 12T 정도의 자계를 발생시키는 연구가 진행되고 있다.

더욱이, 초전도심의 지름을 $1\mu m$ 이하로 가늘게 하고, 또한 심을 고저항의 Cu-Ni합금으로 감싸고 심간의 Coupling전류를 차단하여 손실을 감소시킨, 교류용의 Nb-Ti합금선재의 개발도 진행되고 있다.

2) Nb_3Sn 및 V_3Ga 화합물 선재

4.2K에서 10T 이상의 강자계를 발생시키는 데는 Nb_3Sn나 V_3Ga 화합물재의 실용화가 불가피하다. 이들 화합물은 우선 Nb 혹은 V의 하지테이프 표면으로부터 용해한 Sn 또는 Ga를 연속적으로 확산시키는 방법으로, 테이프상의 선재가 제조되었다.

V_3Ga에서는 Ga에 Cu를 소량 가하면 확산을 촉진하는 촉매적인 효과가 있고, 이 발명으로 Nb_3Sn보다 강자계에서 J_C가 큰 선재를 만들었다. 1975년에 Nb_3Sn테이프를 외측에, V_3Ga테이프를 내측에 감아 만든 것으로, 그림 4-3에 나타낸 초전도 마그네트는 17.5T의 당시 세계 최고의 자계를 발생시켜, 현재까지 고장 없이 가동을 계속하고 있다.

1970년부터 소위 복합가공법이 개발되어 Nb_3Sn이나 V_3Ga 화합물에도 높은 안정성을 갖는 극세다심형식의 선재가 만들어지게 되었다.

이 제조법에는 많은 Nb 또는 V심과 Cu-Sn 또는 Cu-Ga합금과의 복합체를 만들어 이것들을 세선으로 가공한 후, 873~973K에서 열처리한다. 이 열처리에서 Cu-Sn(Cu-Ga)합금 기지 중의 Sn(Ga)만이, 가늘게 가공된 Nb(V)심과 확산반응하여 $Nb_3Sn(V_3Ga)$의 극세다심이 형성된다.

그림 4-4에 이와 같은 방법으로 만든 Nb_3Sn 극세다심선의 단면의 예를 나타내었다.

그림 4-3 17.5T 초전도 기지 본체. 내경 31mm, 외경 400mm, 높이 600mm

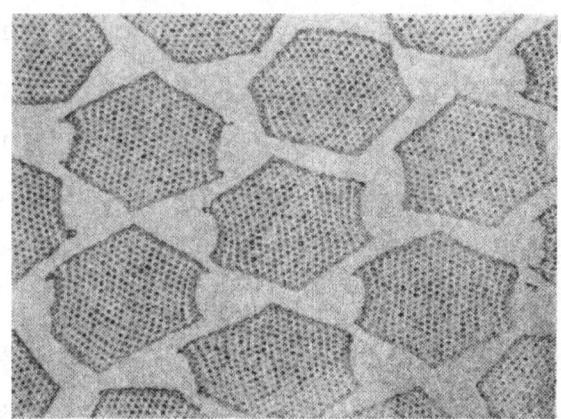

그림 4-4 Nb_3Sn 극세다심선단면의 일부. Nb심과 Cu-Sn-Ti합금기지와의 복합체가 Nb확산장벽에 포함되어 고순도 Cu 중에 매입되어 있다.
Nb심수 349×361=125,989개, 심경 5μm, 선재치수 9.5×1.8mm

Nb₃Sn 극세다심선에는 소량의 Ti를 첨가하면 ρ_n의 증가로 H_{C2}(4.2K)가 약 25T로 높아지고 강자계에 J_C가 현저하게 개선된다. Ti는 0.5원자퍼센트 정도 Cu-Sn합금기지에 첨가하는 것이 가장 유효하다.

그림 4-5에 Nb-Ti, Nb₃Sn, V₃Ga 및 Nb₃Sn 극세다심선의 J_C의 자계에 의한 변화를 비교해 보았다. Ti 첨가 Nb₃Sn 극세다심선은 12~18T의 강자계에서, V₃Ga 극세다심선과 같은 특성을 나타내었다.

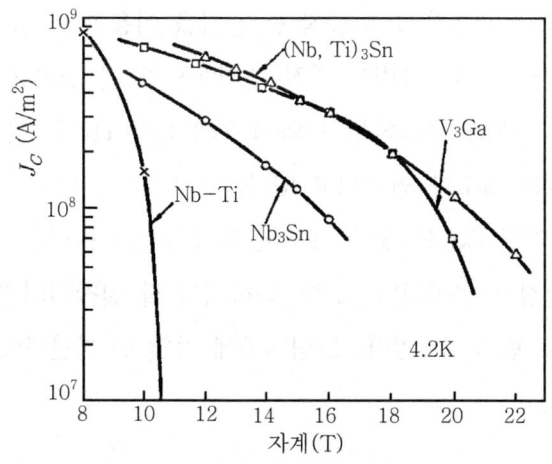

그림 4-5 Nb-Ti, Nb₃Sn, V₃Ga 및 (Nb, Ti)₃Sn (Ti 첨가 Nb₃Sn) 극세다심선의 J_C의 자계에 의한 변화

최근 Nb₃Sn 및 V₃Ga선재의 제3의 제조법으로써, Cu-Nb(Cu-V)합금을 만들어 Cu 중에 다수의 Nb(V) 덴드라이트(Dendrite)를 분산시키고, 이것을 세선으로 가공한 후 Sn(Ga)을 선재 내부에 확산시켜 Nb₃Sn(V₃Ga)의 극세섬유가 분산된 선재를 만드는 방법(인서치법)이 개발되었다. 이 제조법은 섬유의 강화효과로 선재의 응력특성이 개선되고, 또한 큰 J_C을 얻을 수 있다. 특히 인서치-V₃Ga 선재에는 16T에서 $5 \times 10^8 A/m^2$의 큰 J_C가 얻어진다.

그 외에 분말야금법을 이용한 Nb₃Sn선재의 제조법도 연구되고 있으며, 1985년 Ti 첨가 극세다심선 및 개량된 V₃Ga테이프를 이용하여 18T를 초과하는 자계를 발생시켜 더욱 안정성이 우수한 강자계 초전도 마그네트를 새로 제조하였다.

4.1.4 개발 중인 초전도 재료

우선 그림 4-2에 나타낸 바와 같이 초전도 화합물에는 아직도 선재화되지 않은 많은 고성능 화합물이 있다. 4.2K에서 20T 이상의 강자계를 발생하기 위해서는, 이들의 고성능 초전도 화합물의 선재화가 필요하다. 그런데 이들의 고성능 화합물에는 Nb_3Sn이나 V_3Ga에 유효한 금속원소간의 확산을 이용한 제조법의 적용이 곤란한 문제점이 있다.

23K의 가장 높은 T_C를 갖는 액체수소 중(20.4K)에도 초전도성을 나타내는 A15형의 Nb_3Ge 화합물은, 스퍼터-진공증착, 화학증착 등 증착을 이용한 방법으로 합성이 시도되고 있다. 이들의 증착법 내에, 화학증착법은 가장 증착속도가 큰 실용적인 제조법이다.

Nb_3(Al, Ga)화합물도, 20K를 초과하는 T_C와 40T의 높은 Hv_2를 갖고, 용해된 합금으로부터 연속 급냉 등에 의한 제조가 연구되고 있다.

고속으로 이동하는 가열된 Cu하지상에 용해된 합금을 떨어뜨리면 얇고 넓게 되어 빨리 냉각되며, 우수한 미세결정이 얻어진다. 또한 Cu하지와 잘 밀착시키기 위해, Cu로 보호된 복합테이프를 연속적으로 만들 수 있다. 그림 4-6에 가열 Cu기판상에 연속융체 급냉장치의 모식도를 나타내었다.

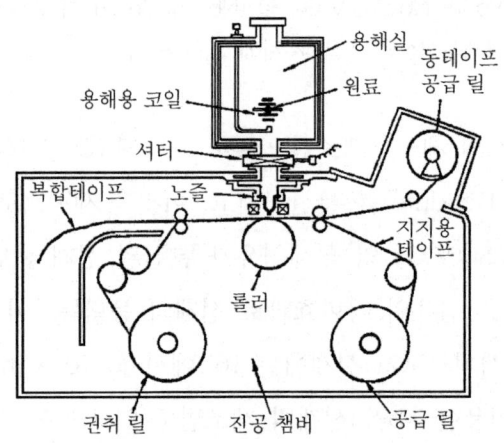

그림 4-6 가열된 Cu기판테이프 상에 연속융체 급냉장치의 모식도

이 제조법으로 만든 Nb$_3$(Al, Ge)화합물은 평균 30nm 정도의 미세 결정으로 되고, 20T의 강자계에서, 1×10^8 A/m^{2}를 넘는 아주 큰 J$_C$를 나타낸다. 급열급냉시키는 방법으로는 연속적인 레이저빔 또는 전자빔 조사법도 적용되고 있다. 이들의 높은 에너지빔 가열에 의해 고온에서 안정한 화학양론비의 조성을 갖는 화합물상이 상온까지 유지되어 우수한 초전도성이 얻어진다.

한편, B1형의 NbN(질화니오브)에서는 반응성 스퍼터법으로 생성된 박막에서 우수한 성능이 얻어진다. H$_{C2}$와 J$_C$는 막두께에 의존하지만, 300nm 정도의 막에서는 30T 가까운 H$_C$(42K)와 20T에서 1×10^8 A/m^{2}를 넘는 J$_C$가 얻어진다. 이 결정형의 화합물에서는 Nb(CN)로 가장 높은 T$_C$ 17.8K가 얻어진다. 이론적인 예측으로는 B1형의 MoN화합물은 29K에 달하는 T$_C$를 나타내고 있으며, 그 합성이 연구되고 있다.

또한 V$_2$H$_f$기의 C15형 화합물은 중성자조사에 의한 특성저하가 작은 특징을 갖고 있으며, 복합가공법에 의해서 극세다심선으로 가공할 수가 있으므로 핵융합로용에 적합한 초전도 재료로써 주목되고 있다. 이 화합물은 온도저하로 H$_{C2}$가 현저히 증가하고, 1.8K에서 H$_{C2}$는 약 30T에 도달한다. 즉 A15형 화합물에서는 기계적 왜곡에 의해서 초전도 특성이 상당히 저하되지만, B1 및 C15형 화합물에서는 이와 같은 저하가 나타나지 않는 특징이 있다.

또한 그림 4-2에 나타낸 PbMo$_6$S$_8$ 등의 chevrel형 화합물은 50T를 넘는 높은 H$_{C2}$를 갖는 재료로써 관심을 갖게 되어 개발이 진행되고 있다. PbMo$_6$S$_8$ 화합물은 Mo기판과 Pb 및 S가스간의 반응 또는 Mo, MoS$_c$, PbS 등의 분말을 이용한 분말야금법으로 선재화가 도모되고 있다.

그림 4-7에 지금까지 얻어진, 각종 고성능 초전도화합물의 자계에 의한 J$_C$의 변화를 나타낸다. 전부 20T 이상의 강자계에서도 큰 J$_C$을 나타내는 재료를 얻을 수 있다.

그 외에 현재까지 새로운 메커니즘에 의한 초전도체로써, 예를 들면 여기자계 초전도체가 제안되고 있다. 이것은 2개의 전자가 쌍을 만드는 초전도전자계에 관한 전자간 인력의 중개를 격자진동 대신에 여기자로 행하는 것으로 여기자에너지는 격자진동에 비해서 1~2항 크기 때문에 높은 T$_C$가 기대된다. 이와 같은 모델 물질로써 약 8K의 T$_C$을 갖는 유기초전도체나 약 11K의 T$_C$를 갖는 흑점이 모두 발견되어, 현재까지는 장래성이 있는 신연구분야로써 앞으로의 발전이 기대된다.

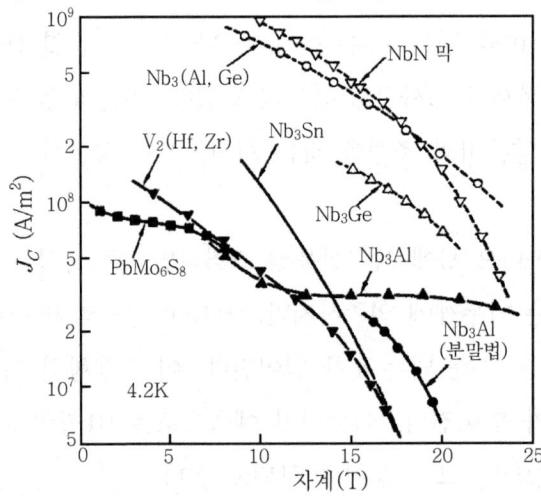

그림 4-7 개발 중의 각종 초전도화합물재료의 J_C-자계곡선. 흑점 및 실선은 선재전단면 적당의 J_C, 백점 및 점선은 화합물층당의 J_C

4.1.5 초전도의 응용

1) 초전도 마그네트의 응용

수십 mm의 작은 내경에 강자계를 발생하는 초전도 마그네트는, 여러 가지 물성측정장치, 핵자기공명(NMR)분석장치, 고분해능 전자현미경렌즈 등에 널리 이용된다. 4.2K에서, Nb-Ti선재에서 9T, Nb_3Sn선재에서 16T, V_3Ga선재에서 19T의 자계가 발생된다.

직경 0.5~1m 정도의 초전도 마그네트는 NMR단층영상장치, 자기부상열차, 귀중자원의 분리에 유용한 자기분리장치, 반도체 단결정의 육성 등에 이용된다.

NMR단층영상장치(NMR-CT)는, 생체 내 양자의 분포를 통해 유기조직의 단층영상을 얻기 위해 X선-CT에 우수한 새로운 의료진단장치로써 중요시되고 있다. 이 장치에 초전도 마그네트를 이용하면 우수한 화질을 얻고 동시에 링 등의 더욱더 중요한 원자핵의 영상을 얻을 수 있기 때문에 급속히 실용화가 진행되고 있다. 또, 자기부상열차는 초전도 마그네트의 강한 자계로 열차를 부상시켜 liner motor에 의해 구동된다.

이미 시속 500km를 넘는 고속을 얻는 것 외에 소음이 적고, 또 초전도 마그네트가 영구전류로 동작되고 있기 때문에, 고속으로 주행하는 열차에 전력을 공급할 필요가 없는 특징을 갖는다. 한편 강자계 초전도 마그네트를 이용한 고속전자추진선의 개발에도 착수되고 있다.

직경 수 m 이상의 대구경의 초전도 마그네트는, 핵융합장치, 에너지저장장치 등에 이용된다. 핵융합로에서는 1~2억 도의 초고온 프라즈마를 벽으로부터 띄워서 유지하기 위해, 큰 공간에 강자계를 발생시켜 자기적으로 가둘 필요가 있다.

이 자계를 동마그네트로 발생시키면, 핵융합로의 출력 이상의 전력을 소비하기 때문에 에너지 수지를 성립시키는 데는 초전도 마그네트의 이용이 불가피하다. 자계감금방식의 핵융합장치에는 플라즈마가 도너츠상의 토카막(tokamak)형과 직선상의 미라형이 개발의 중심이 되어 있다. 소요자계의 강도로써는 전자에서 8~12T, 후자에서는 12~18T로 상정되어 화합물계 초전도 선재의 사용이 필요하다.

그림 4-8에 토카막(tokamak)형 시험장치용 초전도 마그네트를 나타내었다.

그림 4-8 토카막(tokamak)형 핵융합시험장치용 초전도 마그네트.
평균 내경 3m, 중량 40톤

이와 같은 마그네트를 다수 도너츠상으로 배치하여 시험을 행하였다. 또한 미국의 세계 최대의 미라형 핵융합장치(MFTF-B)에는, Ti첨가 Nb_3Sn극세다심선이 대량으로 이용된다.

직경 수백 m의 거대한 초전도 마그네트를 이용하면 영구전류의 원리로 전력의 저장조를 만들 수 있다. 초전도 마그네트를 이용한 전력저장에는 전기에너지 상태로 저장할 수 있기 때문에, 90%를 넘는 고효율로 운용할 수 있다. 이것은 현재 사용되고 있다. 전기에너지를 기계에너지로부터 위치에너지로 바꾸어 저장하는 양수발전효율의 60~70%에 비해서 현저히 높다.

전기기계 분야에서는, 로타의 자계코일을 초전도화한 초전도발전기의 개발이 진행되고 있다. 초전도발전기는 소형, 경량으로 큰 출력과 고효율을 얻고 또한 운전 특성의 개선도 얻게 되는 특징을 갖는다.

그림 4-9에 초전도발전기의 예를 나타내었지만, 각국에서 대용량 초전도발전기의 개발이 계획되고 있다. 대형가속기 분야에도 초전도 마그네트의 대규모 이용이 도모되고 있다.

그림 4-9 5만 kW 초전도발전기의 조립 광경

입자 가속기용 마그네트에는 하전입자빔을 편향시켜 쌍극 마그네트로 집속시킨 4극 마그네트가 이용된다.

치수는 전자에서 내경 100mm, 길이 5m 정도로, 자계강도는 5T 정도이지만, 높은 정도가 요구된다. 그림 4-10에는 미국 페르미 연구소의 직경 2km에 달하는 8,000억 전자볼트 양자 가속기를 나타내었다.

이 가속기의 링크에는 합계 1,000대 정도의 초전도 마그네트의 이용에 의해서 가속에너지의 증가와 전력소비의 현저한 절감을 얻게 되었다. 또한 미국은 직경 30km에 달하는 초대형 가속기의 건설도 계획하고 있다.

그림 4-10 1조 전자볼트 양자가속기. 가속링 직경 2km(미국 페르미 연구소)

2) 초전도소자의 응용

1962년 조셉슨 효과가 발견되어, 초전도소자의 일렉트로닉스분야의 응용이 주목을 받게 되었다. 2개의 초전도체를 점접촉 또는 상전도 막이나 절연막을 끼워서 접촉하여 약하게 결합시키면, 초전도체 간의 전류전압 특성이 자기적 간섭작용으로 변화한다.

초전도 막 사이에 얇은 절연막을 끼운 터널 접합형 조셉슨 소자를 이용하면, 2진법의 연산소자를 만들 수 있다. 또한 초전도 Roof에 정보를 축적하고, 조셉슨 소자와 조합하여 기입하는 것과 읽어낼 수 있다.

초전도 조셉슨 소자를 이용한 컴퓨터는 전력 손실의 현저한 경감, 고속스위칭, 왜곡 없는 신호전송, 소형화가 가능하다.

그 때문에 그림 4-11에 나타낸 것과 같은 집적회로가 개발되어, 대형 컴퓨터의 이용이 가능하게 되었다. 소자 재료로써는 Pb합금이나 Nb박막이 이용된다. 그 외 산화에 대해 안정한 NbN이나 T_C의 높은 Nb_3Ge 등의 화합물 막의 이용도 가능하게 되었다.

또 조셉슨 접합에 교류를 가할 때 발생하는 계단상의 전압으로부터 정밀한 전압표준을 얻을 수 있다. 또한 초전도 전자의 위상이 자계에 의존하는 것을 이용한 초전도 양자 간섭계(SQUID)를 이용하면, 초고감도의 자속계를 만들 수 있다. SQUID자속계는 의료진단에 유용한 심자도, 뇌자도를 택하거나 지질조사, 전파천문학 등에 초정밀 계측장치로써 널리 이용되고 있다.

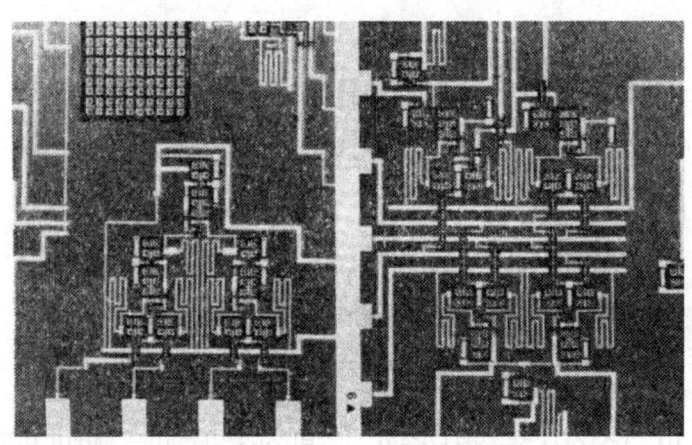

그림 4-11 컴퓨터용 조셉슨 소자 집적회로 최소 선폭 $5\mu m$

극저온에 관한 초전도 현상은 에너지, 수송, 정보, 의료, 자원, 기초과학 등 넓은 분야에 그 이용이 시도되고 있다. 실용 초전도 재료로써는 Ni-Ti합금 선재가 제1세대의 재료로써 널리 이용되고, 최근 제2세대의 재료로써 Nb_3Sn, V_3Ga, Ti첨가 Nb_3Sn 등의 A15형 화합물 선재가 실용화되고 있다.

앞으로 이 전기저항 0의 초전도 세계를 넓히는 데에는, 더욱 더 고성능의 초전도재료의 실용화가 가장 중요한 관건이다. 그 때문에 여러 가지 결정형의 고성능 화합물재료의 개발이 진행되고 있다. 또한 교류적 사용에 견디는 초전도 선재의 개발도 관심을 끌고 있다.

이와 같은 초전도 재료의 발전에는 기초적인 재료과학면으로부터 연구가 큰 힘이 됨과 동시에 신제조기술의 개발이 중요한 역할을 하였다.

그 외에 초전도 이용에 필요한 재료로써 초전도 선재를 뒷받침하기 위한 극저온 구조재료의 개발과 시험, 극저온 환경을 효율이 좋은 자기냉동재료의 개발 등도 활성화되고 있다.

4.2 수소저장합금

현재 일반적으로 행해지고 있는 수소저장법은 수소를 전동압축기를 이용하여 고압용기(최고 200기압)에 충전시키는 방법이 있지만, 에너지 손실이 크며 또한 저장 가능한 수소의 밀도가 작은 결점이 있다. 수소저장에 수소저장합금을 이용하는 방법이 상온에서도 수십 기압 이하의 수소압으로 수소를 액체수소($850 ccH_2/km^3$ 0℃ 1기압)와 동등, 또는 그 이상의 밀도로 저장할 수 있기 때문에 지금까지 실용화를 기대할 수 있는 합금이 상당히 나타나고 있다. 여기서는 수소 저장합금의 특징을 간단히 설명하고자 한다.

4.2.1 실용적인 수소저장합금

수소는 Ⅰ에서 Ⅴ족의 금속 및 Ⅷ족의 Pd와 발열반응에 의하여 안정한 수소화물을 형성하고, 금속원자 1개당 수소원자수는 2~3개에 달한다. 따라서 수소화물의 수소저장밀도는 0℃ 1기압의 수소로 환산하여 단위체적당 1ℓ 이상이 되며 액체수소의 그것보다도 많다. 그러나 금속수소화물이 전부 수소재료로 적당하지 않고 수소저장재료로써 이용하기 위해서는 다음과 같은 특성을 가질 필요가 있다.

① 단위중량 및 단위체적당의 수소흡수·방출량이 많을 것
② 상온 근방에서 수기압의 수소해리 평형압을 가질 것
③ 원료가 풍부하고 저렴하며 또한 재료의 제조가 용이할 것
④ 활성화가 용이, 즉 한 번의 수소화가 용이할 것
⑤ 수소의 흡수·방출속도가 클 것
⑥ 수소의 흡수·방출(해리)평형압력의 차가 적을 것

⑦ 수소의 흡수·방출의 반복에 의해서 성능저하가 없을 것
⑧ 수소 중의 불순물에 의한 성능 저하가 일어나기 어려울 것

이상의 조건 전부는 만족할 수 없지만, 실용화를 기대할 수 있는 재료가 상당히 발견되었다. 이들의 특징은 수소와 발열반응에 의해서 수소화물을 형성하는 금속과 수소화물을 형성하기 어려운 금속으로 된 금속간 화합물로, 대표적인 예를 들면 La-Ni계에서 대표적인 회토류금속 Ni(또는 Co)계 재료가 1970년에 필립스 연구소에서, 또한 철-Ti계 재료가 1974년에 미국 Brookhaven국립연구소에서 개발되었다. 1970년 후반부터 상기 합금의 개량연구 및 신합금의 연구개발이 각국에서 성행하였다.

합금의 개량연구에 있어서 합금의 수소흡수 방출압력을 변화시킬 때 다음과 같은 두 가지의 지침이 도움이 되는 경우가 많다. 그 첫째로 수소원자는 금속격자공간 즉 격자간 위치에 들어가 그 점유공간을 크게 한다. 다시 말하면 합금의 격자상수를 크게 하는 원소를 첨가하면 일반적으로 수소화물이 안정되고 합금의 수소흡수·방출 압력이 낮아진다. 둘째로 금속간 화합물을 안정시키는 원소를 첨가하면 그 수소화물은 일반적으로 반대로 불안정하게 되며 합금의 수소흡수방출압력이 높아진다. 많은 합금계에 의해서도 상기의 두 가지 이론이 함께 잘 성립되지만 어떤 이론에 의해서도 설명할 수 없는 합금계도 몇 가지 발견되어 그것들은 더욱 더 복잡한 전자론적인 고찰이 필요하다.

다음에 대표적인 수소저장합금에 관해서 어떤 점이 개량되었는지를 간단히 설명한다.

$LaNi_5$는 수소저장 특성은 우수하지만 La가 고가이며 비중이 커서 그 결점을 개량하기 위해 La를 저렴한 미시메탈 또는 Ca로 치환한 합금이 개발되었다.

Fe-Ti는 원료가 다른 합금에 비해 가장 저렴하고 대규모 시스템용 재료로써 적당하지만, 표면에 견고한 산화피막이 형성되기 때문에 한 번에 수소화가 곤란한 큰 결점이 있으며, 그 점을 개량시킨 것으로써 철의 일부를 Mn, Nb 등으로 치환시킨 합금 또는 Ti측에 조성을 이동시켜 산화물을 소량 분산시킨 합금 등이 개발되고 있다. 또한 수소저장합금의 공통 결점인 무거움에 관해서는 경량화를 목표로 Mg을 주체로 한 연구개발이 성행되고 있지만 상온에서 사용할 수 있는 것은 전혀 없다.

4.2.2 수소저장 특성

합금의 수소저장 특성을 가장 일반적으로 표현하는 방법으로는 수소 압력, 조성등온곡선으로 표현하는 방법이 이용되고 있다. 그림 4-12에 수소와 반응하여 수소화물을 형성하는 금속 및 합금의 전형적인 수소 압력·조성등온곡선의 모식도를 나타내었다.

지금 일정온도 T_1에 있어서 수소압력을 높여가면 그림과 같이 수소농도가 압력의 상승에 따라 증가해가는 영역이다. 이 영역은 소위 고용체상에서 수소농도는 압력의 1/2승에 비례한다(Sieverts법칙). 다음에 압력이 일정함에 관계없이 수소농도만이 증가하는 영역, 즉 수평이 나타난다. 이 영역은 고용체상이 전부 수소화물상이 될 때까지 계속된다. 다음에 압력의 상승에 따라 수소화물 중의 수소농도가 증가한다.

이번에는 압력을 낮추어가면 위에서 설명한 것과 역반응이 진행되고, 수소화물상은 수소를 해리하여 고용체상을 통과하여 이전의 금속 또는 합금으로 되돌아간다. 이 수소해리 시에 알려진 수평압(해리평형압)은 그림에는 나타나지 않지만, 수소화물 형성 시와 비교하여 일반적으로 낮아진다. 결국 히스테리시스가 나타난다.

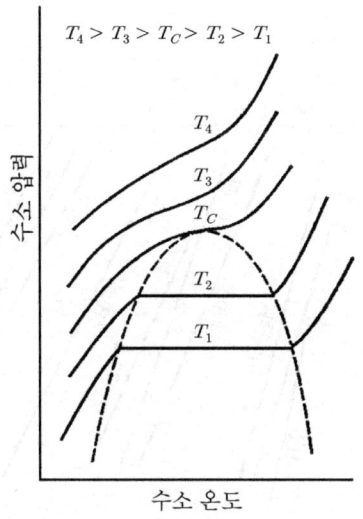

그림 4-12 수소 압력-조성등온곡선

이것은 수소화물로 되면 10% 이상 밀도가 작아지기 때문에 수소화물 형성 시에 큰 응력을 발생하지만, 그 응력을 소성변형 등으로 완화하는데 요하는 에너지가 수소해리 시의 그것보다도 큰 것에 기인하고 있다. 앞에 설명한 바와 같이 수소저장합금은 금속간 화합물이 주체이지만 많은 개량합금과 같이 그 조성이 화학양론적 조성으로부터 벗어나거나, 첨가원소를 가한 경우에는 그들의 수평은 경사를 이룬다. 수평이 경사를 이루어도 실용상 거의 문제가 되지 않는다. 또 경사 수평을 나타내는 합금에서도 고온에서 균질화하면 양호한 수평이 나타나게 되는 경우가 많다. 지금까지 개발된 합금에는 두 개 이상의 수평을 나타내고, 즉 농도가 다른 두 종류 이상의 수소화물을 형성하는 것이 많다.

그림에서 알 수 있듯이 수평압은 온도를 올리면 높아진다. 즉 수소화물의 형성이 어렵게 된다. 그림 중에 나타내고 있는 T_c 이상의 온도가 되면 이제 압력을 높여도 수소화물을 형성할 수 없다.

그림 4-13은 여러 가지 금속수소화물의 수소해리 시에 있어서 수평압(해리평형압)의 온도 의존성을 나타내고 있다. 이것들로부터 알 수 있듯이 그림 중에 나타내고 있는 수소화물만으로도 적당히 선택하면 해리압이 수 기압이라는 조건에 관해서 여러 온도에서 수소를 저장할 수 있다.

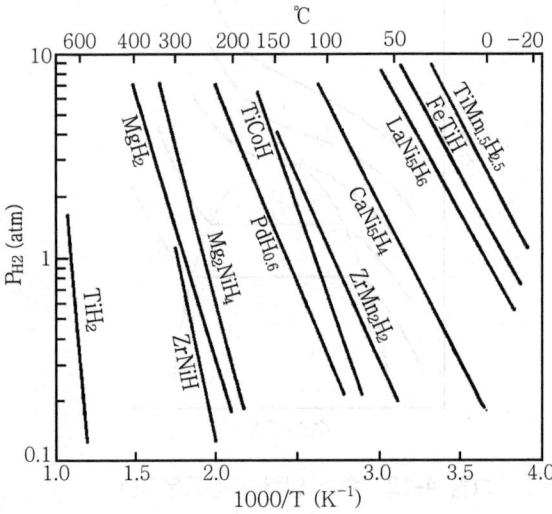

그림 4-13 금속수소화물의 해리평형압과 온도의 관계

더욱더 각각의 수소화물을 개량한 것 및 기타 계의 것을 가하여 현재 사용온도를 결정하면, 그것에 대응한 수소화물이 일부분 존재한다 해도 과언은 아니다. 이 그림에서 알 수 있듯이 해리평형압의 대수를 온도의 역수로 도시하면 직선관계가 얻어진다. 이것은 다음과 같은 관계식으로 나타낼 수 있다.

$$\ln P_{H2} = \frac{\Delta H°}{RT} - \frac{\Delta S°}{R}$$

여기서 P_{H2}는 해리평형압 $\Delta H°$ 및 $\Delta S°$는 각각 수소화물형성을 위한 표준 엔탈피-변화(수소화물의 생성열)와 표준 엔트로피-변화이며, R은 기체상수이다. 따라서 직선 구배로부터는 수소화물의 생성열이, 또한 y절편으로부터는 표준 엔트로피변화를 구한다. 표준 엔트로피변화는 기체수소의 큰 엔트로피(298k에서 31cal/mol·deg)와 비교하여 금속 중의 수소엔트로피는 작기 때문에, 합금이라면 거의 -30cal/mol·deg 정도이다.

또한 수소 저장에 적합한 수소화물로써 상온에서 해리압이 수 기압이라면 표준 엔탈피변화가 약 -7kcal/mol H_2의 것이 된다. 다시 말하면 이와 같은 수소화물은 형성 시에 약 7kcal의 열을 발생하고, 반대로 분해할 때는 약 7Kcal의 열을 필요로 한다.

이 현상은 상온 근방에서 사용할 수 있는 축열기에 응용할 수 있다. 상기의 생성열을 갖는 합금으로서는 4.2.1항에 있는 합금이다.

지금까지 설명한 바와 같이 실용화를 기대할 수 있는 수소저장합금이 상당히 나타나고 있고, 앞으로 중요한 것은 그것들의 합금을 여러 가지 시스템에 실제로 편성하여 실용화 시험을 행할 수 있다. 그 완성 합금에 관하여 개량해야 할 점이 보이면 그 점을 재료개발 쪽으로 피드백하면 좋다. 수소저장합금의 연구에 관한 현상에 대해서도 신합금의 개발보다도 기존 합금을 이용한 시스템의 연구에 중점을 두고 있다.

4.2.3 수소저장합금의 응용

그림 4-14에 금속수소화물의 용도를 나타내고 있다. 이와 같이 금속수소화물에는 여러 가지 용도가 있지만, 이들 용도 중에서 실용화되고 있는 것은 적고, 대부분은 현재 연구개발의 단계에 있다.

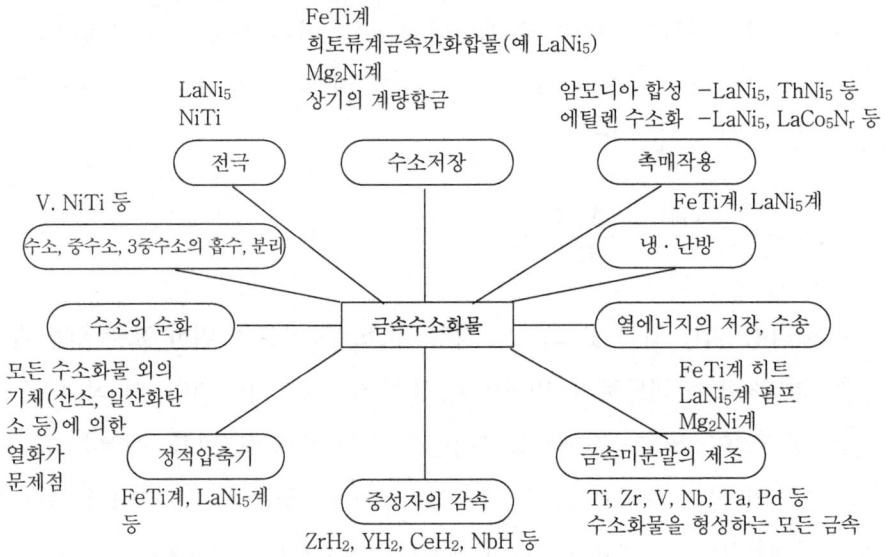

그림 4-14 금속수소화물의 용도

전술한 바와 같이 수소저장합금을 이용하여 수소의 저장을 행하는 경우에는 열의 출입이 수반되어, 합금을 붙인 용기는 열의 출입이 효율 좋은 열 교환기의 기능을 가져야 한다. 이 경우 고려하지 않으면 안 되는 것은 수소저장합금은 입상으로 사용하고 합금에 따라서 그 정도는 다르지만 수소의 흡수·방출을 반복하면 미크론 단위까지 미분화가 진행되는 것이다. 그것은 합금이 수소화물로 되면 10% 이상 체적이 팽창되는 것에 기인하고 있다. 따라서 합금분말의 비산을 방지하기 위해 필터가 필요하지만, 용기 내의 통기성 및 열전도성을 좋게 하는 방법도 공부해야 한다.

또한 합금의 내구성에 관해서도 큰 문제가 있고, 지금까지 명확한 것은 수소 중에 불순물로써 산소, 일산화탄소, 이산화탄소, 수증기 등이 함유되어 있으면 합금의 종류에 관계없이 수소저장 특성이 저하되지만, 만일 순수소를 사용하면 많은 기존 합금이 반복사용에 대해서 좋은 내구성을 나타낸다. 따라서 불순물을 함유하는 수소를 저장하는 수소저장합금을 사용할 때는 경제적으로 수소를 분리·정제하는 기술의 확립도 필요하다.

지금까지 수소저장합금을 수 백에서 수 천 kg 사용한 수소저장용기, 히터펌프, 축열기 등이 시험제작되고 있어 어느 것이나 우수한 결과를 얻었다.

그림 4-15, 4-16은 풍력-열에너지 이용시스템의 설명도와 실제로 실험 농장에 그 시스템을 설치한 사진을 나타내고 있다.

이 시스템은 고온의 압축공기(최고 170℃, 3기압, 5m³/min)를 압축기에 의해 발생시켜 출력 20kW의 풍차와 Fe-Ti-산소계 수소저장합금이 2.4톤 축열기용으로 사용되고 있으며, 수소저장합금을 사용한 시스템으로써는 최대급이다. 앞으로도 수소저장합금의 실용화를 목표로 합금을 사용한 여러 가지 시스템의 연구개발이 활발하게 진행되고 있다.

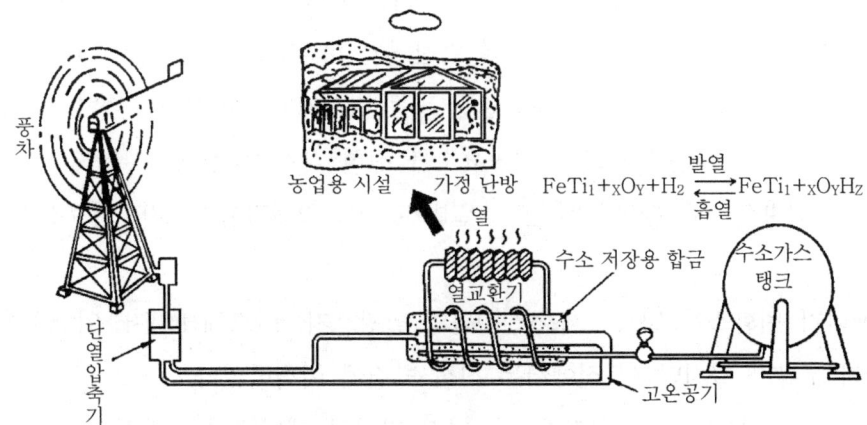

그림 4-15 풍력-열에너지 이용시스템

그림 4-16 풍력-열에너지 시스템의 사진

4.3 에너지 – 변환소자

우리들의 주위에는 빛, 열, 바람, 물흐름, 방사선 등 여러 가지 에너지가 존재하지만, 이들은 사용목적에 따라 에너지형태로 변환하여 이용하는 것이 많다. 이와 같은 에너지는 직접 이용할 수도 있고, 그 상태로는 에너지의 전송이 곤란하며, 전기로 변환되어 비로소 이용하기 쉬운 에너지원이 된다.

이 전기에너지 변환(발전)은 간접변환방식과 직접변환방식의 두 가지로 대별할 수 있다. 전자는 잘 알려져 있는 화력, 수력, 원자력 발전 등으로 기계적인 가동요소(터빈, 발전기 등)를 갖고, 이것에 대하여 후자는 광전, 열전 또는 방사효과, 화학반응 등의 물리화학 현상에 의해서 직접 발전하는 방법으로 가동요소를 전혀 갖지 않는다.

이와 같은 발전방식으로 현재 태양전지, 열발전소자, 열전자발전소자, 연료전지가 주목되고 있다.

이외에 에너지 변환소자로서는 제2장 10절의 발광소자, 반도체레이저, 압전소자, 각종 센서 등 여러 분류가 있지만 이 절에서는 직접 발전에 한정하였다.

직접발전 중에서 태양전지와 열전발전은 가장 간단한 에너지변환 방식으로, 그 에너지는 각각 태양과 열이다. 이것들은 전기전도성이 다른 2종류의 반도체(p형과 n형)로 구성된 소자에 빛 또는 열을 가해 발전하고, 각 소자 사이를 결선함으로써 큰 전력 시스템(메가톤급)이 가능한 것으로, 에너지-변화소자를 대표하는 것이다.

4.3.1 직접발전의 종류와 원리

1) 태양전지

반도체에 빛을 보내면 불순물준위의 전자를 여기하거나, 가전자대의 전자를 전도대에 여기하여 전자와 정공(전자-정공대)이 생성되어 전기 전도가 크게 되는 광전효과가 일어난다. 이와 같은 효과가 반도체 중의 내부 전계의 어느 장소(대에 경사가 가능하다)에서 일어나면, 빛에서 생성된 전자는 전도대의 판을 굴러 떨어뜨려 전위가 낮은 쪽에, 또한 정공은 가전자대의 위쪽에 부상하여, 전위가 높은 쪽으로 이동하여 분극이 되기 때문에 전계방향에 기전력이 생긴다. 이것이 광기전력 효과로 반도체 중에 전계의 발생 원인을 만들고 양단으로부터 전력이 얻어지는 구조로 된 것이 태양전지이다.

그림 4-17 (a)은 실리콘 태양전지의 구조로 0.01~0.1Ω·m의 비저항을 갖는 p형 단결정 실리콘 박편으로 만들어져 있다. 이 박편의 윗표면으로부터 약 1μm 깊이까지 n형을 만드는 불순물(p)을 확산시켜, 파선 부분에서 p-n접합을 형성시키고 있다. 이 p-n접합부에서는 n형 반도체 중의 전자가 p형으로 한편 p형 반도체 중의 정공이 n형 중에 흘러들어 간다. 그 결과로써 가전자대와 전도대에 경사가 생겨 영구전계가 가능하다.

태양광은 부분적으로 금속전극의 바로 윗 표면으로부터 입사해 전자-정공대가 생성되며, p-n접합부의 전계에 의하여 전자는 n형에 정공은 p형 반도체 중에 흘러 상하의 전극으로부터 전력을 취출할 수 있다. 이 구조를 p-n접합형 태양전지라 부른다. 이외에 반도체 표면에 금속을 약 10nm 증착시킨 쇼트키-베리어형, 반도체 표면에 약 4nm의 아주 얇은 산화막을 형성한 MIS형(금속-절연체-반도체접합의 영두문자), 금제대의 폭이 조금 다른 동종전도의 반도체를 접합한 이형접합형 등이다.

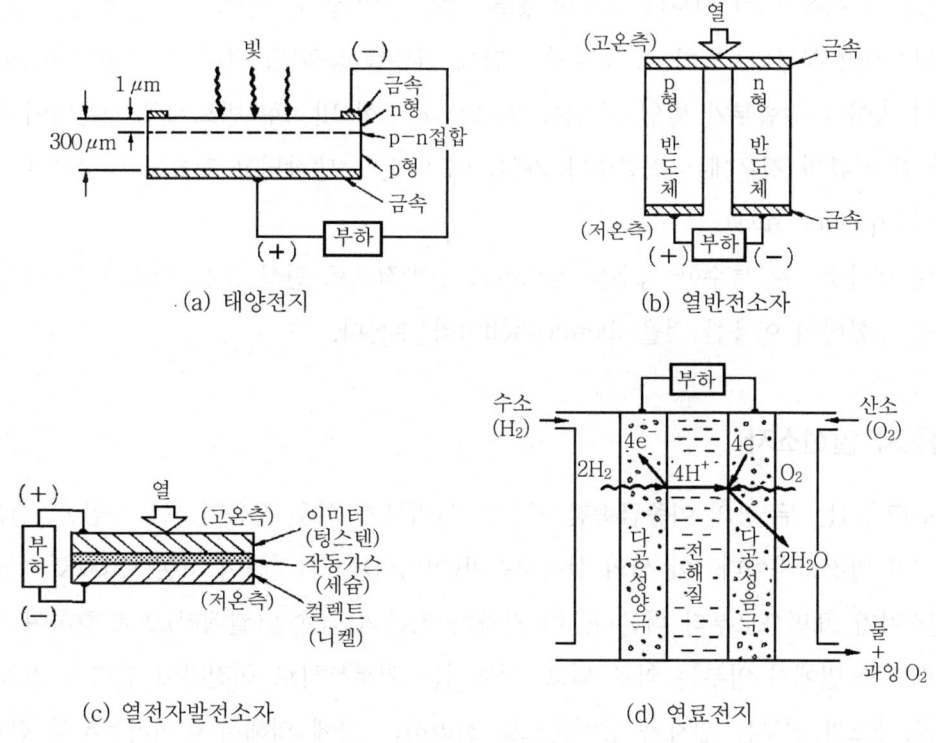

그림 4-17 직접에너지 변환의 종류와 원리

2) 열발전소자

두 종류 도체의 한 단을 접합하고, 다른 부분의 기단과의 사이에 온도차를 주면 양쪽 기단에 전압이 발생한다. 이 현상은 1921년에 세빅에 의하여 발견되어, 세빅 효과로 잘 알려져 있다. 이 효과는 측온용 금속열전대로써 널리 이용되고 있다. 개방회로에 발생된 전압은 온도차의 비로 나타내고, 1K당의 전압을 열전능(세빅계수)이라 한다. 이 전압은 도체 내의 전자 및 정공의 열확산이 원인이 되어 발생한다. 주로 전자가 존재하는 n형 도체에는 전자의 열운동은 저온단보다 고온단 쪽이 커서, 전자는 확산되어 저온단에 축척된다.

정상상태에서는 전하밀도와 열확산의 구동력이 균형을 이루어, 양단의 전압은 일정하게 된다. 금속과 같은 전기전도율이 큰 도체를 이용하면 내부전자의 고온단으로 역류가 커져, 개방전압은 반도체보다 현저히 작게 된다. 또한 정공이 존재하는 p형 도체에서는 n형과는 반대부호의 기전력을 일으킨다.

그림 4-17 (b)는 p형과 n형 반도체(열전재료)의 한쪽 끝을 금속판으로 접합한 열전대로, 접합부를 가열하여 고온이 되면 p형의 저온단은 ⊕, n형 저온단은 ⊖에 대전한다. 이와 같은 대응은 금속에 의한 것보다 효율이 좋은 전력을 얻을 수 있고, 금속열전대와 구별하여 열발전소자라 부른다. 또한 이 소자의 양단에 전류를 통하면, 전자 및 정공의 비열분의 열 이동이 일어나 접합부가 발열, 흡열을 일으킨다. p형 및 n형 반도체의 저온단이 각각 ⊕ 및 ⊖인 전류의 경우에는 접합부가 가열되어 양단은 냉각되고 전류의 방향을 바꾸면 역으로 된다(peltier 효과).

발전 및 냉각소자는 특수한 경우를 제외하고 일반적으로 판상 또는 원통상 등 여러 개의 소자를 조합하여 이용한 것을 thermoshell이라 부른다.

3) 열전자 발전소자

그림 4-17 (c)는 두 장의 이종금속간 영역에 전리하기 쉬운 작동가스를 봉입한, 캡슐구조의 열전자 발전소자이다. 이 셀의 상측금속판(이미터)을 가열하여 고온(1,100K 이상)이 되면, 열전자가 표면으로부터 나온다. 이 전자는 저온의 금속판(컬렉터)으로 향하여 움직이고 컬렉터 표면에서 일부는 열로 되고, 나머지는 외부부하로 회전하여 전력을 얻을 수 있다. 작동가스의 일부는 전자와 양이온으로 전리하는 것에 의해서 이미터로부터 전자가

방출되기 쉽게 하는 효능을 갖는다.

4) 연료전지

수소와 산소의 전기화학반응을 이용한 연료전지의 원리와 구조를 그림 4-17 (d)에 나타내었다. 이 전지는 연료의 산화반응에너지의 거의 대부분을 직접 전기에너지로써 얻을 수 있다.

이외의 직접발전으로써 열전자 발전소자의 이미터 대신에 α선이나 β선원을 이용한 핵일차전자, 태양전지의 태양광 대신에 방사성동위원소(RI)의 방사선이나 RI와 발광체의 조합에 의한 빛을 이용한 핵이차전지가 있다. 또한 파라데이효과에 기인한 전자유체발전기(MHD)도 직접발전이지만, 이것들 원리의 상세한 것은 생략한다.

4.3.2 태양전지

고효율의 태양전지는 1954년 처음으로 미국의 벨 전신전화연구소에서 발표되어, 태양광에 의한 직접발전이 유용한 전력원이 된다는 것이 알려졌다. 이 전지는 단결정 실리콘을 이용한 p-n접합으로 그 2년 후에는 태양광에 의한 변환효율과 반도체재료의 관계가 보고되어 있다. 그림 4-18은 태양광에 의해 얻어지는 변환효율과 반도체의 금제대폭 Eg의 관계를 나타내고 있으며, 실선은 p-n접합의 이론에 의한 계산치이다. 지구표면에 도달하는 태양광(그림 중의 AM1)의 경우 최대효율은 Eg가 0.0231 aJ일 때 얻어진다.

그러나 실리콘과 최적 효율이 얻어지는 AlSb화합물과의 효율차는 약 2.3%이고 양자의 큰 차이는 우주에서의 태양광(MO)의 경우에 나타난다. 현재 실용화되고 있는 태양전지재료는 비정질을 제외하면 30년 전에 제안된 재료에 근거를 두고 있다.

그렇지만 태양전지의 설계, 제조기술의 개발에 의해서 재료의 광감도와 정합해 얻는 입력광량이 증가하고, 변환효율은 향상되고 있다. 예를 들면 초기의 실리콘 p-n접합 태양전지의 효율은 8% 정도이었지만, 현재 시판되고 있는 것은 12~14%이다.

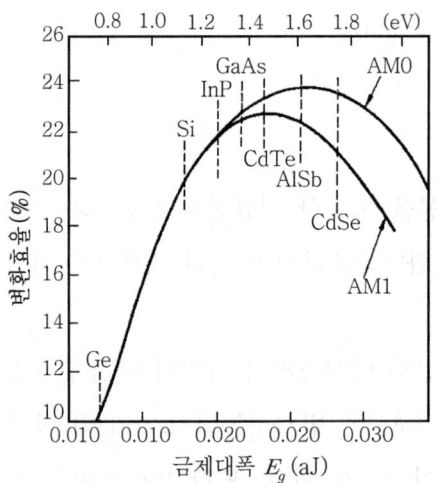

그림 4-18 다른 금제대폭을 가진 양도체재료로 만든 태양전지의 이론 효율

한편 아모르퍼스 태양전지는 단결정반도체와 비교해 어느 정도의 결함을 가지고 있다. 그 최대의 결점은 소수 캐리어(전자 및 전공)의 수명이 짧고, 그것이 주역이 되는 전자 디바이스에는 방향이 없는 것이었다. 그러나 아모르퍼스-실리콘(a-Si)은 단결정에 비해 ① 태양광의 피크 부근에서 흡수계수가 1항 크고, 태양전지에 필요한 두께가 1μm이므로 재료비가 1/200 이하로 된다. ② 형광등 파장과의 정합성이 우수하다. ③ SiH_2, B_2H_2, PH_3 등 가스의 직접 글로방전에 의해 p-n접합의 제어가 간단하다. ④ 아모르퍼스 특성으로부터, 기판재료와의 정합성을 취할 필요가 없는 등의 이유로 광전디바이스로써 유리하다.

예를 들면 비정질을 태양전지로써 응용하는 경우에는 p-n접합 사이에 중간층을 삽입한 p-i-n접합으로 해서 i영역에서 생긴 캐리어에 의한 이동(드리프트전류)이 주류를 차지하는 것을 이용한다.

이와 같이 하여 현재의 a-Si태양전지는 지상광에 의해서 효율이 7.55%에 달하도록 되어 있다. 또한 우주용에 적합한 화합물반도체 태양전지에는 효율이 21% 이상인 것도 개발되어 있다.

최근 매우 방사선에 강한 InP화합물 태양전지가 개발되어, 지상광으로 효율 16.5%을 얻고 있다. 현재 태양전지는 100μW 정도의 심장 베이스 메카용 전원으로부터 수 kW의 생활용 전원, 또는 1MW급의 대규모 발전 시스템까지 제작되고 있다. 또한, 태양전지의 응용분야는 지상광발전과 우주광발전으로 대별되고 그 연구개발은 주로 ① 생활기기나 전력 시스템용으로써 a-Si, 다결정 및 박막화에 의한 저가격의 것, ② 인공위성용 전원으로써 방사선에 대한 손상에 강하고, 더구나 고효율이라는 점에서 적극적으로 행해지고 있다.

이와 같은 기술개발에 의하여 태양전지의 직류출력은 가정용 전자기기나 관개 양수시스템에 축전지나 디젤발전기에 의한 안정화전원은, 인공위성이나 벽지의 전원으로써 이미 실용화되고 있다. 그러나 태양전지에 의한 일반전력계결합 이용시스템은 현재의 태양전지 이용이 대폭으로 저감되어도 기존의 전력 비용에 경합하여 성립할 가능성이 매우 어렵고, 또한 인공위성의 장수명 전원으로써 이용하더라도 자세제어의 번잡, 소형고성능화, 내구실적 등은 후술하는 방사성동위원소(RI)전지보다 신뢰성이 부족하다는 비관적인 의견도 있다.

4.3.3 열전재료

1) 열전재료의 평가

열전재료는 큰 열기전력을 얻기 위해 열전능이 크고 또한 큰 전류를 얻을 수 있도록 비저항은 작고, 더구나 온도차를 만들기 쉽게 하기 위해 열전도율이 작은 것이 바람직하다. 이 3가지의 물리적 성질은 물질에 고유한 것으로 그 물질이 열전재료로써 적합한 것은 온도차를 1k 줄 때 발생전력과 열전도율의 비로써 평가된다. 이 관계는 재료의 치수나 형상에는 무관계인, 성능지수로 알려져 있다. 예를 들면 온도차가 작은 해수온도차 발전이나 전자냉각소자에 이용하는 경우에는, 성능지수는 $2 \times 10^{-3} K^{-1}$ 이상인 것이 재료선정의 목표이다.

한편 열전재료에 의한 발전은 고온열원과 저온의 방열부의 사이에서 작동하는 열기관으로 생각할 수 있다. 따라서 열전재료의 최대효율은 가역적인 카르노-효율과 물리적 성질로부터 결정되는 비가역계수(성능지수와 온도의 관계)의 식으로 주어진다. 이것으로부터 효율을 높이기 위해서는 성능지수를 크게 함과 동시에 고온부온도를 가능한 높여 카르노-효율을 높이는 것이 효과적이다.

이와 같은 이유로 열전재료의 연구는 주로 ① 성능지수가 약간 적더라도 고온까지 이용할 수 있는 재료의 개발, ② 성능지수가 큰 재료를 고온에서 안정화시키는 보호기술이나 이종재료의 접합기술의 개발, ③ 전기적 성질을 그다지 변화시키는 것 없이, 열전도율을 저하시키는 제조기술의 개발 흐름에 따라 행해지고 있다.

2) 열전재료의 종류

현재 이용되고 있는 열전재료의 종류와 성능지수의 온도의존성을 그림 4-19에 나타내었다. 이 그림에서 알 수 있듯이 성능지수가 큰 값을 갖는 재료일수록 온도변화가 크고, 그 최대치를 나타내는 온도는 재료에 따라서 다르다. 예를 들면 p형 재료에 대해서 보면 (Bi, Sb)$_2$Te$_3$ 화합물 고용체의 성능지수는 350K 근방에서 최대치를 갖고 온도상승에 따라 급격히 감소한다. 이것과 반대로 SiGe합금은 1,100K의 고온에서 큰 성능지수를 나타내고, 온도저하에 따라서 성능지수는 감소한다. 또한 (Cu, Ag)$_2$Se 화합물과 TAGS(Te, Sb, Ge 및 Ag의 다원소화합물)은 700K 부근에서 가장 큰 성능지수를 나타내고 이 온도의 상하에서는 성능지수는 작게 된다.

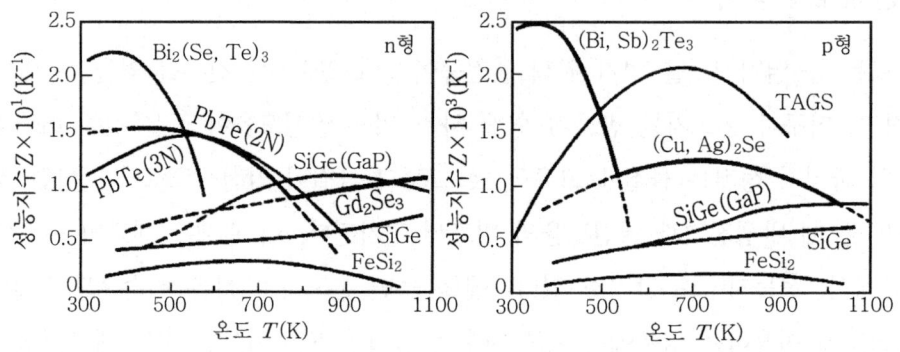

그림 4-19 현재 이용되고 있는 열전재료의 성능지수 온도의존성

이것들로부터 열전재료는 적성온도 영역에서 이용되고 일반적으로 최고 사용온도가 500K 이하의 저온 900K까지의 중온 및 그 이상의 고온영역으로 구별되어 있다. 그림 4-19의 n형 및 p형 재료 중의 굵은 선은 각각 PbTe와 Gd$_2$Se$_3$의 조합 및 (Bi, Sb)$_2$Te$_3$와 (Cu, Ag)$_2$Se의 조합에 따라서 성능지수를 넓은 온도영역에 미치는 큰 값을 갖는 예이다.

이와 같은 이종재료의 접합에 의해서 효율을 현저히 향상시킬 수 있다. 저온영역의 열전재료는 1954년 골드스미스에 의해 보고된 Bi$_2$Te$_3$-Sb$_2$Te$_3$계 화합물에서 이것보다 우수한 성능을 가진 것은 아직도 나타나 있지 않다. 이 재료는 용탕을 일방향으로부터 서서히 냉각하는 일방향성응고에 따라서 만들며, 성능지수가 $3.2\times10^{-3}K^{-1}$ 이상으로 도달하는 것도 있다.

또한 분말야금법에 의한 재료도 있지만 그림 4-19의 것보다 성능지수는 작다. 중온영역의 열전재료는 미국의 원자력 보조전원시스템(SNAP)계획의 중심재료로써 개발된 PbTe와 TAGS이다. 이것들은 분말을 가압하여 소결하는 방법(hot press)으로 만들어진다. 이외에 PbTe에 Se나 Ge를 첨가하여 효율이 8.5% 이상인 것도 있다.

고온영역의 대표적인 열전재료는 Si-Ge 합금으로, 이것들은 고압 핫 프레스법에 의하여 고밀도 소결체로 한다. 이 재료에 GaP화합물을 첨가한 그림 4-19의 SiGe(GaP)는 첨가물에 의해서 성능지수를 향상시킨 것으로 효율은 11.5%(p형)~14%(n형)에 도달한다. 이외에 열전도율이 작은 La_2Se_3, $La2Se_{1.5}S_{1.5}$, $CrLaS_2$ 등의 희토류원소 화합물, 효율이 20% 이상 되는 것이 기대되어 보론탄화물 등이 연구되고 있다.

상기의 열전재료는 중온 이상에서 화학적으로 불안정하기 때문에 사용할 때에는 산화, 증발 등을 방지시킬 필요가 있다. 이것들의 재료와 성격을 달리하는 것으로써 개발되었지만, 고온의 대기 중에서 안정한 $CrSi_2$, $MnSi_{1.73}$, $FeSi_2$, CoSi, $ReSi_2$ 등의 천이금속규화물이다. 예를 들면 $CrSi_2$는 위의 chalcogen(산소족원소)화합물보다 성능지수는 작고 $0.5\times10^{-3}K^{-1}$이지만 1,700K의 고온까지 이용할 수 있어 효율은 9.7%에 도달한다.

이것들의 규화물 중에서 $FeSi_2$는 Mn을 첨가하면 p형으로 Co을 첨가하면 n형이 되고, 저순도의 공업용 원료를 이용해도 충분한 열전성능을 나타낸다. 특히 원료의 철과 실리콘은 자원적으로 풍부하고 더구나 제조법은 세라믹기술에 아주 가깝고, 복잡한 형상의 열발전소자를 간단히 만들 수 있으므로 경제적인 고온용 열발전소자로써 주목되고 있다.

3) 열전재료의 응용과 전망

(1) 열전냉각

Bi_2Te_3계 Thermo-module은 전자산업, 반도체 제조, 분석이나 계측, 의료, 우주 등의 분야에 걸쳐 널리 이용되고 있다. 예를 들면 고감도 적외선센서나 고체촬상소자의 냉각, 반도체 제조에 대한 확산증발원 용기나, 부식액의 정밀한 온도제어, 가스분석장치의 제습이나 국부냉각, 생물염색체의 핵산천이검출용 냉열장치 등이다. 이외에 생활용으로써 전자침, 두부냉각 밴드, 자동차용 전자 냉방장치 등이 시판되고 있다.

(2) 열발전기

프로판, 부탄, 천연가스 등을 열원으로 하는 발전기는 알제리 사막에서, 전화 960채널과 TV2국을 전송하는 무인중계국 전원으로써 실용화되었다. 이 발전기는 PbTe계 열발전 소자를 아르곤가스로 밀봉한 Thermo-module이 사용되고, 6개월 1회의 원료보급과 버너노즐 교환만으로 108W의 전력을 공급하고, 20년 이상의 내구성을 갖는다. 이와 같은 발전기의 재료로써 Bi_2Te_3계를 이용한 것도 있다. 이외에 가솔린이나 석유, 석탄 등을 열원으로 하는 10~500W의 발전기도 개발되어 있다.

(3) 방사성동위원소전지

방사선동위원소(RI)를 열원으로 하는 발전기는 ① RI의 운동에너지를 열로 바꾸어, ② 집열판에 의해서 열발전소자에 온도차를 주어, ③ 발생전력을 전압안정기에 의해서 안정화전원으로 하는 장치이다. 이 장치에는 가동부가 없어 대단히 신뢰성이 높고, 방치한 상태로 장기간 전력공급을 계속한다. 예를 들면 Pu-238을 열원으로 사용하면 초기출력의 절반이 되는 데는 98년이 걸리고 1년당 출력 저하율을 약 0.5%이다. 이 전원은 장수명 전지로써 이용될 수 있어 일반적으로 RI전지(원자력 전지)로 알려져 있다.

α선을 열원으로 하는 발전기는 우주용에, β선은 지상 또는 해저에서 사용되고 있다. 또한 RI대신에 원자로를 이용한 우주용 발전기도 실용화되고 있다.

α선에 의한 것은 미국의 혹성 탐사선 파이오니아(PbTe), 바이킹(TAGS), 보이저호(SiGe) 등에 탑재되어 있다. 예를 들면 1972년에 발사된 파이오니아 10호는 거의 13년 이상의 신뢰성을 실증하였다. 이 때문에 미국항공우주국(NASA)의 SP-100 II 계획(1986~1991)에는 가장 신뢰성이 높은 우주선용 발전소로써 소형 원자로를 열원으로 하는 출력 1,000kW 이상의 발전기 개발을 목표로 하고 있다. 마지막으로 1950년대 후반, 열전재료는 가장 단순한 에너지 변환 시스템으로써, 유용한 장치를 만드는 것에 관심을 기울였다. 미국, 러시아를 중심으로 계속적인 연구개발이 진행되고 있다.

현재 전자, 광학기기, 정밀기계 등의 소형 고성능화의 발전에 따라 이것들에 응용하는 기존의 냉각소자에 주목되고 있지만, 극히 일부의 연구기관에서 재료 개발을 하고 있다. 열전재료는 격자열전도율을 저하시키는 적성불순물이나 효과적인 결정입계의 생성 등의 재료개발, 또는 신뢰성이 높은 피복, 이종재료의 접합, 효과적인 열전달 등의 기술개발에 의해서 성능향상이 되고 앞으로 보다 넓은 응용분야에 발전될 가능성이 있다.

4.4 핵융합로 로심 구조재료

현재 미국에서 핵융합로 기술의 종합적인 연구평가가 진행되고 있다. 재료면에서 보면 구조재료와 기능재료로 나누지만, 기능재료에는 핵융합로의 특유한 것이 많다. 예를 들면 트리튬증식재, 고열유속재, 전기절연재, 초전도재, 극저온구조재 등이 있다.

이것들의 재료에 따라서 공통되는 문제점은 중성자 조사에 의한 재료 특성의 저하이다. 경수로에서도 중성자 조사는 큰 문제이지만, 고속 증식로나, 핵융합로에서는 더욱 심각하다.

즉 경수로에서는 중성자 에너지가 열중성자이고, ~0.025eV로 낮지만 후자의 두 가지 로에서는 1~14MeV일 때 가장 높다. 중성자 조사선량도 2항 정도 높게 되며, 또한 운전 온도도 경제성을 고려하여 가능한 한 높은 것이 바람직하다. 따라서 내조사성이 우수한 재료의 개발이 실용로 실현의 관건임을 알 수 있다.

중성자 조사량은 보통, 단위 면적당에 통과한 중성자의 개수로 나타내지만, 조사 손상을 고려할 때는 dpa 단위로 표시한다. 재료는 보통 결정체이고 원자가 규칙하게 배열되어 있다. 이와 같은 결정에 고속 중성자가 입사되면 원자를 이탈시켜 결함을 형성한다. 이때 결정격자를 구성하는 원자가 평균해서 각각 1회씩 이탈한 상태에 상당하는 조사량을 1dpa라 한다.

이 이탈하는 손상량은 고속로와 핵융합로에서 그다지 변하지 않는다. 핵융합로의 특징은 중성자와 재료원자의 핵반응에 의해서 다량의 Be가 생성되는 것이다.

4.4.1 재료에 미치는 중성자 조사효과

1) 치수 안정성

고속 중성자에 의한 이탈손상에 의해서 재료 중에는 공공이라 부르는 진공의 구멍이 형성된다. 또한 핵반응의 결과 형성된 Be는 기포로써 재료 중에 석출한다. 이 결과 재료는 경석상으로 되고 체적 팽창이 일어난다.

이 현상은 스웰링으로써 알려져 있다. 316강의 스웰링은 조사온도가 575℃ 근방에서 최대치를 나타낸다. 조사선량이 적을 때 잠복기로써 거의 스웰링이 생기지 않지만, 그 후는 일정속도로 팽창되어 그 크기는 1%/dpa에 달한다.

고온에서 재료에 응력을 가하면 항복점 이하에서도 변형을 일으키며, 이 현상을 크리프라 한다. 조사크리프는 이탈 손상에 의해서 형성된 격자간 원자가 소멸하는 과정에서 일어나는 현상이지만, 격자간 원자는 저온에서 확산으로 얻고 열 크리프보다는 훨씬 낮은 온도에서도 관측된다.

예를 들면 316강에서는 열 크리프가 나타나는 것은 500℃ 이상의 고온이지만, 조사크리프는 200℃에서도 나타나며, 조사크리프에 의해서 인장이 일어난다고 생각되는 응력완화는 상온에서도 인정되고 있다. 조사크리프 속도는 저온 및 저응력 구역에서는 응력에 비례하고, 또한 조사선량률에 비례한다.

2) 기계적 성질

재료가 중성자 조사를 받으면 강도가 증가한다. 강도의 증가 그 자신은 좋은 현상이지만, 보통 현저한 연성, 인성의 저하를 수반하는 문제가 생긴다.

조사선량의 증가에 대하여 전신은 저하되지만 고조사선량 구역에서 조사효과는 포화되는 것으로 생각된다. 취화기구는 저온구역과 고온구역이 다르다. 즉 저온구역에서는 강도 증가에 따라서 가공경화계수가 감소하는 것에 의한 소성 불안정성이나 특정의 Slip면에 전위의 운동이 집중에 의한 전위 채널링(channeling)에 의해서 인장이 일어난다. 한편 고온 취화는 앞에 설명한 핵반응에 의해서 생성된 Be나 연한 제2상이 결정입계에 석출함으로써 입계취화가 원인으로 생각된다.

316스테인리스강에 사이클로트론으로 Be를 주입하여 크리프 파단시험을 행하면, Be농도가 300ppm을 초과하면 크리프 파단시간이 급감한다.

페라이트강의 경우, 먼저 경수로의 압력용기에서 알려져 있는 바와 같이 연성취성천이 온도(이온도 이상에서는 금속은 연성을 나타내지만 그 이하에서는 취성파괴를 일으킨다)는 상승한다. 최대 150℃가 상승된다.

이상 설명한 중성자조사효과는 고속로에 의한 것이다. 이것은 현 시점에서는 핵융합로에 특징적인 14MeV의 고에너지-중성자를 다량으로 발생시켜 얻는 시설이 없기 때문이다. 고속로와 핵융합로의 조사효과의 가장 큰 차이는 생성 Be의 효과이다.

고속로와 핵융합로의 조사환경을 특징지우기 위해 He/dpa비를 정의한다. 이것은 생성 Be농도(at·ppm)를 이탈손상량에서 제외한 것이며, 고속로에서 ~0.3, 핵융합로에서 10~20이다.

이상 설명한 조사 자료에는 이 다량으로 생긴 Be의 효과는 포함되지 않는다. 이 때문에 많은 데이터는 혼합에너지, 중성자로나 가속기, 초고압전자현미경에 의한 시뮬레이션 시험에 의해서 나오게 된다. 소형 사이클로트론을 중액으로 하는 경이온 조사하에 크리프시험장치를 건설하고, 조사크리프나 Be취화의 연구를 진행하고 있다.

4.4.2 앞으로의 재료개발 방향

1) Austenite강

이 종류의 강에서는 스웰링(swelling)이 큰 점과 Be취화를 받기 쉬운 것이 문제이다. 스웰링은 강의 화학적 성분에 따라서 큰 영향을 받는다. 니켈을 높임으로써 스웰링은 현저히 저하한다. 그 외에 Ti, Si, P, Nb 등의 첨가도 효과가 있다. 영국, 프랑스에서는 실용합금의 PE-16을 고속로의 피복관, 고무관에 적용하는 것을 고려하고 있다. 그러나 이 형태의 강은 현저하게 조사취화를 받기 쉽고, 이 점을 개선하기 위해 결정입계에서 γ' 금속간 화합물의 석출형태를 가공열처리에 의하여 제어하는 것이 시도되고 있다.

Be취화를 개선하기 위해 티탄탄화물 TiC를 결정입계, 입내에 미세하게 분산시켜, 기지와 탄화물의 계면에 Be를 보충하는 것이 시도되고 있다.

이 형태의 강의 개발은 미국에서 시작되었고, PCA로써 알려져 있으며, 다시 미량의 P·B가 첨가되고 있다. 그림 4-20은 조사의 결과를 나타내지만, A1재에서는 비교적 조대한 MC탄화물이 입내에 석출한다. 이것에 대해서 A3재에서는 입내의 전위선에 미세한 MC 탄화물이 고밀도로 석출하고, 효율이 좋은 He를 보충한다.

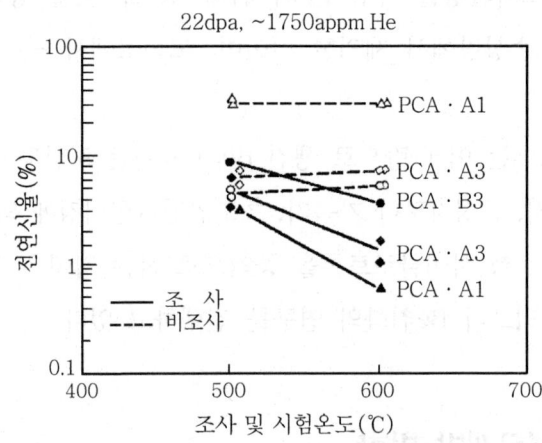

그림 4-20 PCA합금에 대한 조사취화의 개선. A1 : 용체화처리, A3 : 25%냉간 가공, B3 : 800℃, 8h시효 + 25% 냉간가공

더욱더 B3재에서는 입계에 MC탄화물이 석출하여 입계강도를 높인다. 이 종류의 강을 효과적으로 사용하기 위해서는 이와 같은 가공 열처리에 의해서 티탄산화물을 먼저 조사 전에 미세하게 분산시킬 필요가 있다. 이 점은 용접시공의 점에서 보아 문제가 있다. 티탄 탄화물의 미세분산은 스웰링의 관점에서도 효과가 있어 내조사성의 향상이라는 점에서 아주 유망한 방법이지만, 고조사선량 구역에서 티탄탄화물을 고용하여, 그 효과가 소실되는 결점이 있다. 이 때문에, 현재 그 안정화를 도모하는 연구를 행하고 있다.

2) 페라이트강

페라이트강은 그림 4-21에 나타낸 바와 같이 거의 스웰링이 없고 최근 아주 유망하게 되었다. 현재 미국에서 표 4.1에 나타낸 것과 같은 재료가 나오고 있으며, 9Cr-2Mo이 유망하다. 이 종류의 강의 문제점은 연성취성천이온도의 상승이다. 현재 이점이 해결된 것은 아니지만, 천이온도의 상승이 고조사선량 구역에서는 포화되는 것, 400℃ 이상의 고온에서는 그 상승량이 비교적 작은 것 등으로부터 설계상 어떻게든 대처할 수 있는 것은 없는 것으로 생각된다.

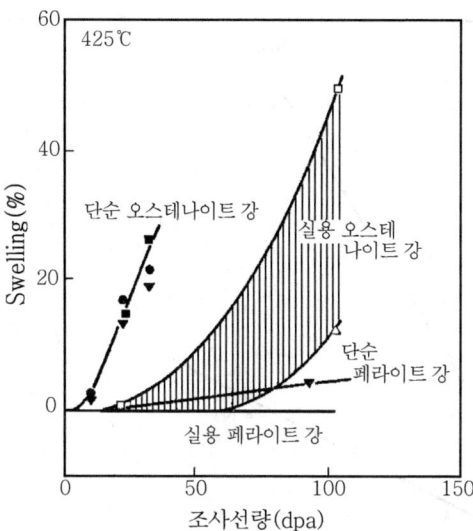

그림 4-21 오스테나이트강과 페라이트강의 팽창의 비교

표 4.1 핵융합로에 적용되는 강의 화학조성

	화학 조성(wt %)									
	Cr	Ni	Mo	Mn	Si	C	V	Nb	W	Ti	N
오스테나이트강										
316스테인리스강	18.0	13.0	2.5	2.0	0.8	0.05				0.05	0.05
PCA	14.0	16.0	2.5	1.7	0.4	0.05				0.25	
페라이트강										
2.1/4Cr-1Mo	2.25	0.25	1.0	0.5	0.3	0.12					
9Cr-1MoVNb	9.0	0.2	1.0	0.5	0.3	0.10	0.2	0.08	0.5		0.05
12Cr-1MoVW	12.0	0.5	1.0	0.5	0.4	0.20	0.3				
9Cr-2Mo	9.0	0.2	2.0	1.0	0.5	0.12	0.3	0.4			

3) V 합금

 V 합금은 고온강도가 높고, 열전도율이 크고, 열팽창률이 작다. 핵 융합로의 제일 벽에서는 열응력이 설계의 한 가지 애로이고, 이 관점에서 보면 V합금은 유력한 후보재료의 하나이다. 그림 4-22는 팽창의 결과이지만, 티탄의 첨가에 의해서 팽창응력은 억제된다.

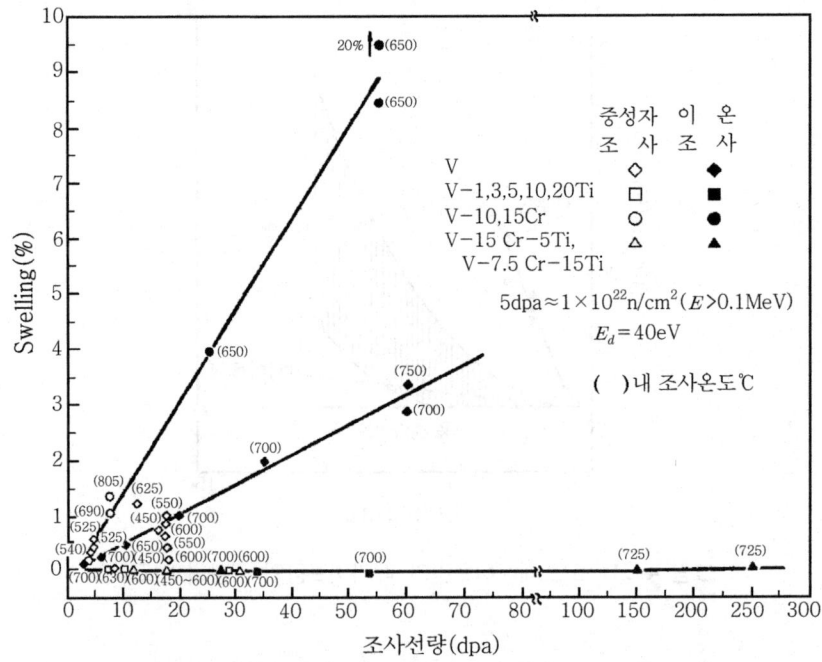

그림 4-22 V 합금의 팽창의 합금원소 첨가에 의한 개선

고온강도의 점에서 V-Cr-Ti이 후보의 하나로 되어 있다. 이 종류 합금의 약점은 냉각재 중에서의 부식이며, 냉각재종류가 한정된다. 현재, V-Li의 합금이 고려되고 있다.

4) 동 합금

동 합금은 열전도율이 큰 것을 활용하여 분류가감기(diverter) 리밋(limit) 등의 고열 유속부에 적용되고 있다. 표 4.2에 조사효과의 일례로써 합금종류와 스웰링을 나타낸다.

Be첨가에 의해서 팽창은 개선되고 있다. 고열유속재는 플라즈마와의 상호작용이나 고온강도 등 힘든 요구를 만족해야 하므로 단일 재료의 적용은 무리이며, 피복재로써 저원자번호물질, 강도재로써 강과 조합하여 사용이 고려되고 있다. 앞으로 계면강도와 재료간의 상호작용이 연구과제이다.

표 4.2 여러 가지 상용동합금의 팽창

(조사조건 450℃, $2.5 \times 10^{22} \text{n/cm}^2$, $E \geq 0.1 \text{MeV}$)

	화학조성(wt%)	조 건	팽창(%)
Cu(MARZ)	Cu(99.99%)	annealed	6.5
CuAg	Cu-0.1Ag	20%CW	16.6
CuAgP	Cu-0.3Ag-0.06P-0.08Mg	20%CW	7.9
CuNiBe(1/2HT)	Cu-1.8Ni-0.3Be	20%CW and aged (3h at 480℃)	1.70
CuNiBe(AT)	Cu-1.8Ni-0.3Be	annealed and aged (3h at 480℃)	0.29
CuBe(1/2HT)	Cu-2.0Be	20%CW and aged (3h at 320℃)	−0.18

5) 저방사화 재료

핵융합로는 핵분열로와 비교하면 연소 후 연소로써 방사성 폐기물을 만들지 않기 때문에, 깨끗한 에너지로 알려져 있다. 이 특징을 충분히 활용하기 위해서는 구조재료의 저방사화를 도모할 필요가 있다. 즉 이것에 의해서 운전보수관리나 로 정지 후의 방사성 폐기물의 관리가 용이하고, 자원의 재활용도 가능하다. 표 4.3은 합금원소의 허용농도를 나타낸다.

여기서 클래스 A는 로의 입지 지점에서 안전한 레벨까지 방사능이 감쇄하는 상태를 의미한다. 클래스 B는 100년 이내에, 클래스 C는 500년 이내까지 안전한 레벨로 감쇄한다. Nb, Mo, Ni, V 등이 고방사화 원소이며, 한편 Al, C, Mg, Si, Ti, V이 저방사화 원소이다.

A1에 관해서는 Al의 생성이 염원이다. 오스테나이트계 및 페라이트계의 강에는 Ni을 Mn으로 Mo, Nb를 W, V, Ti으로 치환할 필요가 있다. 앞에 설명한 V-Cr-Ti합금은 저방사화 합금으로도 유망하다.

표 4.3 로 정지 후 10년 후에 허용되는 합금원소농도 (9 MW · 년/m² 운전) (제1벽 부분을 대상으로 한다.)

원 소	최초의 허용한계(at · ppm)		
	클래스 A	클래스 B	클래스 C
N	a	365	3,650
O	250,000	a	10^6
Co	30	10^6	10^6
Cu	12	240	2,400
Fe	350	35,000	10^6
Ni	100	2,000	2,000
Mo	365	a	3,650
Mn	5,000	10^6	10^6
Nb	0.1	a	1
Al, C, Mg, Si, Ti, V	10^6	10^6	10^6

4.5 전극재료

4.5.1 전기화학반응과 전극재료

알루미늄전해, 식염전해 등의 공업전해는 전기에너지로부터 금속 또는 화학물질을 제조하는 프로세스이며, 전지는 화학에너지를 직접 전기에너지로 변환하는 반응계이다. 어느 경우도 전극과 전해질과의 이상계면이 전기와 화학반응의 접점이 되어 있다.

전기분해에서는 전해질 중에 음극과 양극으로부터 한 쌍의 전극계를 구성하는 것으로부터, 또한 전지에서는 ⊕극과 ⊖극에 의하여 전기화학반응의 장소를 제공하고 있다. 따라서 전극재료의 특성이 생산성이나 에너지 변환 효율을 좌우하는 중요한 요소가 된다.

전지분해에서의 음극은 전극으로부터 전자를 빼앗는 반응 즉, 환원반응을 일으키고 양극에는 전극에 전자를 주는 산화반응을 일으킨다. 전지에서는 전자를 주는 극을 ⊕극, 전자를 빼앗는 전극을 ⊖극이라 하여 혼동하기 쉽고, 전극계에 대한 반응이 산화반응, 환원반응을 깊이 연구해보면 혼동이 안 될 것이다.

최근 에너지 단가의 상승에 따라 식염전해를 전제로 하는 각종의 공업전해에서는 에너지효율의 추구는 어려우며, 비소모성 전극에 의한 IR손실의 절감, 또는 반응과 전압이 낮은 전극의 개발에 노력을 하고 있다.

한편, 전지에서는 수소가스나 연료가스 등의 에너지원으로부터 일단 열에너지로 변환이 없고, 직접 전기에너지로 변환할 수 있는 연료전지가 미래의 에너지 자원의 효율적 이용을 도모한 결과로 발전이 기대되고 있다.

연료전지는 그림 4-23에 나타낸 바와 같이 전해질을 분해하여 −극에 수소 또는 연료가스를, +극에 산화성가스(공기 또는 산소)를 공급하고 반응가스를 배출함으로써, 전기에너지로 변환하는 시스템이다. 반응은 기-액-고 3상계면에서 진행하기 때문에 다공질전극이 이용되지만 전극촉매능과 내구성이 우수하고, 더욱 경제성이 있는 전극재료의 탐색 및 개발이 연료전지 실용화를 위한 큰 과제이다.

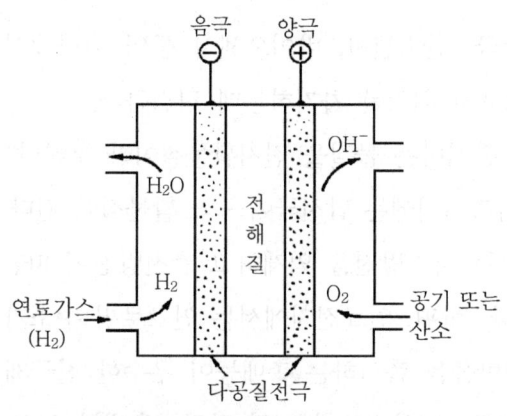

그림 4-23 연료전지의 원리도

4.5.2 전극의 종류와 기능

전기화학반응을 이용하는 전극계에는 어떤 종류가 있고, 어떤 기능이 요구되고 있는지 표 4.4에 주요 전극의 종류와 용도를 나타낸다. 전기에너지 변환시스템으로써의 전지에는 건전지(1차전지), 축전지(2차전지), 연료전지, 태양전지 등이 있다.

표 4.4 전극(비소모성 양극)의 종류와 용도

전극의 종류	용 도	특 징
흑연	전지, 용융염전해	산화소모(영융염), 저렴
백금	염소산전해, 연료전지	내식성, 촉매능 양호
백금도금	전기도금, 전기방식	백금의 경제성
니켈	수전해, 연료전지	가공성 양호, 내식성에 제한
납, 납합금	전지, 전기도금, 전해채취	중량비 강도에 난점, 저렴
RuO_2-Ti(DSA)	식염전해, 전해채취	염소 과전압 소, 내식성 양호
마그네타이트	염소산전해, 전기방식	취성, 전기저항 약간 큼
페라이트	수처리	〃
PbO_2	백금의 대용	취성, 기체와의 접합에 난점

전해공업 분야에는 식염전해, 수전해, 용융염금속전해, 아연, 동의 전해채취 등이 있다. 또한 에너지 효율보다도 기능성을 중시한 전극으로써는 각종 전기도금, 표면처리, 전기방식, 배수처리 등이 있다.

더욱이 PH전극, 이온전극, 산소센서, 바이오센서 등의 화학센서도 전극계를 구성하고 있지만, 정보교환시스템으로써 위치를 차지하는데 적절하다.

전지에서는 기전반응에 관계하는 물질을 전지활물질이라 부른다. 망간 건전지의 −극은 아연전극이 활물질이고, 납축전지에는 납전극이 −극 활물질이 된다. 이것들 아연, 납 등의 전지용 전극재료에 대해서는 자기방전을 억제하고 충전방전에 따른 성능저하를 억제하기 위해 개선이 행해지고 있다. 한편, 연료전지에서는 연료로써 수소가스, 산화제로써 산소가 활물질이고, 산화 및 환원반응을 촉진하는 촉매능이 우수한 전극재료가 필요하다.

최근 개발이 진행되고 있는 인산수용액형 및 알칼리용액형 연료전지에서는 백금촉매에 둘러싸인 것은 나타나지 않는 것이 현상이다. 그것에 대하여 제2세대 연료전지로써 기대되고 있는 용융탄산염형 연료전지는 백금촉매를 이용하지 않고도, Ni 또는 니켈산화물을 전극으로써 이용할 수 있는 것이 유리하다.

전해용 전극에서는 전해질에 따라 요구되는 전극의 특성은 다르다. 음극에 대해서는 재질이나, 표면상태에 의한 수소발생의 과전압은 실용적으로도 중요하며, 수전해에서는 수소과전압이 낮은 재료의 선정이 필요하다. 그것에 대하여 수은상에서의 수소과전압이 높기 때문에 소다전해가 가능하다. 한편, 음극은 통전시 전기방식이 되기 때문에 기본적으로 내식성의 문제는 없지만, 비통전시에는 침적 중의 부식이 문제가 되는 경우가 있다.

양극은 보통, 산화성으로 부식성이 강한 환경에 놓여져, 조건은 보다 더 엄격하다. 동의 전해정제나 전기방식에서 희생 양극과 같은 가용성 양극도 있지만, 양극으로써 요구되는 것은 단순히 전자의 주고받는 장소를 제공하는 것만으로 전극 자체는 소모가 작은 불용성 양극(비소모성 양극)이다. 불용성 양극으로써의 구비조건은

① 양호한 전자도전성을 가질 것
② 전극촉매능이 우수할 것
③ 내식성이 우수할 것
④ 기계적 강도 및 가공성이 좋을 것 등이다.

전자도전성을 나타내는 재료로써 금속 외에 금속산화물이나 질화물, 붕화물 중에 금속 도전성이 없는 반도성을 나타내는 것이 전극으로써 이용된다. 양극으로써의 전극촉매능은 목적하는 산화반응이 선택적으로 더구나 빠르게 진행하는(저과전압) 특성을 의미한다. 식염수의 전기분해에서는 평형론적으로는 산소발생이 우선하여 일어나려고 한다. 따라서 식염전해공업의 염소발생 전극은 산소발생 과전압이 높고, 염소발생 과전압이 낮은 특성을 가지며, 더구나 내식성면에서 염소가스에 견디는 재료가 필요하다. 전극촉매능은 유기물의 전기화학산화에서도 현저하고 kolbe 전해반응은 양극의 재질에 따라서 다른 물질이 생성되는 것은 잘 알려져 있다.

내식성에 관해서는 금속산화물은 금속전극에 비해 유리하지만, 금속산화물은 취성 및 가공성의 면에서 난점이 있다. 이와 같이 도전성, 전극촉매능, 내식성, 가공성의 특성을 가진 전극재료를 발견하는 것이 어렵다. 옛 부터 이들의 기능을 분담하여 가진 복합전극의 고려방향이 앞으로 개발목표이다. 다음은 주로 전해용 전극재료의 특성에 대하여 설명하고자 한다.

4.5.3 금속전극

1) 귀금속 전극

백금족의 금속 중에서도 전극으로써 가장 많이 이용되고 있는 것은 백금이며, Pa이나

Ru은 양극으로써 이용하는 경우 내식성 및 촉매활성이 떨어진다.

일반적으로 귀금속인 것도 양극이 되면 금속표면은 산화막으로 되어 부동태화된다. 백금의 경우에는 환경의 산화성에 따라 PtO, PtO_2으로부터 피막을 형성하고, 전극촉매능은 이들 산화막의 특성에 의존한다. 백금은 음극 및 양극으로써 다른 금속에서 나타나지 않는 우수한 촉매활성을 갖고 있다. 그러나 고가인 금속이기 때문에 이것을 공업적으로 이용하는 경우에는 박막 크래드로써, 또한 도금층 또는 미립으로써 이용하는 것을 생각해야 한다. 연료전지를 이용하는 다공성전극은 미립의 백금촉매를 도전성기체에 분산시켜 이용하고 있다. 백금을 박막상에 이용하는 경우는 도전기체로써 Ti, Nb, Ta 등의 금속이 이용되고 있다. 이들 벌브(bulb)금속은 활성금속이지만, TiO_2, Nb_2O_5 등의 치밀한 산화막을 형성하여 내식성이 우수한 것으로 기체재료로써 우수하다. 이와 같은 백금피복전극으로써는 백금도금 Ti전극이 널리 이용되고 있다.

2) 납 및 납합금

백금에 대신한 저렴한 전극재료의 연구는 오래 전부터 있어 왔다. 납은 비중이 큰 불편이 있지만, 전극으로써 대체할 수 없는 용도가 있다. 납의 내식성은 황산납 또는 탄산납 등의 침전피막에도 근거를 두고 있다. 그러나 이 종류의 피막은 전자도전성이 결여되어 전극으로써는 좋지 않다. 납을 양극으로써 높은 전위에 두면 PbO_2피막을 형성하고 도전성을 나타내게 된다. 더욱이 은, 주석 등을 미량 첨가하여 합금화함으로써 PbO_2피막의 형성을 촉진한다. 그 가운데서도 Pb-2%Ag합금의 특성은 우수하여 전해채취, 도금 등의 전극에 이용되고 있다. 이와 같이 납전극의 본질은 PbO_2피막이기 때문에 PbO_2를 양극산화로 다른 금속기판에 석출시키거나 그 자체를 전극으로 하는 것도 가능하다.

3) 기타 금속전극

불용성 양극으로써 금속전극의 가능성을 백금족, 납합금 이외에 보게 되는 것은 오랫동안 곤란하다. 니켈은 알칼리 수전해용 양극으로써 이용되지만, 내식재료로써 알려진 스테인리스강은 고전위구역에서는 6가크롬으로써 용해될 가능성이 있어 불용성 양극으로써 이용하는 것은 적절하지 않다.

Ti, Nb, Ta은 내식성이 우수하지만 산화막은 전자도전성이 결여되어 촉매활성을 갖지 못하고 도전기판으로써의 역할을 하지 못한다. 또한 귀금속의 우수한 내식성을 가지고 양호한 촉매능을 부여할 가능성을 연구하는 과정에서 Ni과의 금속간 화합물에 대하여 조사하였다. 그 결과 Ni_3Ta 및 Ni_3Nb는 양호한 특성을 나타내고, 특히 전자는 황산산성용액에서 우수하고, $500 A/m^2$의 양극전류밀도에서 전극의 소모율은 $1.03 g/A.Y$(암페어·년)로 산소과전압도 낮은 값을 나타내었다. 또한 Ni_3Nb는 염화물용액 중에서 비교적 양호한 성능을 나타내었다. 그러나 이들 재료는 가공성에 난점이 있다. 한편, 비정질합금은 금속조직으로써의 균질성에 근거를 두고 결정성합금에 비해서 내식성이 우수하며, 불용성 양극으로써 응용이 기대된다. 연구결과에 의하면 Pd-Ti-P계 및 Pd-Ir-P계 비정질합금은 염소발생전극으로써 양호한 성능을 나타내고, 염소발생효율은 RuO_2-TiO_2계보다 우수함을 나타낸다. 비정질합금은 전기저항이 약간 높고 박막 리본상 소재를 어떤 전극으로 구성하는가의 문제가 남아 있다.

4.5.4 산화물 전극

도전성을 나타내는 금속산화물 중에는 불용성 양극에 적합한 것이 있다. RuO_2, PbO_2와 같이 금속도전성이 없는 반도성을 나타내는 이성분산화물, 마그네타이트 등의 혼합원자가 도전성을 나타내는 스피넬 산화물, 그 외에 ABO_3산화물 또는 Na_xWO_3 등도 전극재료로써 가능성이 검토되고 있다. 티탄기판에 RuO_2를 피복시킨 치수안정성 전극, DSA(Dimensionally Stable Anode)는 이태리의 De Nora에 의해서 개발되어 식염전해의 염소발생전극으로써 우수한 특성을 나타내고, 소다공업뿐만 아니라 기타의 전해공업에도 큰 변혁을 가져온 전극으로써 유명하다. 이 전극은 티탄기판에 $RuCl_3$의 알코올용액을 반복 도포하고 500℃의 산화성 분위기에서 소성하는 간단한 공정으로 제조된다. $RuO_2/TiO_2/Ti$의 구조를 갖고 TiO_2와 RuO_2와 rutile(금홍석)형 산화물이며, 고용체화되어 밀착성에도 우수하다.

이 전극이 개발됨으로써 소모성 흑연전극에 비하여 전극간의 거리를 일정하게 유지한 결과 전력손실은 10% 이상 절약이 가능하게 되었다. 금속 Ru의 내식성은 떨어지지만 RuO_2피막이 되어 우수한 내식성과 촉매활성을 얻고 현재까지도 Ru가 일약 각광을 받고 있다.

스피넬 산화물 중에는 마그네타이트가 염소산전해용 양극으로써 이용되고, 옛부터 해마타이트광석을 전기로에서 용융하여 주조하는 방법으로 제조하였다. 최근 분말야금기술의 발전에 따라 마그네타이트뿐만 아니라, 니켈 또는 Co페라이트 등도 우수한 특성을 갖는 것이 명확하다. 그러나 소결산화물 전극은 강도적인 면에서 무르고 형상이나 치수에 제약을 받는 난점이 있다.

스피넬 산화물 분말을 플라즈마쇼트용사법으로 도전성 기체로 된 티탄판에 피복하는 방법을 검토하였다. 도전성 및 내식성을 고려하여 선정한 조성의 $Ni_{1-x}Fe_{2+x}O_4$, $Co_{1-x}Fe_{2+x}O_4$, Fe_3O_4 미분말을 티탄 위에 약 $50\mu m$의 두께로 코팅하였다. 이 전극의 식염수 중의 특성은 소결형의 전극과 거의 같은 성능을 나타내고, 3%NaCl, $100A/m^2$의 전류밀도에서 소모율은 0.6~0.7g/A.Y이었다. 그러므로 이와 같은 산화물 피복전극은 금속기판과의 밀착성에 난점이 있다.

한편, 스피넬 산화물 대신에 페로브스카이트형 산화물에서 Fe^{3+}이온을 일부 Li^+로 치환한 Li페라이트를 위와 같은 제조법으로 티탄 또는 Nb기판에 용사한 전극은 내식성 및 밀착성이 우수하다. 백금에 대신하는 우수한 촉매능과 내구성을 가진 전극재료의 연구는 합금, 금속산화물 기타의 화합물 등 광범위하게 가능성을 보이고 있는 노력이 계속되고 있다. 한편, 특성이 이미 명확한 소재를 효율적으로 전극에 구성하는 것도 필요하며, 전극으로써 요구되는 제기능을 분담하여 갖는 복합전극의 개발이 지향되고 있다.

제5장

합금설계와 신기술가공

5.1 재료 설계
5.2 극한환경 이용
5.3 재료의 초고순도화
5.4 재료의 복합화
5.5 신가공 프로세스

CHAPTER 05 합금설계와 신가공기술

5.1 재료설계

5.1.1 재료설계의 일반론

솔직히 재료의 설계는 기계의 설계와는 다르다. 그것은 우리 재료연구자의 능력보다는 재료라는 것의 본질에 근거를 둔 것이라고 생각된다. 그림 5-1은 기계설계와 합금설계를 비교한 것이다.

기계설계의 제1단계는 부품형상의 설계와 그 전체적 조립의 설계로 합금의 경우, 그것은 조직의 제어이다. 기계의 부품에 상당하는 것은 합금의 경우 한 개 한 개의 원자이다.

이것을 하나하나 소정의 위치에 배치하는 것은 특수한 경우를 제외하고 대단히 어렵고 어느 정도 매크로 처리나 가공으로 합금의 조직을 어느 정도 추정할 수 있다.

설계의 제2단계는 합금의 경우 더욱 곤란하다. 자동차와 같은 기계의 경우 그 연비와 최고속도와의 성능의 사전평가는 완전하지 않아도 어느 정도 가능하다.

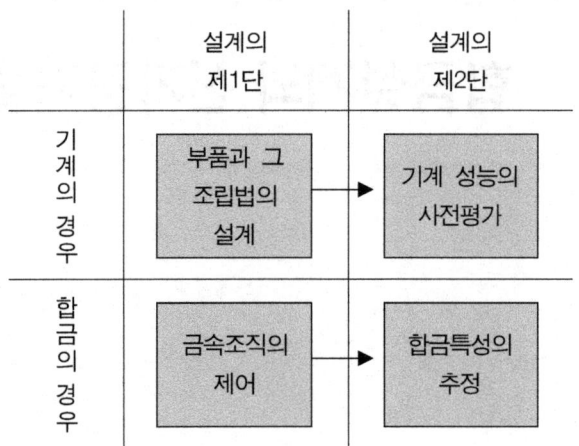

그림 5-1 기계설계와 합금설계의 비교. 설계는 2단계로 되며, 기계설계의 제1단계(부품도나 조립도의 제작)에 해당하고, 합금의 조직설계이며, 기계설계의 제2단(성능의 계산)에 해당된 합금 특성의 추정이다.

모든 무한의 부품(원자)이 되는 합금의 경우 그것들의 종합적 효과로써 특성의 추정은 대단히 곤란하다. 그 추정의 곤란은 제1단계의 조직제어의 불확실로 더욱 조장된다.

현재, 재료설계라는 것은 재료에 요구되는 특성이 주어졌을 때, 그 특성이 실현될 수 있도록 재료의 조성과 구조가 어떤 것인지를 알고, 또한 그와 같은 재료의 작성방법을 구체적으로 나타내는 의미로 사용된다. 재료개발에 동참한 사람들에 의해서 지금까지도 시행착오적인 특성개선의 과정 중에서 부분적으로는 그때까지의 경험을 기초로 한 직관적인 번뜩임의 도움을 빌려서 재료의 설계가 행하여졌다.

최근, 재료설계라는 것이 성행되고 있는 배경에는 보다 합리적인 수단으로 시간적, 경제적으로도 효율적으로 목적하는 재료를 얻는 것이라 생각된다. 직감으로 믿을만하든가 모든 가능성을 전부 시도해 보는 방식이 아니라 그 과정에 따르면, 높은 확률로써 요구된 성능을 갖는 것을 얻게 되는 하나의 과학적인 과정을 확립한다고 생각된다.

이와 같은 과학적인 재료설계는 어떻게 하면 가능한지, 재료의 구조와 물성이라고 하는 관계에 결부되어 있는지, 구조와 그것을 실현하기 위한 작성방법과의 관계, 이것들이 정량적으로 잘 알려져 있으면 그것은 가능하다. 그러나 현재의 재료에는 이것들 어느 것의 관계도 정량적으로 명확하게 되어 있는 것은 적다.

정량화되지 않은 요인이 관계하는 경우에는 당연한 것이지만 원인으로부터 결과를 예측하는 것은 어렵다. 이와 같은 경우에도 잘 정리된 데이터베이스가 있으며, 지금까지 목적에 맞는 공통요인을 추출하기만 하면, 경험법칙으로써 설계의 한 가지 지침이 될 수 있다. 더욱 더 다음에 설명하는 두 가지의 경우는 재료설계의 과정에서 정량화를 하고, 설계가 진행되는 전형적인 예이다.

1) 정성적인 관계를 나타내는 이론이나 경험법칙이 있는 경우

이 경우에는 구조를 특징짓는 변수와 함수로써의 특성치 사이의 파라미터를 데이터베이스 또는 실험으로 정하고, 데이터가 없는 영역에서의 내삽치 또는 외삽치를 얻는다. 이와 같이 하여 정량화된 범위에서는 재료설계가 가능하다.

2) 정성적으로도 유효한 이론이나 경험법칙이 없는 경우

이 경우에도 데이터가 많이 있으면 관계하는 구조를 특징짓는 복수의 변수와 그것으로부터 정하는 특성치와 사이의 관계를 적당한 함수에 가까우며, 이 표식에서 변수의 계수를 통계해석의 방법으로 정해 정량화하고 재료설계를 진행할 수 있다. 구조와 특성과의 관계가 복잡하여 잘 해명되지 않는 것이 많은 재료의 설계에서는 2)의 정량화 방법이 잘 이용된다. 한편 이론이나 경험법칙이 잘 확립되어 있고, 이원계까지의 데이터가 비교적 잘 갖추어져 있는 반도체의 재료설계에서는 다원계로의 확장에 1)의 방법이 이용되고 있다.

또한 2)의 방법에 의한 Ni기 내열합금이나 초소성가공용 티탄합금의 합금설계를 행하고 있다. 또한 1)의 방법을 일부 적용하여 반도성 레이저 소자용 재료의 개발을 행하고 있다. 이들 합금설계와 함께 반도체 재료설계의 구체적인 예를 다음에 설명하고자 한다.

5.1.2 합금설계의 실례

1) Ni기 초내열합금과 Ti합금의 경우

(1) Ni기 초내열합금

이 합금의 개발에는 전산기수용 합금설계방법이 이용되고 있다. Ni기 초내열합금의 대부분은 γ상과 γ'상이다. 이 계의 합금은 세계적으로 많은 연구가 축적되고 있으며, 꽤 실용적인 합금설계방법을 개발하였다. 그림 5-2는 그 대략을 나타내고 있다. 그림 5-2 (a)에서는 전산기 중에 임의의 조성 γ'상의 조성을 가정한다. 이 γ'상이 γ상과 화학적으로 평형이라는 조건이 부여된다.

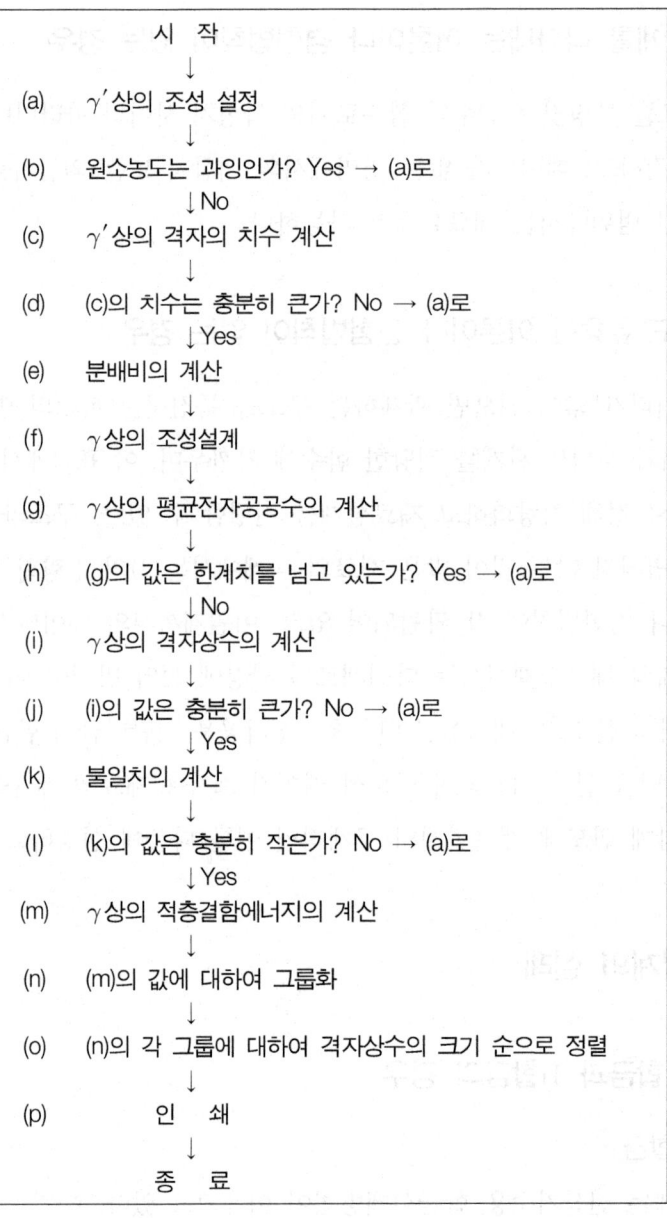

그림 5-2　$\gamma \cdot \gamma'$형 Ni기 초내열합금의 전산기수용 합금설계의 순서

(b)에서는 가정한 γ'상의 조성이 첨가원소 농도가 어느 정도 높게 되어 현실적으로는 존재할 수 없는 것으로 판정된다. 또, 첨가원소 농도가 과잉으로 되면 (a)로 돌아와 다음의 γ'상 조성을 설정한다. (c)와 (d)에서는 가정한 γ'상의 격자상수를 계산하고 격자상수가 큰 것은 충분히 고용강화해 있는 것으로 판정하고 그렇지 않으면 (a)로 되돌아온다. 그러나 최근에는 격자상수의 크기를 합금조성의 선정에 이용하지 않는다. (e)에서는 어떤 원소(Al)가 γ'상과 γ상에 어떤 비율로 분배되는지 분배비를 이용하여 γ'상 조성으로부터 γ상 조성을 계산한다. 여기서 각 원소의 분배비가 γ'상의 조성으로부터 변화하는 점을 고려하여 넣고 있는 것이 합금설계의 큰 특징이다. (g)와 (h)에서 PHACOMP법이라는 방법을 이용하여 계산한 γ상으로부터 유해한 σ상의 생성 유무를 판정한다. (k)와 (l)에서는 γ상과 γ'상의 격자상수의 차, 결국 불일치를 계산하여 그것이 적은 것을 선택하고 불일치가 적을수록 γ상과 γ'상의 경계가 연속되기 쉽고 강도가 향상된다. 이와 같은 계산에 의해 유망한 γ'상과 γ상의 조성이 쌍으로 되어 몇 조가 얻어진다. 이들 쌍의 γ상과 γ'상은 서로 화학적으로 평형이며, 1개의 쌍으로부터 γ'상과 γ상의 조성이 같으므로 양비가 다른 합금을 설계하여 얻는다.

(2) Ti합금의 경우

초소성가공을 할 수 있고, 또한 고온강도가 큰 Ti합금의 설계를 행하고 있다. 초소성특성을 얻는 데는 α상(조밀육방정)과 β상(체심입방정)의 양비가 거의 1 : 1로 되는 온도가 좋다. 그래서 Ti합금의 초소성가공온도인 750~900℃에서, 서로 평형인 α와 β상의 조성을 정하고 설계방법을 개발하였다. 방법은 2종류이며 Ti와 타 원소의 2원상태도를 다원계로 확장하는 방법 및 실제 합금 중의 α상과 β상의 조성을 분석하고 그것을 수식화하여 이용하는 방법이다. 앞의 첫 번째 방법을 이용하여 합금개발을 행하고, 초소성가공이 가능하며, 또한 300℃에서 비강도(인장강도를 밀도로 나눈 값)가 크고, 연성도 크며 기존합금의 특성을 크게 상회하는 신 합금을 몇 가지 개발하였다.

(3) 합금설계의 유용성과 한계

Ni기합금 및 Ti합금 설계방법은 결코 유일 최고의 조성을 가하여 얻는 것이 아니다. 옛부터 거의 무한조합이 가능한 조성범위 중에서 이 부분이 유망하고, 실험해서 보면 가치가 충분한 조성범위를 나타낸다고 하는 효과를 갖고 있다. Ti합금 설계의 경우, 900℃에서 α

상과 β상의 양비가 일정하게 되도록 설계한 일련의 합금에 대하여 합금전체조성(α상, β 상의 조성이 아닌)과 시효 후의 경도와의 사이에는 아주 좋은 상관을 갖는 실험식을 만들 수 있다. 이 실험식을 이용하여 보다 강도가 높은 합금의 추정이 가능하지만, 이 실험식에 어떤 조성에도 넣어 좋다는 것이 아니고, 합금설계법으로 900℃에서 α와 β상의 양비가 1 : 1로 되도록 설계한 조성을 이용하지 않으면 안 된다.

2) 반도체레이저소자 재료의 설계

재료분야에서 기초이론이 어느 정도 확립되어 있고, 또한 이론을 직접 적용할 수 있는 단결정의 데이터가 잘 구비되어 있는 반도체에 대해서는 한정된 국면이 있지만, 재료설계의 방법이 어느 정도 확립되어 있다. 제2장 10절에서 설명한 바와 같이 적외파장구역에서 파장가변의 반도체레이저소자의 개발을 행하고 있다. 이 경우 PbS을 기본으로 하는 4원계 반도체레이저 재료의 개발에 관하여 재료조성의 결정에 재료설계의 방법을 사용하고 있다. 반도체레이저는 기본적으로는 빛을 내는 활성층을 빛을 가둬 크래드층에서 양측으로 부터 끼워 둘러싼 샌드위치구조로 되어 있다. 양측의 크래드층을 통하여 주입된 전자와 정공이 활성층에서 재결합하여 빛을 방출한다. 반도체레이저 발광의 이론으로부터 설계에 필요한 물성치는 발광의 파장을 결정하는 활성층의 금제대폭 E_g, 크래드층의 성능을 결정하는 밴드 불연속(활성층에 전자, 정공을 넣기 위한 장벽의 높이)활성층과 크래드층의 굴절률 및 격자상수 등이다. 발진파장으로써 3~4μm의 설계가 요구되고 있지만, 이것에 상당하는 이원계의 반도체는 PbS이다.

조성의 설계범위로써는 선택의 자유도를 증가하기 위해 PbS를 기본으로 하는 $Pb_{1-x}Cd_x S_{1-y}Se_y$와 같은 4원계를 선택하였다. 분산된 x 및 y의 값에 대해 금제대폭과 격자상수를 실험적으로 구하고 그것들을 연결하여 등금제대폭곡선과 등격자상수 곡선을 얻었다. 이것에 대응하여 크래드층은 정해진 활성층과 똑같은 격자상수를 갖고, 활성층보다 큰 E_g을 갖는 조성을 위의 두 개의 곡선도를 사용하여 선택하였다. 이와 같은 설계지침에 의거하여 현재 200K 이상에서 동작하는 레이저소자의 개발이 진행되고 있다.

더욱 더, 이론이나 실험식을 활용한 반도체레이저소자의 재료설계를 진행할 수 있다. 예를 들면, GaAs, InP의 Ⅲ~Ⅴ족 화합물반도체 이원계에 대해서는 금제대폭, 밴드불연속, 굴절률, 격자상수의 데이터는 잘 갖추어져 있다. 이것들을 데이터화하고 더욱 더 이론이나, 경험법칙을 이용하여 이들 반도체레이저 발광을 결정하는 제물성을 온도 및 조성의 함수로써 표현한 지식 베이스(전문가가 가진 지식을 컴퓨터 중에 넣어, 필요에 따라 이용할 수 있도록 한 것)를 만든다. 이것들의 데이터베이스와 지식베이스를 조합하면 Ⅲ~Ⅴ족 화합물의 3원계, 4원계의 혼정으로 확장한 반도체레이저소자의 재료설계를 할 수 있다. 이와 같은 입장에서 반도체레이저소자의 설계가 행해지고 있다. 현재, 이종의 반도체 재료를 샌드위치 구조로 하여 어떤 파장범위의 가시광레이저소자를 만드는 요구에 대해 활성재료와 크래드재료로써 Ⅲ족, Ⅴ족의 3원계혼정의 가능한 조합을 검색, 표시하도록 한 기능을 가진 시스템이 만들어지고 있다.

5.1.3 앞으로의 재료설계

현재의 재료설계는 설계의 과정에서 필요한 특성치가 잘 정량화 될 수 있는 경우에도 설계과정의 하나하나의 국면에서 각 물성치를 추정하고 설계자가 그 사이에 상당 계획을 세워 넣고 그것들을 연결하고 합해서 재료설계를 진행하는 것이 실정이다. 재료설계의 이상적인 자세는 원하는 재료의 제물성을 입력하면 컴퓨터가 조성, 조직, 구조를 계산하고, 더욱 더 조직·구조를 얻는 순서 전부를 실현 가능하도록 지시하는 것이다. 실제로는 재료설계의 개개 단계나 전체를 연결하고 합해가는 순서로 불확정한 요소가 많은 경우가 대부분으로 명확한 설계지침을 세운 것은 작다. 현상으로부터 이상상에 접근하기 위해, 가장 필요한 것의 제1은 기본적인 재료과학의 진전이다. 원하는 물성을 갖는 조직, 구조가 어떤 것인지, 반대로 조직, 구조가 주어진 경우 어떤 물성이 기대되는지, 이것들의 상호관계가 명확하게 되고 조직·구조의 작성방법이 확립되어야 한다.

다음에 필요한 것은 재료설계 기법의 진전, 정비이다. 미리 어떤 데이터를 정비, 축적된 데이터베이스와 이것들을 원하는 여러 가지 값으로 변환할 수 있는 기능을 가진 지식베이스를 정비하는 것이다. 더욱 더 이것들을 유효하게 활용하여 추론, 예측이 가능하도록 하는 전문가 시스템의 구축이 필요하다. 하나의 재료설계에서 한 스텝으로 이것들의 시스템을 조립하는 것은 현실미가 없다. 설계의 하나하나의 과정에 특히 이것들을 정비, 구축하고 그 범위에서 문제를 해결하여 부분적으로 자동적인 재료설계를 도모해가는 것이 현실적이다. 전체 레벨의 시스템은 이들 부분적인 설계시스템을 적재해서 다음 단계에서 생각해야 될 문제이다.

지금까지 설명한 바와 같이 재료설계는 모든 지식, 데이터를 유효하게 활용하여 원하는 재료의 선택, 최적화를 효율적으로 행하도록 하는 것이다. 설계시스템 내에 짜 넣은 지식 중에서 행하여 얻는 설계에 대해서는 대단히 유용하다.

그러나 기존의 지식테두리 외의 새로운 성질을 요구하는 재료의 설계에는 어떤지 아마도 그만큼 유효하게는 작용하지 않는다. 새로운 발상을 하는 요소가 없기 때문이다. 이 경우 설계시스템으로부터 모든 지식, 데이터를 기본으로 대량의 정보 중에서 당면하고 있는 문제에 관계되는 것만을 가려내고 설계자에게 여러 가지 추론, 예측을 하게 하는 역할만을 기대한다.

설계자는 설계시스템이 주는 추론을 재료에 새로운 발상을 하게 되고, 기계와 인간의 복합 시스템 중에 혁신적인 재료의 개발 가능성이 있는 것으로 생각된다. 가장 최근 발전의 놀랄 만한 인공지능의 연구에 있어서는 인간이 컴퓨터에 준 새로운 개념, 규칙이 컴퓨터로부터 창조되게 되었다.

이와 같은 기능을 컴퓨터가 가지면 기존의 지식을 축적한 지식베이스를 기초로, 컴퓨터의 새로운 발상에 의거하여 추론기구를 가진 전문가 시스템이 만들어진다. 이와 같은 형편이 되면 혁신적인 재료의 개발을 컴퓨터가 인간의 개입 없이 단독으로 실현할 수 있다.

5.2 극한환경 이용

5.2.1 극한환경

최근 초고온이나 초고압 등의 극한환경을 이용하여 새로운 재료를 제조하는 시험을 하고 있다. 예를 들면 5,000~20,000K(절대온도) 정도의 초고온상태에 있는 플라즈마를 이용하여 각종 초미립자를 제조한다든가, 약 10만 기압의 초고압을 이용하여 다이아몬드를 합성하는 것이 그 예이다. 이와 같은 극한환경으로써는 온도(T)와 압력(P) 이외에도 어느 정도의 상태변수를 고려하는 것이 가능하다. 예를 들면 초강력 자장(H)이나 무중력장(g),

강복사장 등이 그 예이다.

일반적으로 어떤 환경을 특징짓는 상태량으로써는 위에 열거한 것과 같은 변수가 고려되지만, 그와 같은 환경 중에 놓인 재료의 내부에너지(U)는 그것들의 함수로써 다음과 같이 나타낸다.

$$\Delta U = T\Delta S - P\Delta V + H\Delta M = \rho g \Delta h \tag{1}$$

우변의 제1항은 열에너지의 출입에 관한 항으로 물질에 열을 가하면 엔트로피(S)가 증가하는 것을 나타내고 있다. 엔트로피는 무질서를 나타내는 상태함수이므로, 이것은 열을 가하는 것(열여기)으로부터 고체의 결정구조는 흐트러지고(결함의 증가, 상변태) 액체, 기체 더욱 더는 이온으로 해리된 상태(열플라즈마 상태)로 되는 것을 나타내고 있다. 이 가운데 상전이나 용융, 때로는 증발은 이미 재료의 제조에 이용되었다. 고온에서 안정상을 급냉으로부터 상온에까지 유지하고 재료의 조직을 제어하는 방법은 금속학의 기본이다. 그러나 이 가운데 열플라즈마 상태는 지금까지 거의 이용되지 않았다. 현재 이와 같은 초고온의 열플라즈마 상태의 활성을 이용하여 초미립자의 제조나 고융점화합물의 합성 등이 시험되고 있다. 초고온은 앞으로 신재료 개발의 한 가지 큰 방법으로 되어 있다.

한편, 온도를 내리면 무질서는 감소하는 방향으로 향한다. 즉, 고체의 결정구조의 흐트러짐은 감소하고, '극저온'에서는 완전결정에 가깝다. 그러나 그것이 일어나기 위해서는 결함의 부근에서 원자가 이동하여 재배열이 일어나야 한다. 그러나 원자의 이동은 저온에서는 아주 느리기 때문에 실제로는 그와 같은 것은 기대할 수 없다. 따라서 그것이 가능하게 되기 위해서는 극저온에서 평형상태를 깨뜨리지 않고 특정의 원자만을 여기하여 그 이동을 빠르게 하는 방법이 필요하게 된다.

한편, 증착 등을 한 기판을 극저온에 유지하고 확산을 억제하는 것으로부터 특이한 비평형 구조를 만드는 것은 가능하고 이미 어느 정도 이용되고 있다.

우변 제2항은 체적(V)의 팽창, 수축에 따른 에너지항으로 압력이 관계하고 있다. 열역학적으로는 상전이에 미치는 압력의 영향은 클라시우스·클라페이론의 식으로 나타낸다.

$$\frac{dT}{dP} = \frac{T\Delta V}{q} \tag{2}$$

여기서 q는 상전이의 잠열, ΔV는 상전이할 때의 체적 변화이다. 이 식에서 체적이 팽창하는 상전이(예를 들면 물에서 얼음의 상전이)는 압력이 높게 되면 상전이 온도가 낮게 되는 것, 즉 일반적으로 압력이 높게 되면 체적이 작은 상(물)이 안정하게 되는 것을 나타내고 있다.

실제로 압력이 10,000기압이 되면 물의 상전이 온도는 약 200K(-75℃)로 되면 계산하고, 그 온도까지 체적이 작은 물이 안정적으로 존재하지 않는다. 그러나 실제로는 얼음도 체적이 작은 얼음으로 변태하기 위해 약 250K까지 밖에 상전이온도는 내려가지 않는다. 이와 같은 원리를 이용한 것이 다이아몬드의 합성이다. 다이아몬드나 흑연도 같은 탄소로부터 생겨났지만 결정구조가 다르며, 1기압하에서는 흑연 쪽이 안정하다. 그러나 10만 기압 이상의 '초고압'이 되면 체적이 작은 다이아몬드가 안정하게 되고, 초고압하에서 다이아몬드를 합성하는 것이 가능하다. 이와 같이 초고압을 이용하여 1기압에서는 불안정한 재료를 합성하는 것이 가능하지만, 그것을 실제의 재료제조에 적용하기 위해서는 초고압에서의 안정상을 1기압으로 그 상태로 유지해 둘 필요가 있으며, 그 때문에 소입과 같은 몇 가지의 방법을 강구할 필요가 있다.

한편 1기압 이하, 즉 '극고진공'의 방향을 고려해보면, 여기서는 압력차는 가능한 한 1기압이며 상전이나, 화학반응에 영향을 미칠수록 내부에너지를 변화시키는 것은 아니다. 이 경우에는 오래 전부터 청정공간을 이용하는 것이 주요 문제이다. 예를 들면 증착법으로부터 고체표면에 박막을 만들어가는 경우 진공 중에 남아 있는 가스막 중에 말려들게 되어 막의 순도를 나쁘게 한다.

1초간에 1원자층만 쌓아올리는 박막을 만들어가는 경우를 생각하면 가스운동론으로부터 10^{-8} pa(7.5×10^{-11} torr)의 진공에서 100ppm, 10^{-10} pa로 1ppm 차수의 불순물을 함유하게 되도록 계산하며, 고순도증착막을 만들기 위해서는 원료금속의 고순도화와 함께 환경의 고순도화(극고진공)가 필요하다.

우변 제3항은 자화(M)에 의한 에너지에 관한 항이다. 자장을 인가하면 고체 중의 전자 에너지가 변화하지만, 그것으로부터 원자의 결합양식이 변하고, 신물질이 합성되기 위해서는 10^5테슬라 정도의 '초강자장'이 필요하다. 그러나 현재 발생할 수 있는 강력자장은 10^3테슬라가 한도이며, 이 때문에 자장을 이용한 신재료의 합성은 현재의 강자장발생기술로는 불가능하다.

그러나 상전이 그것을 제어할 수 없게 되더라도 자장으로부터 용융금속의 교반이나 대류를 제어하여 응고조직을 제어하거나, 자장 중에 상전이를 일으켜 강자성체의 자기이방성을 높이는 것 등은 가능하다. 이것들 중 몇 가지는 이미 고성능재료의 제조에 적용되고 있다.

제4항은 중력(g)에 의한 위치(높이 h)에너지에 관한 항으로, 이것은 대단히 작기 때문에 보통의 열역학 체계에서는 고려되지 않는다. 그러나 이 항도 앞에 설명한 자장의 효과와 동일하게 유체의 흐름을 변화시킬 수 있다. 즉 '무중력' 환경에서는 용융금속 중의 대류에 의한 교반을 없애는 것이 가능하고, 또한 밀도(ρ) 차에 의한 침강, 부상을 없애는 것도 가능하다.

더욱 더 가스의 대류도 없기 때문에 대류에 의한 열전달도 없게 되어 냉각과정이 지상과 다르게 되어간다. 이와 같은 효과로부터 무중력하에서 응고된 금속의 응고조직은 지상과 크게 다를 가능성이 있다. 이외에 부유시킨 상태로 금속을 용융(무용기용융)시킬 수 있어 용기로부터 오염이 없는 고순도 재료를 제조할 수 있는 가능성도 있다.

이것과는 반대로 g를 크게 한 환경 '초고 g' 환경도 고려된다. 예를 들면 고속회전으로부터 g를 아주 크게 하면 ρgh의 항이 크게 되고, 무중력과는 반대로 ρ의 미소한 차에 의한 물질의 분리가 가능하다. 이것은 우라늄의 동위원소 분리 등에 이용되고 있다.

이상 설명한 것 외에 식(1)에는 나타나지 않지만 '강조사장'이 고려된다. 이것은 본래 열에 의한 여기와 다르며, 광조사에 의한 여기는 선택성이라는 큰 특징을 갖고 있다. 즉 열을 가함으로써 어떤 물질을 여기하면 구성원자 또는 분자가 전체로 해서 통계적으로 여기되지만, 빛에 의한 여기에서는 그 파장으로부터 결정되는 에너지와 같은 에너지 준위에 있는 것만이 여기된다. 예를 들면 우라늄의 동위원소분리에 있어서 ^{238}U와 ^{235}U의 화합물의 미소한 결합에너지의 차를 이용하여 한쪽의 화합물만을 레이저조사로부터 여기하고, 반응을 진행하여 분리시키는 것이 시도되고 있다. 이와 같이 광여기는 선택성이라는 아주 우수한 특징을 갖고 있어 레이저와 같이 위상이 잘 구비된 빛은 단지 열로써가 아니라, 이 특징을 활용할 수 있도록 사용하는 것이 본래의 사용 방법이다.

이상을 결론지으면 각종의 극한 환경의 효과로써 다음의 두 가지를 설명할 수 있다.
① 원자간의 결합을 직접 변화시키는 것
② 원자간의 결합을 직접 변화시킬수록 큰 에너지는 아니지만 유체의 흐름을 변화시키는 것 등으로부터 재료의 조직을 바꾸는 것

①에 속하는 것으로써는 온도와 압력이 있다. ②에 속하는 것으로써는 압력, 자장, 중력장 등이 있다. 또한 이것들의 변수는 열(스칼라 양)과 다르고, 벡터 양인 것으로 방향성을 갖는 것이 가능하다. 즉, 일방향으로 가한 압력이나 자장 중에 상전이를 일으키면 상전이 그것은 일반적인 방법으로 일어나지만 일방향으로 정렬한 조직으로 될 가능성이 있다.

한편, 이상과 같은 온도, 압력, 자장, 중력장 등의 상태변수가 극한적인 값을 취하는 극한 환경 이외에 이것들의 값이 시간적, 장소적으로 아주 급격히 변화하는 환경을 다른 의미의 극한환경이라 불러도 좋다.

예를 들면 '초급냉', '초급속가열', '초온도구배' 등이다. 이 가운데 초급냉은 비정질재료의 제조에 실제로 이용되고 있고, 보통 정도의 온도구배는 일방향응고나 단결정의 제조에 이용되고 있다. 온도구배를 포함하여 이것들의 변수의 '초' 변화가 재료의 제조에 어떻게 이용될 가능성이 있는지는 현재 상황에서는 예측할 수 없다. 또는 보통의 가열, 가압의 방법이 아닌 이온주입과 같이 높은 에너지를 가진 입자를 주입함으로써 국부적, 순간적으로 고온, 고압을 발생하도록 하는 방법이 취급되어야 한다. 다음에 극한환경을 이용한 재료의 개발에 있어서 가능성이 큰 것에 대해서 설명하고자 한다.

5.2.2 극한환경의 이용

1) 초고온

열플라즈마는 전자온도와 가스온도가 같고, 5,000~20,000K 정도의 초고온 상태의 것으로, 원자, 이온, 전자에까지 분산된 극한의 물질 상태이다. 따라서 열플라즈마는 단지 초고온 상태는 아니고 고에너지 상태의 화학종을 포함(반응성이 크다)하는 열원이다. 이와 같은 초고온 상태를 제어, 이용함으로써 신물질 신소재의 제조, 초미립자의 생성 및 새로운 금속정련, 처리기술 등의 개발이 기대된다. 예를 들면 고온, 고압을 필요로 하는 다이아몬드나 입방정 질화붕소(C-BN)의 합성 등도 열플라즈마 반응으로부터 상압력하에서도 합성할 수 있다.

또한, 열플라즈마의 화학적 반응 활성상태를 이용하여 각종의 금속(백금, 은, 철, 동, 20종 이상), 산화물(Al_2O_3, MgO, ZrO_2 등), 질화물(TiN, ZrN, AlN 등), 탄화물(SiC, TiC, WC

등)의 초미립자를 아주 쉽게 제조할 수 있다.

금속 정련 분야에 있어서 종래의 기술로는 곤란한 고융점 금속이나 활성금속의 고능률 용해, 정련이 가능하다. 예를 들면 수소 플라즈마 용해로부터 V, Ta, Mo 등의 고융점 금속 중의 불순물 원소를 효과적으로 제거할 수 있는 것이나, Fe-Ni으로부터 철을 선택적으로 증발 제거함으로써 금속 Nb를 제조할 수 있다.

열플라즈마의 초고온을 이용하여 고융점 재료(W, Mo, Nb, TiC, TaC, HfC 등)의 단결정 육성이나 석탄의 가스화 및 폐기물(유해물질)의 분해처리가 행해지고 있다.

2) 초고압

압력에 의한 가장 명확한 현상은 물질의 체적 수축이다. 이 수축에는 연속적으로 변화하는 경우와 불연속적인 변화를 나타내는 경우가 알려져 있다. 격자간격의 연속적인 감소는 전자상태에도 영향을 미치고, 예를 들면 절연체-금속천이 등의 전기적 성질의 변화 더욱 더 큐리온도의 압력변화 등 자기적 성질의 변화에도 반영한다. 따라서 초고압을 바탕으로 새로운 물성을 나타내는 물질을 기능재료의 개발과 결부시키는 것은 매우 어렵다. 모든 단순한 구조의 많은 물질에서는 고압상은 압력을 제거하면 쉽게 상압상으로 역변태하여 끝나기 때문이다. 그러나 다이아몬드나 입방정 질화붕소의 예와 같이 고온고압상태에서 변태하는 물질 중에는 압력을 유지한 상태로 냉각함으로써 고압상을 상압으로 동결시킬 수 있는 것도 있다.

또한 새로운 초전도 물질의 연구나 희토류화합물의 연구에 초고압을 이용한 연구를 진행하고 있지만 검은 링의 높은 초전도임계온도의 발견 등 새로운 지식도 얻고 있다. 또한 압축률도 크고 원자가 진동에 의해서 특정의 원자가수를 갖지 않은 희토류원소를 포함한 화합물의 합성과 물성연구에 초고압을 이용하는 것은 새로운 재료개발의 유력한 방법의 한 가지로써 기대된다.

3) 극고진공

최근 단결정 박막제조기술의 발달에 따라서 원자 또는 이온을 미리 설정한 원자 배열에 짜올려 자연계에서는 얻을 수 없는 물질을 만드는 시험이 성행되고 있다. 이들 시험 중에서 대표적인 것에 분자선 에피택시법에 의한 박막생성기술이다. 이 방법에서는 1원자층 또는 1분자층 두께의 극한 초박막을 형성하는 것도 가능하고, 전자를 박막 내에 가두어 3차원의 넓이를 가진 벌크 결정과는 다른 특이한 광학적, 전기적 성질을 만들어낼 수 있다. 이미 이와 같은 방법으로 An/Cr계나 An/Ge계에서 특이한 초전도현상이 나타내고 있다.

이 기술로부터 Langmuir·Blodgett막(단분자막), 1차원 단분자선상구조 등 아주 새로운 재료로의 전개가 기대된다.

이와 같이 원자층 레벨에서 박막을 만드는 데는 진공 중에서 물질을 증착시키는 방법을 취하는 것이 많지만 여기서는 진공의 질이 문제가 된다.

10^{-8}pa 정도의 진공 내에서는 고체의 표면은 수시간 내에 전표면이 오염된다. 따라서, 반대로 10초간 정도, 이 진공도에서 증착하면 약 0.1% 정도의 기체분자가 증착막 내에 혼입하게 된다. 또한 재료표면에 기체분자가 흡착하면 표면의 자유에너지가 저하하고, 증착막이 균일하게 성장하기 어렵고 증착막 내부에 많은 결함이나 기체성분과 결합한 화합물이 포함되기 때문에 초기의 목적으로 어떤 원자 레벨의 제어 등으로부터 조금 멀어졌다.

이와 같이 증착막 중의 불순물 농도를 10만 분의 1 이하로 하고 이론과 같은 구조를 갖는 재료를 만들기 위해서는 청정공간으로써 극고진공을 만드는 것이 필수 요건이다.

4) 초강자장

강자장을 가하면 어떤 종류의 물질에서는 반도체-금속전이, 반강자성-강자성의 초자성 전이 등의 상전이를 일으킨다. 그러나 이들 전이는 모든 구조변태를 수반하지 않고, 전자계 또는 스핀계만의 변태이기 때문에 자계를 제거해도 원래의 상태로 복귀하기 때문에 신물질 합성에는 사용하지 않는다.

자장인가로부터 결합상태에 변화를 일으켜, 그것으로부터 신물질을 합성하는 것은 현재의 강자장발생기술로는 실현 불가능하다.

강자성하에서의 재료제조에 관해 가장 현실적인 접근은 강자장을 사용한 용융금속의 응고조직의 제어기술 및 강자성체의 자기이방성을 강하게 하기 위해 자장하에서의 상변태를 이용하는 제어기술이다. 이들 가운데 이미 실용화되고 있는 기술도 어느 정도 있다.

강자장에 의한 응고상태의 제어법으로써는 전자력에 의한 용융금속의 강제적인 교반이나 열대류의 저지를 막는 것 등이 있다.

용융금속에 강자장을 가하면 그림 5-3에 나타낸 바와 같이 자장에 수직 방향으로는 용융금속(도전성 물질)은 움직이기 어렵고 열대류가 억제된다.

자장 중에서의 Si나 GaAs의 단결정 성장에서는 용융금속 중에서의 온도 허용이 1/100 이하로 억제되어, 도가니재로부터 불순물의 혼입도 작아지기 때문에 우수한 단결정을 만들 수 있다.

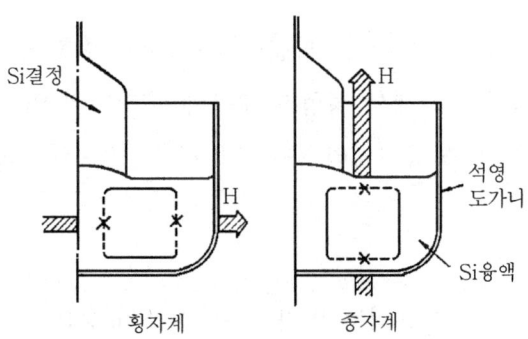

그림 5-3 대류와 자계와의 관계 정도
— : 대류가 생겨 남은 것, …×… : 대류가 멈춘 것

Si나 GaAs는 용융상태의 전기저항이 비교적 작기 때문에 0.1∼0.3테슬라 정도의 자속밀도의 자장으로 충분하지만, 전기저항이 큰 물질의 단결정성장에서는 더욱 더 강자장이 필요하다. 이외에 강자장의 응용으로써 흥미깊은 것은 자계 중에서의 일방향성 응고, 자계 중 냉각효과, 자계 중에서의 스피노달 분해나 마르텐사이트변태 등이다.

한편, 강자성체가 아닌 보통 물질에서도 어떤 자기적 성질(상자성, 반자성)을 갖고 있지만, 이 경우의 자화율은 강자상체에 비하면 10^{-6} 정도나 작다. 그러나 극히 강한 자장 중에서 공정반응, 공석반응, 2상분리, 석출반응, 내부산화 등의 2상조직이 생기는 반응을 진행시키면 반자계 계수의 작고, 강한 이방성을 가진 2상조직을 만들 수 있다. 단, 이 처리에 필요한 자계는 보통 상자성체의 경우 100테슬라 이상으로 생각된다.

5) 무중력장

무중력의 효과(무용기 용융, 무자중 변형, 무부상·무침강, 무대류 등)를 이용한 재료처리법으로써 많은 방법이 제한되고 있지만, 그 중에서 몇 가지를 들면 다음과 같다.

① 무용기 용해

무용기 용해의 첫째 의의는 용기벽으로부터의 불순물의 혼입이 없으므로 초고순도의 물질이 제조될 수 있다. 또한 고융점 금속의 용해에는 고온에 견디고, 더구나 용융금속과 반응하지 않는 도가니를 선택하는 것이 어렵지만 무용기 용해가 가능하면 이 문제는 단숨에 해결된다.

② 무자중 변형

액체의 자중에 의한 정수압이 없기 때문에 주조에서 주형도 그만큼 강도가 필요치 않다. 이것을 이용하여 지상에서 성형한 부품에 세라믹의 얇은 막을 뿌려 주형으로 하고 무중력하에서 일방향 응고처리 등을 실시하는 것으로부터 고성능의 터빈 블레이드 등을 제조한다.

③ 무부상·무침강

강력재료, 내열재료 등에 사용되는 입자 또는 휘스커 등의 분산강화 복합재료를 제조할 때, 분산강화 재료가 부상하거나, 침강하지 않고 균일분산이 도모되는 것으로 생각되어 실험이 행해지고 있다. 이것과 유사한 아이디어로 편정계 합금의 균일 분산 조직을 얻는 시험도 많다.

④ 무대류

TEXUS 로켓 실험에서 Ge 단결정의 육성실험으로 무대류의 장소 중에서는 스트라이에이션(호 모양의 농도변동)을 일으키는 것이 없고 결정성장이 가능하다. 이것을 지상기술에 응용하고, 용탕에 자장을 가해 대류를 억제함으로써 스트라이에이션의 발생을 방지하는 것이 가능하다.

무중력하에서는 표면, 계면의 효과가 현저하게 된다. 일부러 밀도차에 의한 대류를 억제해도 온도차 또는 농도차가 있으면 그것으로부터 표면장력이 장소로부터 다르고 Marangoni 대류를 일으킨다. 또한 무중력하에서는 액체와 용기벽과의 흐름이 좋은 경우에는 액체는 용기벽 전체에 퍼져 마치 초유동과 같은 현상을 일으킨다. 한편 흐름이 나쁜 경우는 앰플 중에 봉입해 용해를 해도 유체와 앰플벽과는 거의 점접촉이 되고 무용기 용융에 가까운 효과를 얻을 수 있다.

어쨌든 현재의 우주재료실험은 막대한 비용을 들여 행하고 있지만, 현재는 그것에 무중력이라는 환경을 얻기 위해 장치의 제어나 실험조건 등을 회생하는 것으로부터 실험에 실패한 예도 상당수 있다. 우주에서의 재료 실험을 실시하기 위해서는 착실한 기초실험의 축적이 필요하다.

마지막으로 극한 환경에서는 기본적으로는 열역학의 제약의 범위 내에 있고 그것으로부터 분리하는 것은 불가능하다. 따라서 극한환경을 이용하여 신재료의 제조를 시도하는 경우에는 열역학적 고찰과 함께 예측과 그 환경에서 제조된 재료를 상온·상압까지 동결하여 유지하고 있는 기술 및 극한환경을 만들고, 더욱 더 그것을 복합(초고압과 극저온 등)하기 위한 새로운 기술의 개발이 가장 중요하다.

5.3 재료의 초고순도화

과학기술의 발전과 더불어 금속재료 중에 잔존하는 ppm(100만 분의 1)이나 ppb(1억 분의 1)의 불순물의 원소가 문제가 되고 있다.

"금속에 관하여 '고순도'화는 특히 새로운 것이라도 아무 것도 아니다. 야금이 시작된 날로부터 쭉 계속되고 있는 것이다. 단, 문제가 되는 불순물의 양이 시대와 더불어 변하게 되었다."는 것은 반도체 재료의 제조에 불가결한 Ge이나 규소의 대역정련법을 개발한 W. G. Pfann의 말이다. 사실 반도체와 같은 기능재료에 대해서도 철강을 중심으로 하는 구조재료로써도 오늘날의 우리 고도사회 생활의 일부를 지탱하는 각종 금속재료의 보급은 확실한 노력을 기울여 오랜 기간에 걸친 제련기술의 향상 덕택이다.

이들 고순도화 기술의 발전은 단순히 불순물 원소의 양적 문제를 넘어 개개의 불순물 원소가 재료의 특성에 미치는 영향을 충분히 해명한 결과로, 불필요한 불순물 원소를 제거하고, 유용한 원소를 첨가하고 또는 그것과 합금화 하는 방향에 있는 것으로 생각된다. 또한 그와 같은 조작을 스스로 행하는 것이 화합물 반도체를 구사한 여러 가지의 첨단기술의 범용화나 중후장대를 지탱하는 고성능 구조재료의 개발에는 불가결한 요소이다.

5.3.1 기능재료

이들 첨단기술의 개발에는 금속이 아닌 합금·화합물이 갖는 각각의 물성, 또한 물성상의 특이한 현상을 활용한 신기능재료의 제조가 불가결하다. 한편, 일반적으로 금속을 고순도화해가면 ① 기계적 성질(경도의 감소, 전연성의 증가, 재결정온도의 저하 등), ② 전기적 성질(도전체에서 전기전도성의 향상, 반도체에서 고저항화 등), ③ 자기적 성질(항자력, 투자율의 개선 등) 및 ④ 화학적 성질(내식성의 향상 등)로부터 영향을 미친다. 따라서 원료금속의 고순도화는 앞으로 기능재료의 개발에 적합한 돌파를 해야 되는 중요한 과정의 하나이다.

그렇지만 보통 우리들이 인식하고 있는 금속의 물성은 범용금속의 단체물성에조차 반드시 그 금속에 고유한 본래의 물성은 아니다. 예를 들면, 철은 일반적으로 저온이 되면 취성이 있다고 생각되지만 초고순도철(잔류저항비 : 5,000 이상)을 이용한 실험결과 연성파단은 일어나도 입계파단은 생기지 않는 것이 지적된 것은 극히 최근이다. 또한 반도체용 초고순도 규소에 대해서는 전기저항값으로부터 보아서 11N의 고순도화가 달성되었지만, 규소 본래의 성질이 뚜렷한 것은 더욱 더 2항 정도 순도가 높은 13N 자릿수까지이다.

1) 고순도 금속의 순도

금속의 순도는 일반적으로 N(숫자의 9)의 수로 표시하고, 그것이 많을수록 고순도로 되어 있다. 예를 들면, 2N은 99중량%, 3N5는 99.95중량%를 의미한다. 표 5.1에 시약 카탈로그로부터 발췌한 여러 가지 고순도 금속에 대해 최고순도의 예를 나타내었다.

이들 공업용 순금속을 여러 가지 정제법에 의해서 더욱 더 고순화한 것이 있고, 이 중에는 g당수 10만 원도 하는 것이 포함되어 있다. 또한 일반적으로 제련·정련법이 확립되어 있는 양산금속에 비해 첨단기술의 신자원으로써 주목되는 하이테크 메탈(여러 가지 특수금속 중에서도 첨단기술의 발전에 특히 불가결한 기능재료의 구성원소)의 순도는 반도체 관련 금속을 제외하고 상당히 낮은 수준이다. 특히 활성도가 높은 희토류금속에 대해서는 보존기간 중이나 시료의 취급시에 있어서 오염방지가 어렵고 보통 원료 산화물(REO)의 순도로 표시되고 있다.

표 5.1과 같은 순도 표시에서 주의할 것은 그것들의 값이 절대순도는 아니고, 각각의 금

속에 대하여 공업규격 등에 따라서 지정된 호감이 가지 않는 불순물 원소의 분석치의 합계(%)를 100으로부터 뺀 값에 불가한 것이다. 계수되지 않은 불순물의 대표적인 것은 주로 기체계 불순물이며, 표 5.1에 나타낸 바와 같이 금속계 불순물만을 고려한 경우의 순도 (접두사 "m"으로 표시)와 기체계 불순물을 포함한 경우의 순도(접두사 t로 표시)와는 상당한 차이가 나타난다.

회토류 금속의 경우는 보통 수천 ppm의 기체계 불순물이 포함되어 있다.

표 5.1 시약 카탈로그에서 보게 되는 고순도금속의 최고순도

원소	순도			
	(A)	(B)	(C)	(D)
양산금속				
Fe	5N	4N8	4N	m4N8, t4N
Al	5N	6N	5N	m5N5, t4N7
Cu	5N	5N	4N	m6N, t3N
Pb	5N	6N	〈5N〉	m6N, —
Zn	6N	6N	4N	m6N, —
특수금속				
Li	3N	3N5	3N	m3N5, —
RE	3N	3N	3N	m3N(REO)
Ti	3N	4N	—	m3N8, t3N6
Zr	2N8	2N7	2N8	m4N, t3N8
V	2N8	3N8	2N8	m3N7, t3N5
Nb	3N	3N6	〈5N〉	m4N, t3N8
Ta	3N5	3N5	〈5N〉	m3N8, t3N5
Ni	4N	4N	4N	m4N8, —
Cr	4N	5N	4N	m4N8, t4N5
Mo	3N5	4N	〈5N〉	m3N7, t3N
W	3N5	4N	〈5N〉	m5N5, t4N
B	4N	5N5	—	m5N5, —
Ga	6N	7N	—	—, t7N
Si	—	5N	5N	m6N, —
Ge	5N	10N	6N	m6N, —
Sb	6N	6N	5N	m6N5, —
Bi	6N	6N5	5N	m6N5, —

2) 고순도 금속의 분석

분석기술은 매년 착실한 발전을 거듭하여 최신의 기기분석의 검출하한은 그림 5-4에 나타낸 바와 같이 금속시료에서 ng/g(ppb), 수용액시료에서 pg/g(ppt)의 수준에 육박하며 또한 레이저분광법에서는 10^{20}개 중에 1개 있는 원자의 검출도 가능하다. 그렇지만 그와 같은 분석기술이 확립된 것은 오래 전부터 특정의 경우이며, 활성도가 높은 하이테크 메탈에 대해서는 초미량 분석기술이 앞으로의 발전에 특히 요망된다.

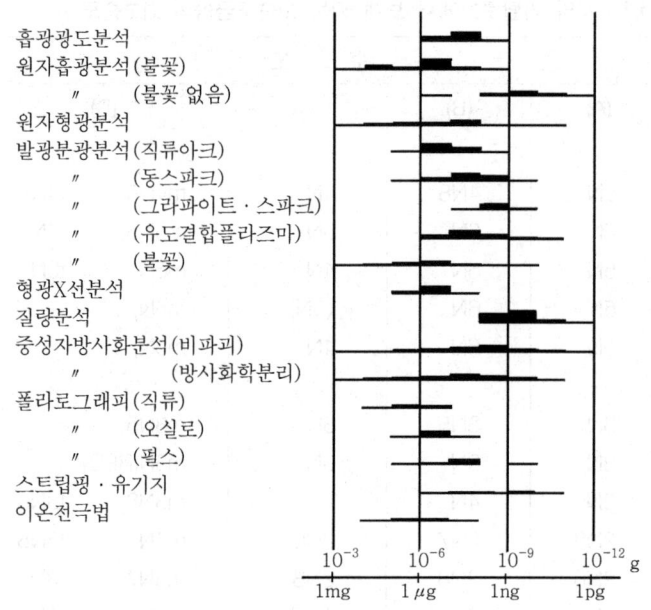

그림 5-4 각종 분석방법의 정량하한 질량(각단의 최대는 원소수에 비례)

화학분석이 정도적으로 미치는 고순도구역에 대해서 순도평가에는 자주 잔류저항비(RRR_H)가 이용되고 있다. RRR_H는 273K에서 전기저항률을 4.2K, 자장 중에서 측정한 값으로 나눈 수이며, 시료처리와 측정조건의 선택을 실수하면 시료 중의 불순물 원자의 수에 비례하는 것이 이론적으로도 실험적으로도 확인되고 있다. 그러므로 RRR_H의 대소로부터 고순도화의 비율을 아는 것이 가능하다.

예를 들면 앞서 설명한 순철의 경우는 그 값이 4,000을 넘으면 5N 이상의 순도로 판정되고 있다. 그렇지만 RRR_H의 값으로부터 얻게 되는 정보는 일반적으로 시료 중에 균일하게 고용되어 있는 불순물 원자의 총수이며, 불순물 원소의 종류나 편석된 불순물에 대해서 정보는 얻을 수 없다. 불순물 원소의 종류와 방해 내지 개선된 물성상의 특성과의 대응을 명확하게 하기 위해서는 초미량 분석기술의 향상을 필요로 한다.

3) 고순도화 기술

금속 중 불순물의 존재요인으로써 ① 광석 내지 원료물질, ② 환원제, ③ 반응용 기재 및 ④ 환경물질(분위기기체) 등이며, 불순물 원소는 금속의 종류와 제조법에 따라서 다종다양하다. 또한 고순도화를 위한 요소기술로써는 종래부터 전해(수용액, 용융염)증류, 아크 용해, 전자빔 용해, 분위기처리 및 대역정제 등의 방법이 있지만 화학적, 물리적 성질이 다른 여러 가지 불순물 원소를 제거하기 위해서는 한 가지 방법으로는 대체로 곤란하며 몇 가지의 방법을 조합시킬 필요가 있다.

여러 가지 요소기술 중에서도 최근 급속히 보급된 용매추출법과 반도체재료의 정제에 이용되고 있는 부유대역정제법은, 환원원료의 고순도화 및 환원된 금속의 최종적인 정제법으로써 각각 유력하다. 전자는 고성능추출제의 개발, 후자는 전자빔, 레이저빔, 집중적외선 등의 고에너지밀도 가열원의 적용으로부터 대상금속의 확대와 정제효과의 향상이 기대된다.

또한 새로운 정제법으로써는 고상전해[Electro transport, 그림 5-5 (a)]와 광여기정제[그림 5-5 (b)]가 있다. 고상전해는 진공하에서 봉상금속을 적열상태로 유지하고 불순물을 가장자리부에 모으는 방법으로 Y와 Cd의 실험 예가 알려져 있지만, 그 정제기구에 대해서는 아직도 충분히 해명되지 않고 있다.

한편, 광여기정제는 금속화합물기체에 레이저빔을 조사하고 특정 분자종만을 여기한 후 여기분자의 분해 내지 이종기체와의 반응에 의하여 물질분리를 행하는 방법이다. 최근 핵연료물질의 동위체분리나 규소의 정제응용에 관심을 갖고 있으며, 앞으로의 발전이 크게 기대되는 방법이다.

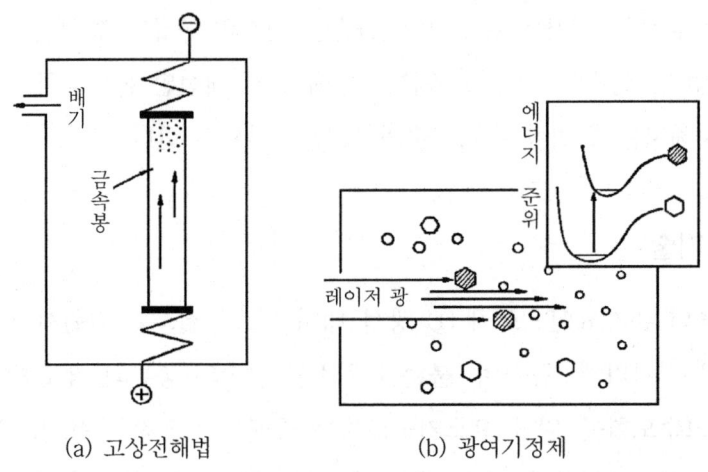

(a) 고상전해법   (b) 광여기정제

그림 5-5 고순도화 기술

4) 고순도 금속

금속의 초고순도화에 관심을 갖게 되는 이유는 두 가지인데, 그 한 가지는 앞서 설명한 바와 같이 여러 가지의 금속이 본래 가진 물성을 보다 명확하게 하는 것은 학문적 욕구이며, 현재 한 가지는 첨단기술의 진전에 따른 필요성 때문이었고 특히 전자공학 관련분야에서 요구가 강하다. 예를 들면 광전자공학에서 기대되는 Ⅱ~Ⅵ족 반도체는 종래 p형 결정의 육성이 곤란하였지만, 최근 그 원인이 단지 화학평형론적 어려움만은 아니고 결정 중에 원래 존재하는 불순물에 따라서 도핑제의 효력이 소멸되어 버린다는 것이 알려졌다. n형 결정은 이미 육성되어 있으며 p형 결정이 실현되면(n-p) 접합이 가능하게 되고, 고효율 다이오드나 가시광레이저의 개발이 계속되어 Ⅱ~Ⅵ족 반도체의 비약적 발전이 예상된다.

또한 그림 5-6의 규소의 예로 나타낸 바와 같이 반도체나 세라믹을 고순도화하면 일반적으로 저항이 높아지지만, 이것은 IC나 초LSI 기판의 사이즈에 영향을 주고 디바이스의 소형화나 고집적화에 유효하다. 이와 같은 기판의 고저항화는 Ⅲ~Ⅴ족의 GaAs반도체에 대해서도 요망되고 있다.

현재의 GaAs결정기판에서는 편의적으로 Cr 등의 원소를 첨가함으로써 고저항화가 시도되고 있지만, 소자화된 경우 기판 중 크롬의 자기확산에 의한 트러블이 문제로 되고 있다.

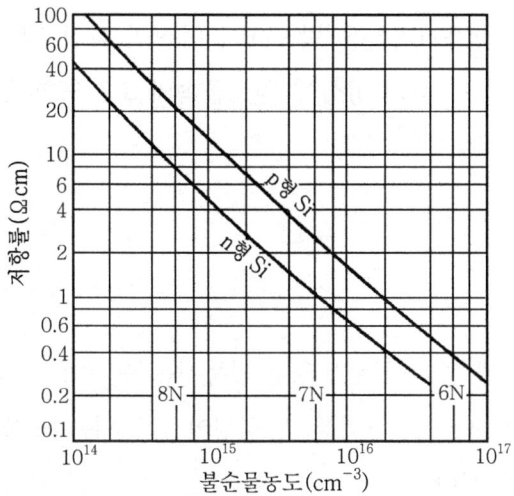

그림 5-6 Si 중의 불순물농도와 저항률과의 관계

이 경우도 원료의 고순도화로부터 고저항의 언 도프 GaAs기판이 완성되면 GaAs반도체 성능의 현저한 향상이 기대된다. 더욱 더 최근에는 디바이스의 고집적화로부터 배선재료에서의 발열이 문제가 되고 있으며, 종래 이용되지 않았던 Mo, W 등의 열전도율이 좋은 고융점금속의 고순도화에 관심을 갖고 있다.

석영의 고순도화 기술의 발전과 더불어 빛의 흡수손실이 현저히 감소하고, 광전송 파이버의 범용화가 이룩된 것은 잘 알고 있지만, 광학적 성질이나 자기적 성질의 개선에도 고순도화는 아주 중요하다.

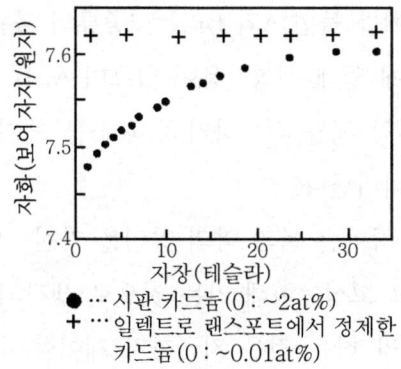

그림 5-7 Cd의 저온자화 특성에 미치는 산소불순물 양의 영향

그림 5-7에 금속의 저온자화특성에 미치는 불순물의 영향의 예를 나타낸다. 자기적 성질의 관련에서는 더욱 더 광자기기록용 박막에서 막질의 향상 및 고밀도기록의 실현, 희토류자석에 있어서 최대에너지 값의 향상에 원료금속의 고순도화가 유효한 것을 시사하고 있다.

5.3.2 구조재료

일반적으로 신재료 개발에 있어서는 새로운 기능성을 연구하는 경박단소를 지향하는 분야가 주목을 받고 있지만 내구성, 신뢰성, 안정성이 요구되는 구조재료의 분야에 있어서 고순도화도 간과해서는 안 된다.

구조재료의 대표로써 철강재료의 발전역사는 바로 불순물과의 전쟁이었다. 특히 순산소전로법의 실용화로부터 시작된 철강제조기술의 개혁은 용선예비처리, 로외 정련기술, 진공탈가스기술의 발달로 이어져 인, 황 등의 유해원소 질소, 산소, 수소 등의 가스성분을 극한까지 저하시킴으로써 철강재료의 품질규준을 아주 변화시켰다.

구조재료분야에 대한 불순물의 문제는 전항의 기능재료의 경우와는 그 견해를 완전히 달리하지 않으면 안 된다. 즉 구조재료에서 문제가 되는 불순물은 재료 내에 일정하게 분포된 것으로써 이동은 하지 않고, 입계 등에 편석하여 특이한 구조결함을 형성하는 경우가 많기 때문이다. 그리고 아주 미량범위에서도 그 양이 영향을 미치면, 강도, 내식성 등에 질적인 영향을 미치는 것이 있기 때문이다. 재료의 강도에 미치는 복수의 불순물의 영향은 각각 단독으로 존재할 때의 합으로써 나타나지 않고, 많은 경우 불순물 사이의 복잡한 상호작용의 결과로써 나타난다. 예를 들면 A와 B라는 2종류의 불순물원소가 각각 다른 면에 유해한 작용을 한다. 그리고 A에 입계 취화작용이 있으며 A, B 공존할 때는 B쪽이 입계에 우선 편석하는 성질이 있고, B의 해를 감소하기 위해 B를 제거해가면 지금까지 B로부터 억제된 A에 의한 입계취화가 나타난다.

이 예와 같이 강중의 불순물 중에는 독과 약의 양면을 가진 것이 많다. 구조재료에 대한 요구도 앞으로 점점 다양화되고 고성능화해 가는 것으로 생각되지만, 재료에 대한 요구사양을 만족하는 최적합금조성이라 하는 것은 지금까지 제어할 수 없는 불순물에 관계되어 있는 가능성도 있다.

안전성에 깊은 관계가 있는 구조물의 파괴문제는 단 1개의 균열이 발생하고 진전하는 것에 의해서 일어난다. 그 발생점은 불순물이 모인 입계, 개재물, 또는 표면에 생긴 부식피트 등 여러 가지이다. 이와 같은 균열의 발생에 관한 불순물의 양은 극히 미량으로도 충분하다. 그리고 많은 재료의 파괴시험에 있어서 시험편의 채취장소에 따라서 재료의 파괴강도에 큰 편차를 나타낸다. 이것은 불순물의 편석 등의 원인으로 재료의 내부조직을 이상적으로 균일하게 하는 것이 불가능하기 때문이다. 기계나 구조물을 만들 때에는 재료강도의 편차하한치를 이용하면 그 안전성은 보증되지 않는다. 강도의 편차분포의 폭이 현재 재료의 절반으로 되면 구조재료의 사용량은 수십 %의 주문감소가 가능하다. 중후장대를 유지하는 종래의 구조재료에서도 재료의 고순도로부터 재질의 편차를 작게 하는 것이 가능하면 이것은 아주 큰 경제적인 가치를 만드는 신재료이다.

고순도화의 목적은 재료의 경제적인 가치를 높이는 경우이지만 당연히 생산비용의 상승을 수반하기 때문에, 특히 큰 설비투자를 수반하는 철강재료 등에 대해서는 종합적인 품질과 비용간의 균형 위에서 진행되어가는 것으로 생각된다. 따라서 앞에 설명한 철강생산기술의 발전에 덧붙여 부가가치가 높은 기능재료에서 발달한 첨단적 고순도화기술이, 일반 구조재료의 제조기술에 적용이 시도되고, 앞으로도 구조재료의 불순물수준의 저하노력이 계속되어가고 있다.

EB로 플라즈마로 등 에너지 집중형의 기술을 이용한 정제기술이 이것에 적합하고 그린 베이스메탈을 기반으로, 예를 들면 이온플레이팅레이저 등에 의한 표면개질 및 micro alloying 기술의 고도화 등에 의해서 새로운 구조재료의 국면이 전개되는 것도 충분히 고려된다.

5.4 재료의 복합화

5.4.1 재료복합화의 목적

현재 이용되고 있는 재료는 금속, 무기재료, 고분자 재료를 주체로 하고 있다. 주요 구조재료로써는, 강도, 가공성 등의 점에서 금속재료가 중심으로 되어 있다.

기능재료 특수용도재료에는 무기재료, 고분자재료가 이용되고 있는 것이 많다. 아무튼 이것들의 단체 소재에서는 그 기계적·물리적, 화학적 특성은 그 소재 고유의 범위를 벗어날 수는 없다. 표 5.2에 각 재료의 기계적 성질의 비교를 나타낸다.

한편 재료에 요구되는 성능은 일단 엄격해져가는 경향이 있다. 구조재료의 예를 들면 열교환기, 터빈 등 에너지변환기재료에는 고온강도, 인성, 고온내식성 등이 동시에 우수한 재료를 필요로 하고 있다.

고온강도를 추구하는 재료를 얻기 위해서는 인성도 겸비하기 위해서 복합화, 소위 벌크 복합화가 재료연구의 목표가 된다. 또한 고온내식성에 중점을 두면 내식성표면처리, 표면 개질을 목적으로 한 표면복합화가 연구목표로 된다.

표 5.2 재질별 특성의 개략비교

재료	구조	결합력	융점 또는 유리전위점 (K)	강도 σ (MPa) / 영률 E (GPa)	온도의존성 $\frac{d\sigma}{dT}$ / $\frac{dE}{dT}(10^{-5})$	연성 (파단변형 %)	열팽창계수 ($\times 10^{-4}$/℃)	밀도 (Mg/m³)	강도편차 (%)
무기재료	많은 화합물계 결정의 집합체	원자간 힘을 주로 하는 이온결합 또는 공유결합	고 약 800~3,500	대 1,000~20,000	소	소 ($\sim 10^0$)	소 (0~10)	소~중 (1~5)	대 ($\sim 10^2$)
				대 70~700	소 0~-5				
금속재료	많은 단체 또는 고용체의 결정	원자간 힘을 주로 하는 금속결합	중 약 400~3,400	중 400~3,000	소~중	중 ($10^0 \sim 10^2$)	중 (4~40)	중~대 (2~20)	소 ($\sim 10^0$)
				중 70~400	소 -4~-50				
유기고분자재료 특히	많은 분자 고리에서 되는 비정질	주로 분자간 힘. 예를 들면 반델바스 힘	저 약 350~600	소 10~100	대~극대	소~대 ($10^0 \sim 10^3$)	대 ($10^2 \sim$)	소 (1~2)	중 ($\sim 10^2$)
				소 약 1~10	대~극대				

이와 같은 복합화에 의해서 얻은 재료를 보통 복합재료(Composite materials)라 한다. 여기에 든 예는 강도재료이지만 전기전도성, 열전도성, 광학특성의 향상을 위해 이종소재의 복합재료도 많다. 복합재료의 최근의 정의로는 "목표로 하는 소재의 성능을 얻기 위해 그 조직, 구조를 설계하고 Tailor Made적으로 만들 수 있는 재료"로써 널리 정의하고 있다.

또한 이상의 복합재료는 이종소재의 특성을 동시에 증진시키기 위해 복합화를 하지만, 소재자신을 하이브라이드화 함으로써 새로운 것의 연구가 최근의 신소재 연구에서 진행되고 있다.

5.4.2 복합재료

특히 금속계 복합재료(Metal Matrix Composite : MMC)는 구조재료로써 우수한 성질을 갖는 것으로 기대되고 있다. 파괴, 항복, 균열의 진행 등에 대하여 큰 저항을 갖고 있다. MMC 중에는 육안으로 구성요소 소재를 판별할 수 있는 크래드재와 같은 매크로, 조합형 복합재료와 현미경 하에서 구성소재가 인식되는 미크로 강화형 복합재료가 있다. 복합화로써 흥미의 중점은 후자에 있지만 역사가 오래된 것은 입자분산 강화형(Particle Reinforced Metal : PRM)으로 1920년대부터 WC/CO 등의 초경공구의 연구개발이, 1940년대에는 산화물분산(Oxide Dispersion Strengthend : ODS)형이 연구되고, 제조기술의 발전과 더불어 실용화가 진행되었다. 현재에는 섬유강화형(Fiber Reinforced Metal, FRM), 일방향응고(Unidirectional Solidfied, UDS)의 하나로 "in situ composites"가 관심을 모으고 있다. FRM에 대해서는 수염결정(휘스커)을 섬유로 한 것은 그 이론적 강도가 높기 때문에 이상적이며, 실용화되어 있다. "in sita composites"는 초내열 합금의 분야에서 중시되고 있다. 그림 5-8에 이와 같은 선진소재가 장래의 항공기엔진 중에서 이룩될 수 있는 역할을 Ti합금, 초내열합금과 비교하여 나타내었다.

각 소재의 사용범위의 강도와 온도의 관계를 나타낸 것이다. 화살표에 따라 재료가 균형을 취한 재료이다. 일방향성 응고공정합금, 섬유강화 초내열합금, RSR(Ripid Solidfication Rate, 급냉응고)분말재료 등 균형을 취한 고성능 재료로써 기대되고 있다.

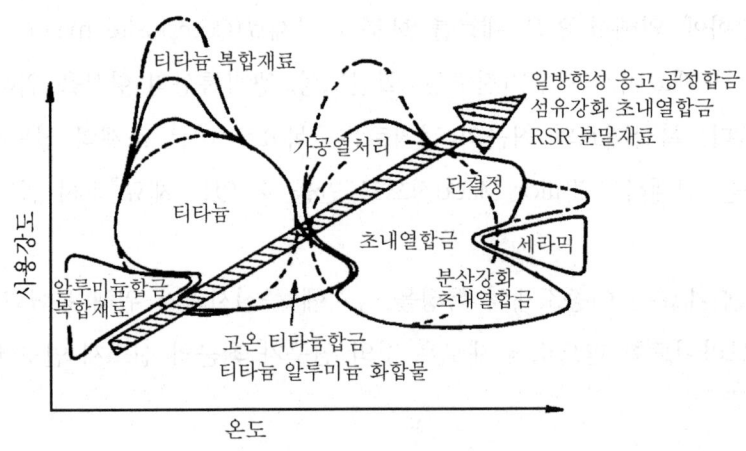

그림 5-8 Ti합금, 초합금의 발전

FRM의 문제점은 대부분 섬유와 기지계면의 문제이다. 계면에 있어서 ① 밀착성 ② 화학반응, 확산 등에 의한 변질 ③ 열팽창계수의 차이에 의한 응력발생 등이다. 이것들의 문제는 섬유를 미리 제3물질로 코팅하는 등 계면에 중간층을 설계하는 것으로 ① 흐름성을 개선한다. ② 반응확산에 대한 장벽을 만든다. ③ 열팽창계수를 서서히 변하게 하는 것에 의하여 해결을 도모하고 있다.

5.4.3 물질의 하이브리드화

복합재료의 특징은, 예를 들면 섬유강화복합재료를 생각하면 그 강도는 섬유와 기지의 구성요소 소재의 강도를 그 혼합비율에 따라 배분하여 가한 것에 등가법칙(혼합법칙)이 성립되고 있다. 그러나 현실적으로는 구성소재간의 계면접합이 불완전한 등의 이유로 혼합법칙으로부터 기대되는 것보다 낮은 특성이 얻어지지 않는 것이 많고, 연구의 주력은 혼합법칙의 달성으로 향하고 있다. 혼합법칙을 상회하는 성능이나, 소재단독에는 없는 새로운 성질을 나타내는 복합재료는 가능하지 않다고 하는 생각에 대한 해답의 하나가 다음에 설명하는 물질의 하이브리드화이다.

1) 하이브리드화

하이브리드라는 말은 최근 하이브리드 시계나 하이브리드쌀 등 여러 방면에서 듣고 있지만, 종래 금속과 비금속, 유기물과 무기물이란 물질의 개념에 대한 경계를 없애고 그것들의 상승효과를 눈으로 가리키는 새로운 복합재료라는 의미를 합하여 이용한다.

그 경우에는 원자 또는 분자의 수준으로 복합을 고려할 필요가 있는 점에서 종래의 금속학의 주제의 하나인 합금과 일맥상통하지 않는 점이 있다. 복합재료라는 견해에 의하면 그 구성소재(A와 B로 한다)의 치수를 아주 작게 한 극한을 고려하는 것이 필요하다. 이와 같은 미크로 소재간의 복합에서는 다음과 같은 이유로 혼합법칙을 상회하는 새로운 성질이 기대된다. 즉

① A와 B의 치수가 감소하는 것으로부터 치수가 큰(벌크)상태와 다른 성질이 나타난다. '치수효과'
② 치수가 작은 A와 B가 교대로 주기적으로 배열하는 경우에 나타난다. '주기성 효과'
③ 치수가 작은 A와 B는 필연적으로 수가 증가하고 그 계면의 총면적이 증가한다. 계면에 원래 성질이 그것만 강하게 나타난다. '계면효과'

하이브리드화라는 것은 이와 같은 효과를 적극적으로 이용한 미크로 복합화라 해도 좋다.

2) 치수효과 재료와 주기성효과 재료

치수효과를 이용하는 하이브리드재료로써 가장 이해하기 쉬운 것은 소재의 치수가 현저히 감소하고, 그 중에 포함된 원자수가 통계역학적인 요동을 문제로 하는 정도로 작게 된 경우 거기서 나타나는 예를 들면 양자효과를 이용한다. 3차원의 벌크물질에 대해 그 1차원(두께방향)의 치수가 감소한 초박막, 2차원(두께와 폭방향)이 감소한 초세선, 3차원에 걸쳐 치수가 감소한 초미립자 등이 그것이다.

이와 같이 치수를 감소시킨 소재는 그 상태의 재료로써 이용하는 것도 생각되지만, 소재를 복합하여 벌크 재료로 한 쪽이 보다 충분한 효과를 얻는다. 결국 구성소재의 치수는 작아지지만, 완성된 복합재료는 보통 적당한 치수를 갖는다고 생각된다.

본 서(書)에서도 초미립자를 원래대로 자성유체나 초박막을 합친 다층막으로 된 하이브

리드재료가 기록되어 있지만, 여기에서도 반도체를 이용한 인공다층막에 대하여 약간 설명한다.

인공초격자는 분자선 에피택시(MBE) 등의 결정성장기술을 이용하여 기판 위에 다른 종류의 원자를 인공적으로 배열하고, 천연에는 존재하지 않는 구조의 결정을 만든다. 그 하이브리드는 재료의 성질과 결정구조 사이의 어떤 성질이 있는지를 명확하게 하는 연구가 반도체 분야에서는 아주 진전되어 있기 때문에, 목적하는 기능을 가진 소자는 어떤 원자를 적층하면 좋은지 이론적으로 예측을 할 수 있다. 또한 결정성장기술이 발전하여 지금보다 자유로이 구조를 만드는 것이 가능하다면, 예측의 올바름을 정말 이해할 수 있고 이론의 발전에도 연결된다.

3) 미세 결정성장기술

원자레벨의 결정성장기술에서 특히 주목되는 것은 MBE와 원자층 에피택시(ALE)이다. 일반적으로 결정성장에서 한 원자층씩 다른 원자를 쌓는 경우의 문제점은 한 원자층분에 상당하는 소수의 원자만을 어떻게 해서 성장시켜 결정의 표면에 부착(반응)시키는지, 또는 어떤 방법으로 다른 원자를 정확하게 주기성을 갖게 할수록 다수 회 교대로 여러 겹으로 쌓는 점에 관계되어 있다.

일반의 PVD법에서는 이와 같은 제어는 거의 불가능하였다. 그러나 MBE법에서는 원자의 증발속도를 낮게 억제하고 복수의 증발원을 계산기 제어의 셔터를 끼워 제한하고 소수의 원자만을 교대로 기판에 보낸다. 진공조 내의 잔류가스가 증발원자보다 먼저 기판에 부착되지 않도록 하기 위해, 진공도를 10^{-10} Torr 정도의 초고진공영역으로 하여 이 문제를 해결하고 있다.

한편 ALE법에서는 종래의 에피택시성장법이 두 종류의 원료가 반응하여 기판상에 석출하는 것에 비해 원료의 한쪽을 기판에 석출 흡착하고, 다음에 원료를 넣어 동일하게 흡착시키는 조작을 반복한다.

이 방법에서는 기판에 한 원자층만 흡착시킨 경우에 표면활성이 변화하기 때문에 결정성장이 자동적으로 멈출 가능성을 갖고 있다. 그러나 반응을 촉진하기 위해 기판온도를 높여야하는 결점이 있지만 빛을 쬐어서 광학적 반응의 도움을 받아 기판 온도를 낮추는 방법이 있다.

빛의 파장을 적당히 선택하면 원료가스의 양을 엄밀히 제어하는 것 없이 정확히 한 층씩 다른 원자로부터 되는 다층막이 가능하다.

이상은 반도체에서 금속의 결정성장에 대해서는 연구가 있지만, 초고진공을 초월한 극고진공구역에서의 MBE법이나 광자의 화학작용을 이용한 ALE법의 급속한 발전을 기대한다.

4) 초고밀도 메모리

반도체를 이용한 현재의 초LSI의 집적도는 아주 경이적으로 높으며, 기술적으로 극한에 도달해 있다. 그 한계를 결정하고 있는 핵심 기술은 기판인쇄술(lithography)이다. 즉 반도체의 기판 위에 어떻게 작은 회로를 빛에 의해서 복사해 넣는 기술이다. 빛 대신에 전자선을 이용하여 개선해도, $0.5\mu m$ 정도보다 가는 회로는 현재 무리이다. 그러나 여기서 발상을 바꾸어 $0.5\mu m$ 직경의 원을 미크로로 보면, 그 중에는 원자가 아직 200만 개 정도 함유되어 있는 것을 깨닫는다. 하이브라이드 재료와 같이 원자레벨을 생각하면 더욱 집적도를 높이는 방법이 있다. 예를 들면 결정의 격자결함이나 전자적 결함을 이용하는 것이 고려된다. 21세기에는 현재의 반도체에 대신하는 금속간 화합물이나 유전체, 이온결정 등을 이용한 원자레벨의 메모리가 나타날지도 모르는 것이다.

반도체를 이용한 현재의 메모리에서는 정보를 읽는 수단이나 써넣은 것을 와이어를 경유한 전하의 주고받음에 의하고 있지만, 위의 목적에는 그것을 전자나 이온 빔을 이용하는 방식으로 고치는 것이 필요하다. 메모리를 현재의 국재방식으로부터 홀로그래피와 같은 비국재방식으로 하면 wireless방식이 형편이 좋지만 고밀도화가 가능한지 알 수 없다.

5) 계면효과 재료와 표면하이브라이드 재료

계면효과를 이용한 재료는 발광소자용재료에서 설명하고 있는 반도체의 이종접합을 이용한 발광소자가 좋은 예이다. 앞으로 많은 재료가 생길 가능성이 크다. 그 때문에 개념파악을 용이하게 하기 위해 초소성의 예를 나타낸다.

초소성은 결정립이 보통 금속의 1/100 정도로 미세한 경우에 발현하는 성질로 고온에서 금속을 인장변형할 경우, 보통 재료에 비해서 현저하게 큰 변형을 가해도 절단되지 않고서 늘어나는 현상을 말한다. 즉 결정간의 계면이 많아지면 그 계면에 따라서 어긋나거나 계면이 이동하는 효과가 조합되어 재료 전체가 계면이 작을 때와 본질적으로 다른 변형거동을 나타내는 일종의 하이브라이드 재료로 된다.

재료의 자유표면은 상기와 같은 계면에 비해 전면적이 작음에도 관계없이 그 재료의 벌크 성질을 지배하고 있는 것이다. 그와 같은 관점에서 재료를 여기에서는 표면하이브라이드 재료라 부른다. 고융점 금속의 Nb의 저온취성의 결점은 표면에 전해법으로 산화막을 만드는 것으로부터 방지할 수 있지만, 그것은 산화막과 Nb의 계면으로부터 저온에서도 움직이기 쉬운 인상전위가 발생하기 때문이다. 또한 취약한 세라믹이나 금속간 화합물의 표면을 이온주입 등으로 개질하는 연구가 행해지고 있지만 이것도 그와 같은 벌크로써의 특성향상을 의도하고 있다.

5.4.4 표면복합화 재료

표면복합화 재료의 특징은 복합화 표면층의 두께와 그 기능이 나쁘다. 두께와 기능의 사이에는 큰 관계가 있다. 내식성 부여를 목적으로 하는 경우에는 두께는 $10\mu m \sim 1mm$의 항으로 되며, 어느 정도 두꺼운 표면막과의 복합재료이다. 그러나 물리적 성질을 부여하기 위해서 기능막은 $1\mu m$ 이하의 막으로 충분한 기능을 발휘할 수 있다.

현재 이와 같은 표면복합화, 또는 표면개질기술로써 정밀한 재료구조제어가 가능한 것은 이온빔 또는 플라즈마를 이용한 것이 유력하다. 이온플레이팅, 플라즈마 CVD, 플라즈마중합, 이온주입, MBE 등이 그것이다. 내식성, 내식재료, 전자기 특성, 광학적 특성, 미관성 등을 부여할 수 있다.

이와 같은 표면복합 재료는 앞으로 특히 기능재료로써 기대를 갖고 있다. 극박경질막으로써 질화붕소막, 다이아몬드막, 또한 각종의 센서막, 아모르퍼스 내식성막 등이 기대되고 있다. 또한 레이저빔, 이온빔을 이용한 열입력에 의한 극표면층의 용융응고나 표면원자를 교반하는 효과, 이온믹싱에 의한 표면개질 등 기술적인 발전에 따라 신재료의 개발이 계속 진행되고 있다.

5.4.5 금속산업과 마이크로화

하이브리드화나 표면복합화에 의한 신소재가 앞으로 일반화되는 것은 확실하며 이미 시간의 문제에 불과하다. 그 경우 현재의 금속산업과는 상당히 다른 산업형태가 고려된다. 예를 들면 한 개의 원자면상에 전혀 불순물을 함유하지 않도록 하기 위해 대단히 고순도인 증발용 재료가 대량으로 필요하게 된다. PVD와 CVD방식에 의해서는 분말, 박, 선 또는 용액 등의 형태로 희토류금속 등 각각 원소가 원료로써 요구된다. 지금까지도 소규모에는 이와 같은 재료의 수요는 존재하지만, 앞으로는 연구용의 영역을 탈피하고 원자나 분자를 이와 같은 형으로 상품으로 하는 새로운 소재산업이 형성되어가고 있다. 종래의 금속산업의 큰 부분을 이것으로 택하여 대신하는 것도 고려된다.

5.4.6 기초연구의 필요성

수십 년의 단위로 기술개발을 고려하면 우리들의 주위에는 현재 과학적인 개념의 단계인 시스템이나 디바이스, 예를 들면 핵융합로, 초고속전산기, 우주실험실 등에 대하여 기술적 가능성을 확실하게 올바로 평가하고 판정해야 할 때이다. 시스템이나 디바이스를 바탕으로 유지하는 역할을 담당하는 재료, 그때 새롭고 동시에 신뢰성이 있는 것이어야 한다. 재료의 복합화는 그것에 부응하는데 중요하며 동시에 유망한 재료기술이 있는 것은 물론이다.

이와 같은 재료기술의 발전을 기대하기 위해서는 어느 정도의 기초연구가 필요하다고 생각된다. 그 중 하나는 불균일계 물질의 이론적 취급이다. 복합재료, 하이브라이드에서는 불균일의 의미가 다르지만, 양자 어느 것에 대해서도 그 물성, 기계적 성질 등을 해명하기 위해서 매크로 또는 미크로 불균일계의 이론을 향상시키고 실험결과와 모든 재료특성의 예측, 나아가서는 재료설계에까지 이르는 것이 요구된다. 둘째는 예상이 되는 특성을 가진 재료의 치수에 대응한 연구방법의 확립이다. $\sim 10 \text{Å}$, $\sim 100 \text{Å}$, $\sim 10 \mu m$, $\sim mm$의 두께재료에서 구조, 조성, 그것이 가져오는 성능은 다르다. 치수의존성은 흥미가 있는 문제이다. 셋째로 비평형의 취급이다. 이것에는 복합재료가 비평형을 이용하고 있는 것 및 비평형재료의 제조 문제이다. 비평형제조 프로세스와 제조될 재료 사이의 관계를 명확하게 하는 것은 학문적으로도 응용면에서도 흥미있는 것이다.

5.5 신가공 프로세스

5.5.1 응고기술 – 재료조직의 제어

금속재료의 제조법에서 주조법의 중요성은 고대나 현대도 변한 것이 없다. 최근의 금속계 신소재에도 주조법이 이용되고 있지만, 그 새로운 기술의 동향에 대하여 고찰한다.

1) 급냉응고

비정질재료의 제조법으로써 이미 잘 알려져 있는 기술이지만 그 외에도 ① 평형상태도에서는 존재하지 않는 상 또는 평형상태보다 현저하게 과포화 된 고용체가 얻어진다. ② 결정립이 미세화하고 특성이 균일화된다. ③ 입계를 취화시키는 유해한 원소를 전체로 분산시켜 해를 막는 등 많은 재료학적 장점을 갖는다. 또한 용융상태로부터 직접 판이나 선 또는 분말을 얻기 위해서 일단 응고로 잉고트를 만든 후, 소성가공을 행하여 판과 선을 만드는 종래 기술과 비교하여 대폭으로 공정을 생략할 수 있다. 이와 같은 재료학상 및 공정 생략상의 이점을 활용한 재료의 실용화가 잘 진전되고 있는 것 한 가지는 고규소강급냉박대이다.

이것은 일반 규소강(Si : 3.25% 이상)의 Si의 함유량을 약 6.5%까지 높이고, 전기저항이나 자왜 등의 전자기특성을 향상시켜 그것에 따르는 재료의 가공성 저하를 급냉응고법으로 해결한 재료이며, 앞으로 신소재가 나아갈 방향을 암시하고 있다.

급냉응고법도 최초는 아주 얇고 폭이 좁은 박밖에 할 수 없고, 특수한 용도에 한정되는 인상이었다. 그러나 재료조성의 조정을 포함한 많은 기술적 개량이 진전되어, 보통재료에 가까운 치수의 박판이나 봉도 가능한 방향으로 진행되고 있다. 급냉응고법을 이용한 중후장대한 새로운 재료의 제조가능성이 열려 있다. 또한 급냉응고법을 분말제조에도 응용하여 위에서 언급한 재질상의 이점을 가진 분말의 제조도 가능하다.

또한 애토마이즈분말이나 원심급냉분말은, 예를 들면 Ni기초합금이나 티탄합금의 우수한 원료로써 이용되고 있다.

2) 결정조직의 미세화

응고과정에서는 일반적으로 이미 응고된 고체와 그것에 접한 미응고융체에서 합금원소 농도의 분배가 다른 현상이다. 그 결과 원소의 분포가 응고종료 후도 불균일하게 되어 편석이 생긴다. 더구나 천천히 조용히 응고시킨 결과 결정립이 아주 크게 성장하는 '조대립 형성' 등, 좋지 않은 현상을 수반한다. 앞에 언급한 급냉응고는 이 결점을 피하는 유력한 방법이지만 이외에도 여러 가지의 연구가 시도되고 있다. 편석이나 조대립의 원인 한 가지는 어떤 수지상 응고결정의 성장을 억제하기 위해, 고액혼합상태에서 기계적으로 교반하는 레오캐스트법, 교반을 전자적 진동을 부가하여 행하는 방법이 제안되고 있다.

응고 시의 결함원은 융체의 체적이 커지는 점으로부터 '증분응고법'과 같이 융체를 아주 작게 하여 거기에 일정비율로 원료융체를 공급하면서 비교적 급속으로 응고를 진행시키는 방법이 현재 연구되고 있다. 그 한 형태로써 분말 제조에 이용되는 애토마이즈법으로 인고트표면에 원료의 미세한 액적을 스프레이하고, 표면에 부착 후 바로 고화시키는 스프레이 포밍법이 있다.

이와 같은 방법은 분말야금법에 가까운 고도의 재질과, 종래의 주조법에 가까운 생산성을 양립시켜 얻을 가능성이 있고 새로운 가공법으로써 주목된다. 결정립 미세화로는 반대로 결함이 적고 균일한 거대단결정을 응고에 의해서 만드는 기술도 중요 기술이다. Ni기 초합금에서는 이미 연구가 진행되고 있지만 쌍정의 발생을 어떻게 막느냐는 등의 과제가 남아있다.

3) 복합재료의 제조

다른 소재를 결합시킨 복합재료의 제조도 특히 고액공존상태에서의 응고와 소성가공을 조합한 복합가공법이 앞으로 발전성이 있다. 즉 융체를 그 유동성이나 압력전달매체로써 이용하고 주조시의 재료결함발생을 방지하는 반용융가공법 등이다. 또한 캐스트벌징법에서는 가압주조와 융체에 접하는 고체의 소성가공을 동시에 행하여 피복형 복합재료를 얻고 있지만, 이와 같은 방법은 복합재료제조법의 다양화를 진행하여 얻는 요소를 많이 포함하고 있다. 앞에 언급한 레오캐스트법으로 반용융상태의 합금 중에 단섬유나 분산용 입자를 가하여 복합재료를 얻는 방법은 콤포캐스트법이라고 하지만, 스프레이포밍으로 입자분산을 조합한 입자분산주조법은 분산입자의 불균일분포를 억제하는 등 콤포캐스트에 없는 특징을 갖는 방법이다.

5.5.2 결정제어 신가공법

1) 가공열처리

대륙 횡단 석유라인용 파이프재나, 자동차용 박강판, 변압기용 방향성 규소강판 등은 다음과 같은 공통점을 갖는다. 즉 응고(주조)한 후의 열간압연의 열이력, 또는 냉간압연과 그 후의 열처리의 조합이 어떠한지에 따라서 그 우수한 재질을 만들 수 있다. 이와 같은 소성가공의 이용에 의한 재질제어기술을 총칭하여 가공열처리라 한다.

가공열처리의 가장 큰 특징은 종래의 합금학의 방법인 고가의 합금원소 첨가에 따라서 성질을 향상시키는 방법과 다르며 압연과 같이 소성가공(열처리)만으로 미세하고 균일한 재료조직이나 필요한 집합조직을 얻도록 하는 점이다. 이 효과를 충분히 활용하기 위해서 극미량이 합금원소를 이용해 재결정을 억제하고 있지만, 이것을 마이크로합금이라 한다.

라인파이프재 등의 제어압연과 제어냉각, 자동차용 강판 등의 냉간압연과 연속소둔에 관한 새로운 기술은 최첨단의 노하우이기 때문에 새로운 정보교환이 이루어지기 어렵다. 그러나 재결정, 석출, 변태 등의 현상의 해명과 제어와 같이 금속학상의 미개척의 중요문제를 포함하고 있기 때문에 활발한 연구활동이 진행되고 있다.

최근에는 오스테나이트의 미재결정구역의 압연(제어압연)과 더불어 재결정구역에서의 고온가공열처리가 주목되고 있다. 즉 가공 중에 생기는 동적 재결정이나 가공 직후의 정적 재결정을 이용하는 재질향상이다. 새로운 효과는 특히 고온에서 완만하게 가공을 한 경우에 일어난다.

그림 5-9에 나타낸 바와 같이 금속에 비교적 작은 힘을 가해 완만하게 변형시키면 변형에 의해서 서브그레인의 형성이나 방위회전한 금속 내부의 구조 변화를 일으키지만, 그 결과로써 외부에서 가하고 있는 힘에 대한 저항이 증가하고 내부의 전위에 작용하는 유효응력[그림에서는 전위에 작용하는(유효)응력을 '인'의 형태로 나타낸다]은 감소한다.

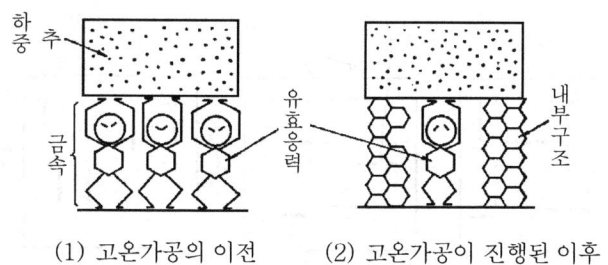

그림 5-9 고온가공 중의 금속재료의 환경으로의 적응반응

이것은 금속이 고온에서의 응력하라는 환경에 적응하고, 변형이 어려운 내부구조에 스스로를 변화시키더라도 볼 수 있다. 이 적응반응은 고온에서 사용되는 재료의 크리프 변형 저항을 높이는 목적으로 사용하지는 않는다. 또한 이 종류의 내부구조를 갖는 재료는 상온 또는 극저온에서의 강도나 인성에 도움이 된다. 그림 5-9와 같은 내부구조는 고강도재료의 수소취성 등의 방지에도 유용하다. 환경 적응성을 빌려 수소 등 별도의 환경에 강한 재료를 육성하는 생각은 어떨까 생각된다. 결국 금속의 환경적응반응을 적극적으로 이용하도록 디자인된 신소재, 이것이 앞으로의 가공열처리기술의 목표이다.

2) 형제정 제어가공

전항의 가공열처리는 어떤 형태로 재결정을 제어하였다. 다음에 재결정 이외의 현상을 이용하는 앞으로의 가공열처리상을 고찰하고 싶다. 재결정은 소성가공에 의한 변형과 깊이 관계되는 현상이다. 변형과 함께 소성가공에는 응력도 작용한다. 따라서 그 응력을 이용하는 재질제어도 앞으로 큰 주제이다.

고체 내의 현상으로 응력의 영향을 가장 받기 쉬운 것은 석출과 변태이다. 특히 정합석출물은 모상에 탄성변형을 주고 마르텐사이트변태는 응력에 의해서 유발된 것으로 응력에 따라서 제어하기 쉬운 대상이다.

베리언트(Varient)는 그림 5-10에 나타낸 바와 같이 결정학적으로 모상과 같은 관계가 있는 형제정을 가리킨다.

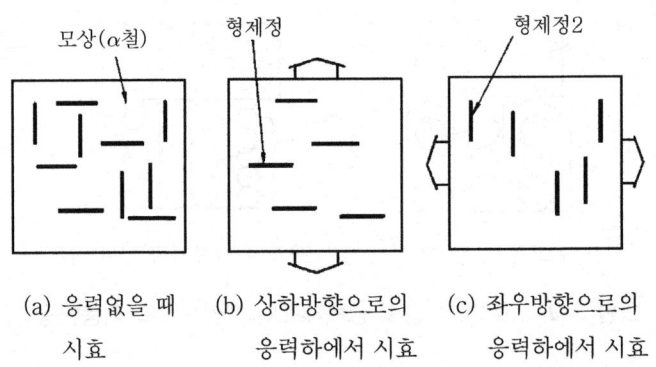

(a) 응력없을 때 시효   (b) 상하방향으로의 응력하에서 시효   (c) 좌우방향으로의 응력하에서 시효

그림 5-10 α철의 판상정합석출물(α''-$Fe_{16}N_2$)의 형제정과 응력의 관계(단면모식도)

이 그림은 α철 중에 석출한 α''-$Fe_{16}N_2$라는 질화물의 정합석출 모식도이다. 모상 중에는 응력을 가하지 않고 시효시키면 (a)와 같이 2개의 형제정(varient)이 생성되지만, 인장응력을 가하면서 시효시키면 (b)나 (c)와 같이 그 응력축에 수직인 형제정만이 생긴다. 그 이유는 이 판상석출물은 모상의 격자를 확장시키는 것으로, 인장응력의 축과 수직하게 되는 쪽이 변형에너지가 낮게 되기 때문이다. 이와 같이 하여 형제정을 제어한 재료[그림 5-10의 (b)와 (c)]는 그렇지 않은 (a)에 비해서 시효시의 응력과 같은 방향의 인장강도가 높아진 새로운 효과를 갖는다.

이와 같은 생각에서 변태와 같이 가장 복잡한 현상에서의 형제정의 제어에도 응용할 수 있다. 또한 그것을 '형제정 제어가공법'이라 부르며 새로운 가공열처리법의 하나로 위치를 차지하고 있다. 오스포밍과 같은 종래기술에서도 이와 같은 견해에서 다시 보면 오스테나이트의 미재결정구역에서의 압연에 의한 내부응력이 마르텐사이트변태의 형제정의 선택을 지배하고 있는 것이 계산기 시뮬레이션에 의해서 추정할 수 있다.

3) 금속간 화합물의 결정제어

금속간 화합물의 특이한 매력적 성질은 그 규칙구조에 유래하지만, 그 구조를 위에서 언급한 마이크로합금을 포함한 가공열처리기술로 변화시키는 것이 가능하다고 생각된다. 이 분야는 우선 방법론이 정비되어 있지 않지만, 비화학양론성의 제어기술이 확립되면, 금속간 화합물 특유의 격자결함이나 장주기규칙구조를 밝히고 제어하는 새로운 재료과학의 분야가 열려 있다.

5.5.3 표면개질과 신재료의 제조

금속재료의 가공의 요소기술에서 어떤 온도 및 압력에 대하여 앞으로 그것들이 요구수준에서 지금까지보다도 훨씬 높아지고 초고온 및 초고압이 이용되고 있다. 여기서는 신가공 프로세스의 하나로써 초고온의 이용에 대하여 설명한다.

1) 초고온 열원의 종류와 특징

초고온 열원에는 열플라즈마, 전자빔 및 레이저빔 등의 고밀도 에너지빔을 이용할 수 있다.

열플라즈마는 저압력하에서 발생하고 전자온도(운동속도)만이 높은 열적비평형상태의 저온플라즈마와 다르고, 이온이나 원자 등의 무거운 입자의 온도도 높아 열평형상태에 가깝다. 또한 그 발생은 압력이 10^3Pa 정도 이상에서 보게 되며, 분위기 기체의 종류를 자유롭게 선택할 수 있다. 전자빔은 고속으로 가속된 전자의 충돌시의 운동에너지 방출로 가열되기 때문에 10Pa 이상의 압력하에서는 빔이 산란되어 효과적으로 이용하기 어렵다. 레이저빔은 제어성이 좋은 에너지원(전기, 광)으로부터 여기된 기체, 고체의 원자 또는 분자로부터의 유도방출로 증폭된 광빔이며, 단색으로 지향성이 예민하고, 소위 간섭성(coherent) 광파이다. 레이저발진물질의 종류로부터 연속발진이 가능한 것과 펄스발진밖에 할 수 없는 것이 있다. 이상의 3종류의 초고온열원의 특징을 표 5.3에 정리하였다.

열플라즈마는 직경이 큰 빔으로 할 수 있고 그것 자체가 초고온이기 때문에 플라즈마 내를 비행 중 물질의 가열, 상변화, 반응 등에 효과적으로 이용할 수 있다. 전자빔은 고·저진공 중 이외에서의 유효이용은 곤란하다. 레이저빔은 저효율에서는 존재하지만 국부가열속도는 전자빔과 같은 정도로 빠르고 분위기 가스와의 반응도 유효하게 이용할 수 있다.

표 5.3 초고온열원의 특징 비교

특성 열원	최대전력밀도 (W/cm^2)	전력밀도 분포	현재의 최고출력 및 상용출력(kW)	분위기 가스	비 고
열플라즈마	10^5	폭이 넓은 싱글 모드 (가우스분포)	최대 120 상용 30~80	10^3Pa<압력 종류에서 전력 밀도분포가 많이 변화	조사재료 무관계
전 자 빔	10^8~10^9	싱글모드 중심. 어느 정도 고차모드 선택 가능	최대 120 상용 30~70	열원과 무관계 로 선택 가능. 단 10Pa 이상 에서는 현저하 게 빔 산란	세라믹은 증기, 열전자방출이 있 을 때까지 스폿 위치 불안정
레이저빔	10^8~10^9 (연속발진의 경우)	싱글 및 고차모드 선택 가능	최고 20~30 (탄산가스레이저) 상용 1~5	열원과 무관계 로 선택가능	빛이 있기 때문 에 금속광택표면 흡수율이 나쁘다.

2) 초고온 열원에 의한 표면개질

구조재료 및 기능재료의 어느 것에 대해서도 앞으로의 개발 방향으로써 그 내부의 성질(내질)과 외표면의 성질(외질)과는 각각 다른 방향(복합화)으로 진행하리라고 예상된다. 즉 내질은 강도, 인성 등의 기계적 성질이나 도전성, 투자성 등의 기능적 성질을 구비하고 외질은 내식성, 내열성, 내마모성 등의 내사용환경특성을 갖는 것이 요구된다.

이와 같은 금속계 신소재의 제조를 위해서 표면피복을 포함한 표면개질의 기술은 아주 중요하다. 이미 설명한 각종 증착이나 이온주입 등의 표면개질기술은 그 성질상 공업적으로는 기껏해야 수 μm~수십 μm 정도 두께의 개질밖에 기대할 수 없다. 수십 μm로부터 1mm 정도 두께의 표면개질기술로써 초고온열원 이용이 크게 기대되고 있다. 덧붙여서 말하면 1mm를 초과하는 표면피복은 육성용접 또는 크래드로써 널리 행해지고 있다.

열플라즈마에 의한 표면개질기술로써 플라즈마용사를 들 수가 있다. 이것은 매초 수백 m의 고속플라즈마 흐름에 금속 또는 세라믹의 분말을 넣고 가열(일부용융), 가속하여 소재표면에 충돌시켜 피막을 형성하는 방법으로 이미 널리 실용화되고 있다. 감압불활성 분위기 중의 용사나 용사분말의 미립화로부터 치밀하게 밀착성을 향상시킨 고품질 피막의 형성이 달성되고 있지만, 앞으로의 전개로써 분위기가스와 용사분말의 플라즈마 중에서 화학반응을 이용한 반응성용사, 또 나중에 설명하는 용사피막 그것으로부터 신재료를 제조하는 기술에 큰 기대를 걸고 있다.

레이저에 의한 표면개질기술에는 표면경화, 표층용융·응고 및 표층합금화이다. 이 이상 표면경화는 이미 널리 실용화되고 있다. 본 법은 ① 얇은 표면층만을 유효하게 가열할 수 있기 때문에 열변형이나 소입균열의 염려는 거의 없다. ② 빛이 도달하여 얻는 경우이면 컴퓨터기술을 병용하여 자유로운 형상의 것을 정밀하게 소입시킬 수 있는 자유도를 갖는 등의 장소가 있는 반면, 자기냉각에 의한 소입이기 때문에 소입 깊이를 깊게 할 수 없는(철강재료에서 0.5mm~1mm) 가열 시간을 아주 짧기 때문에 열 및 물질 확산에 시간을 요하는 재료에는 적합하지 않는 등의 결점도 있다.

표층용융·응고는 재료표층을 급속용융 후 하지로의 열확산으로부터 냉매의 도움을 빌리지 않고 자기급속냉각하는 처리이며, 표면개질기술로써 아주 유망하다. 니켈판을 이용하여 투여된 에너지밀도를 바꾸어 용융층의 두께가 냉각속도에 미치는 영향을 나타내면 그림 5-11과 같다. 이것에 의하면 에너지밀도로부터 최대냉각속도가 정해지며, 급냉효과를 기대하기 위해서는 용융깊이를 에너지밀도에 따라 어떤 값 이하로 할 필요가 있다. 또한 비교적 얇은 재료의 표면에서도 10^6 ℃/s 이상의 급냉을 구현화할 수 있다. 그 때문에 비정질상, 과포화고용체 등의 비평형상, 초미세공정조직, 미세수지상정 등의 생성 가능성을 갖고 있다.

표층용융·응고에 합금원소 첨가를 병용하여 표층조성 조정을 도모하고, 소위 표층합금화는 효과적인 첨가방법의 문제나 첨가원소의 혼합과정이 복잡하는 등 충분히 명확하게 되어 있지 않은 점이 남아 있다. 그러므로 첨가원소의 조합과 급냉에 의한 비평형상의 생성을 병용하는 것으로부터 아주 독특한 표면층을 만들 가능성을 지니고 있다. 앞으로 레이저 이용에 의한 재료의 표면개질기술의 주류를 이룰 것으로 기대된다.

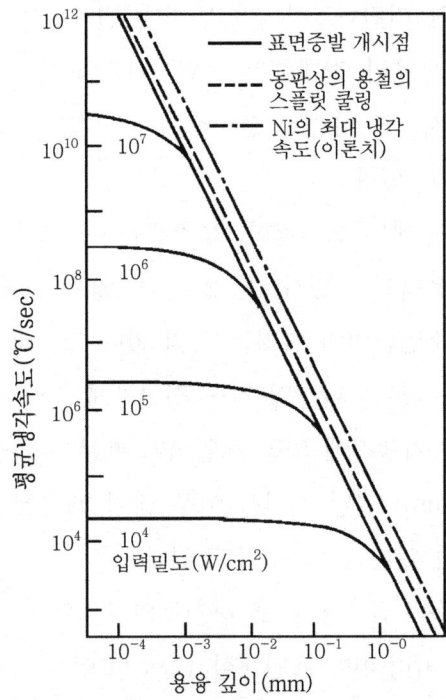

그림 5-11 평균냉각속도에 미치는 용융 깊이와 입력밀도의 영향

전자빔에 의한 표면개질도 레이저와 마찬가지로 가능하다. 그러나 그 처리에는 고진공이 필요하기 때문에 증기압이 높은 합금원소의 취급이 귀찮다. 또한 전력밀도 분포의 형 종류가 한정되는 등의 이유로부터 앞으로 이용되는 범위는 한정된다고 생각된다.

3) 초고온열원에 의한 신재료의 제조

금속이나 세라믹의 플라즈마 용사에 의한 피막은 용재나 소결로부터 만든 것과는 제특성이 크게 변하는 것이 예상된다.

사실 그림 5-12에 나타낸 바와 같이 감압불활성 분위기 중에서 용사한 Co 기합금(Co-29Cr-6Al-1Y) 피막의 고온인장 특성은 650℃까지는 Ni기합금(IN-738)용제재보다도 고강도이다. 특히 980℃ 이상으로 되면 초소성현상을 나타낸다. 이 피막의 기공률은 약 1%이지만 미래 기술로써 고온에서 초고압가공(예를 들면 HIP) 등을 병용함으로써 미세기공이 소멸되고 더욱 더 그 특징이 향상되는 것이 기대된다.

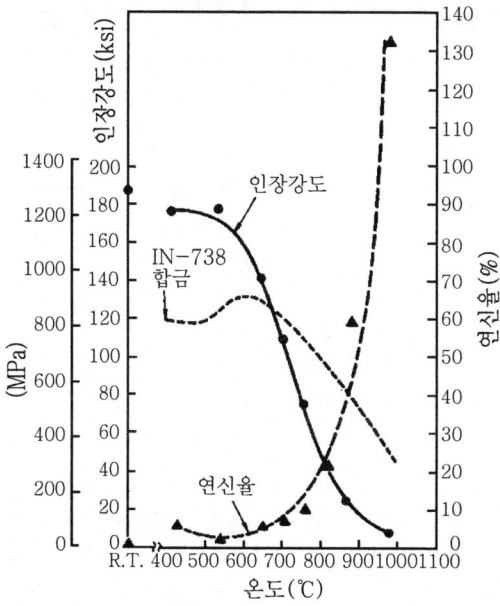

그림 5-12 Co-29Cr-6Al-1Y 피막의 기계적 성질

　복수의 플라즈마 건으로부터 두 종류 이상의 용사피막을 차례로 적층을 반복하여 복합 적층피막은 금속에 볼 수 없는 세라믹도 포함한 각종 피막의 조합가능성을 고려하면 그 특성이 아주 흥미깊은 신기능재료로써 꿈꾸고 있다. 한편 플라즈마나 레이저를 이용한 초고온하에서 분해반응으로부터 신재료를 만드는 시험이 이미 시작되었다. 여기에서는 초미립자를 집어 들어보면 탄산가스레이저를 SiH_4(silylene)와 암모니아의 혼합기체에 조사하여 질화규소(Si_3N_4)의 $0.1\mu m$ 이하의 초미립자가 얻어진다.

　이 입자를 소결하면 종전보다도 고경도를 얻는다. 이와 같은 초고온화학반응에는 탄산가스레이저보다도 희가스하라이드 등을 여기 한 쪽이 단파장영역에서 각종 파장의 레이저를 선택할 수 있기 때문에 유효하다. 앞으로 이것에 의하여 초고온하의 분해·합성반응에 의한 신재료의 제조는 크게 진전될 것이다.

찾아보기

신소재공학

【한글】

ㄱ

가공열처리 ·· 312
가속기 ·· 242
가아넷계 반강자성체 ··································· 108
감쇠능 ·· 146
강자성 ·· 153
강조사장 ·· 287
개폐접점재료 ·· 91
결정화 ·· 51
계면초전도 ··· 64
고규소급냉응고박강대 ································· 24
고비강도 재료 ··· 169
고상법 ·· 189
고상전해(Electro transport) ························· 297
고순도 금속의 순도 ···································· 294
고온부식 ·· 195
고온취화 ·· 262
고유감쇠능 ··· 149
고자속밀도방향성(고배향성) 전자강판 ······ 23
고전자이동도 트랜지스터 ···························· 63
고주파용 고투자율 적층막 ·························· 65
고청정강 ·· 15
고출력용 레이저 미러 ·································· 47
공침법 ·· 115
광여기정제 ··· 297
광자기 디스크 메모리 ·································· 36
광통신시스템 ··· 125
극고진공 ·································· 161, 289
극고진공역 ·· 307
극세다심선 ··································· 234, 235
극저온기기 ·· 222
극저온용 Ni강 ··· 225
극저온용 구조재료 ····································· 221
극저온용 땜납 ·· 88
극한환경 ·· 284
금속간 화합물 ················· 34, 246, 308, 314
금속규화물 ··· 82
금속수소화물 ··· 248
금속자성유체 ··· 114
금속카보닐 열분해법 ·································· 115
급냉박대 ·· 310
급냉응고 ·· 310
급냉응고 분말야금합금 ······························ 178
기계적 성질 ·· 55
기계적 습식분쇄법 ····································· 115
기계적 합금법 ··· 205
기체방출속도 ··· 161

ㄴ

내부마찰 ·· 146
내식성 ·· 57
내열금속재료 ··· 194
냉각기술 ·· 17
논 에피택시형 ··· 62

ㄷ

단결정합금 ··· 202
단롤법 ·· 53
단일 자구 ·· 153
대수감쇠율 ··· 146
대평양무중단횡단광통신 ·························· 125
더블헤테로(이중이종)접합 ························ 127
데이터베이스 ··· 279
도전도료 ·· 92
동적이력기구 ··· 150

ㄹ

레이저빔 239, 315
로외정련법 16

ㅁ

마르에이징강 174
마르텐사이트 변태 132
무자장 153
무전해석출법 115
무중력장 291
미립화 효과 70

ㅂ

반도체레이저소자 282
방사성동위원소전지 260
방진합금 145
배선재료 81
보통주조합금 201
복합가공법 235, 311
복합법칙 187
복합재료 186, 303
복합취련로 15
분자선 에피택시(MBE) 306
불용성 양극 271
비감쇠계수 146
비감쇠능 146
비강도 169, 187
비열탄성형 마르텐사이트 변태 131
비정질합금 48
비탄성 187
비탄성율 170

ㅅ

산화물 전극 273
산화물자성유체 114
석출강화 비자성강 226

섬유강화금속(FRM) 187
성능지수 258
세라믹 피복 212
손실각 146
수소 압력·조성등온곡선 247
수소저장합금 245
수소화물의 생성열 249
수평압 247
순산소상취전로법 14
스웰링 261
스패터법 52
스페리 자성 104
시편감쇠능 149
쌍롤법 53

ㅇ

아모르퍼스 48
아모르퍼스 태양전지 256
아모르퍼스 합금 24
아스페로 자성 104
알루미늄합금 178
액상법 190
앤더슨 국재 63
에너지 변환소자 252
에릭슨사이클 110
에피택시형 62
엔트로피 선도 109
역변태 132
역형상기억효과 141
연료전지 255, 269
연성취성천이온도 264
연속주조법 15
열간등방압축(HIP) 207
열발전기 260
열발전소자 254
열응력 265
열전도 85
열전자발전소자 254
열전재료 257
열탄성형 마르텐사이트 변태 131

열플라즈마	285, 315
영구자석	36
오스테나이트 스테인리스강	222
오스포옴	143
옥토티탄염산	39
용침 와이어	190
용탕급냉	52
원자층 에피택시	68, 306
유도재결합발광	121
유리 전이점	49
융체 급냉	238
응력유기 마르텐사이트 변태	131
의탄성	133
이상성장현상	45
이온교환재	40
이온빔	308
이온주입	308
이온플레이팅	216, 308
이차재결정법	44
인공물질	60
인공초격자	306
인서치법	237
인성	171
일렉트로 마이그레이션	83
일방향성재결정	207
일방향응고합금	201
입계취성	44
입자분산복합재료	204

ㅈ

자구	101
자구벽	153
자기-기계적 정적이력	151
자기 냉동작업 물질	107
자기냉동	105
자기냉동기	106
자기모멘트	95
자기부상열차	240
자기엔트로피	108
자성	55

자성유체	112
자성재료	94
자연재결합발광	121
작은 B.Z	63
재결정법	42
재료설계	277
저방사화	267
저온자화특성	300
저온취성	224
적층결함	135
적층박막	60
적층박막제조법	67
전극재료	82, 268
전극촉매능	271
전기로법	14
전력저장	242
전문가 시스템	284
전방위 형상기억효과	141
전자빔	239, 315
정적이력기구	150
제어압연	17
조밀적층구조	133
조사 손상	261
조사크리프	262
주조	310
중간복합소재	190
중간복합시트	191
지식 베이스	283
지연파괴	171
진공용기용재료	161
진공증발법	72
진공증착법	115
질소강화 Mn강	225
질화붕소	164
집적회로	81
집합조직	209, 312

ㅊ

차원교차	61
천이금속규화물	259

청색발광다이오드	122
초강력강	173
초강자장	290
초격자	63
초격자구조	124
초고온	288
초고온열원	316
초고온화학반응	319
초고진공	159
초급냉	288
초미립자	70
초상자성	113
초소성	307
초소성가공성	176
초전도	58, 231
초전도 마그네트	240
초전도발전기	242
초전도소자	243
초전도임계자장	65
초전도적층막	65
초탄성	142
축냉기	110
취과(取鍋)정련기술	16
치수안정성전극	273

ㅋ

카르노 사이클	107
커넥터 재료	89
큐리온도	98
크리프강도	211
클라시우스·클라페이론의 식	285

ㅌ

탄소섬유	190
태양전지	252
티탄합금	175, 228

ㅍ

파괴역학	25
포화자장	153
표면개질	316
표면경화	317
표면처리	164
표면처리강판	21
표층용융·응고	317
표층합금화	317
플라즈마	72
플라즈마 CVD	216
플라즈마 용사	218, 316

ㅎ

하이브리드	61
하이브리드재료	119, 305
하이브리드화	305
합금강도	85
합금설계의 실례	279
합금설계의 유용성과 한계	281
합금의 내구성	250
핵융합로	241
형상기억합금	40
형상기억효과	129
형상변형(shape deformation)	132
형제정	132, 313
화합물반도체	37
환경강도	175
회전축의 진공실(Seal)	118
회절스펙트로	137
흡수전류상	69
희토류금속	31

【영문】

$(Ni, Fe, Co)_3, V$	185
2방향 형상기억효과	140

β형 합금 ·· 177
γ'상 ·· 196
γ상 ··· 196

A

A15형 ·· 238
A15형 결정구조 ·· 233
A15형 금속간화합물 ·· 35
A15형 화합물 ··· 239, 244
A286 ·· 227
Ag 마이그레이션 ·· 92
Ag 휘스커 ··· 91
Al–Li합금 ··· 179, 228

B

Bl형 ··· 239

C

C15형 화합물 ··· 239
chevrel형 금속간화합물 ··· 35
chevrel형 화합물 ·· 233, 239
Co_3Ti ·· 182
CVD 섬유 ·· 191
CVD법 ·· 72, 213

F

Fail Safe 설계 ·· 25
FRM ··· 303

H

Hc ·· 233
He/dpa비 ·· 263

I

i–상물질 ·· 217

J

JBK 75 ·· 226
Jc ··· 233

L

$LiNbO_3$ ·· 40
lithography ··· 307

M

MA6000 ·· 203
micro alloying ·· 19
MMC ·· 303

N

Nb–Ti ··· 234
Ni_3Al ·· 180, 182
Ni기 초내열합금 ··· 279
NMR단층영상장치 ·· 240

P

p–n접합 ·· 120
PLZT ·· 40
PVD ··· 214

S

Sn 도금의 휘스커 ·· 90

T

- Tc ··· 233
- Ti–6Al–4V ····································· 177
- Ti₃Al ·· 181, 184
- TiAl ·· 181, 183
- Ti합금 ··· 281
- TMO–2 ·· 203

신소재공학

2021년 2월 25일 제1판제1인쇄
2021년 3월 2일 제1판제1발행

    공저자   서영섭·백승호·이철영
    발행인   나 영 찬

발행처 **기전연구사** ─────────

서울특별시 동대문구 천호대로4길 16(신설동 104-29)
전 화 : 2235-0791/2238-7744/2234-9703
FAX : 2252-4559
등 록 : 1974. 5. 13. 제5-12호

정가 20,000원

◆ 이 책은 기전연구사와 저작권자의 계약에 따라 발행한 것이므로, 본 사의 서면 허락 없이 무단으로 복제, 복사, 전재를 하는 것은 저작권법에 위배됩니다.
   ISBN 978-89-336-1001-5
   www.kijeonpb.co.kr

불법복사는 지적재산을 훔치는 범죄행위입니다.
저작권법 제97조의 5(권리의 침해죄)에 따라 위반자는 5년 이하의 징역 또는 5천만원 이하의 벌금에 처하거나 이를 병과할 수 있습니다.